国家出版基金项目
NATIONAL PUBLICATION FOUNDATION

"十三五"国家重点出版物出版规划项目

海洋机器人科学与技术丛书

封锡盛　李　硕　主编

海洋机器人自主观测理论与技术

俞建成　刘世杰　赵文涛 等　著

科学出版社
龍門書局
北　京

内 容 简 介

本书以海洋机器人为平台，以海洋观测为背景，系统介绍海洋机器人在海洋自主观测中的相关理论、技术、方法和应用，主要包括海洋机器人自主观测的发展历史与现状、海洋特征场构建中海洋机器人自主观测优化、典型海洋特征跟踪模型及跟踪方法、海流环境下海洋机器人路径规划、海洋机器人（群）控制方法等方面的理论和应用。

本书可供海洋机器人应用和海洋自主观测领域的科研人员阅读，也可供海洋科学、海洋工程、自动控制等有关专业的工程技术人员和高校师生参考。

图书在版编目（CIP）数据

海洋机器人自主观测理论与技术 / 俞建成等著. —北京：龙门书局，2020.11

（海洋机器人科学与技术丛书/封锡盛，李硕主编）

"十三五"国家重点出版物出版规划项目 国家出版基金项目

ISBN 978-7-5088-5869-2

Ⅰ. ①海… Ⅱ. ①俞… Ⅲ. ①海洋机器人-自主性-观测 Ⅳ. ①TP242.3

中国版本图书馆 CIP 数据核字（2020）第 225174 号

责任编辑：姜 红 张 震 常友丽 / 责任校对：樊雅琼
责任印制：师艳茹 / 封面设计：无极书装

科学出版社
龍門書局 出版

北京东黄城根北街 16 号
邮政编码：100717
http://www.sciencep.com

中国科学院印刷厂 印刷

科学出版社发行 各地新华书店经销

*

2020 年 11 月第 一 版 开本：720 × 1000 1/16
2020 年 11 月第一次印刷 印张：12 1/4 插页：8
字数：247 000

定价：118.00 元

（如有印装质量问题，我社负责调换）

丛书前言一

浩瀚的海洋蕴藏着人类社会发展所需的各种资源，向海洋拓展是我们的必然选择。海洋作为地球上最大的生态系统不仅调节着全球气候变化，而且为人类提供蛋白质、水和能源等生产资料支撑全球的经济发展。我们曾经认为海洋在维持地球生态系统平衡方面具备无限的潜力，能够修复人类发展对环境造成的伤害。但是，近年来的研究表明，人类社会的生产和生活会造成海洋健康状况的退化。因此，我们需要更多地了解和认识海洋，评估海洋的健康状况，避免对海洋的再生能力造成破坏性影响。

我国既是幅员辽阔的陆地国家，也是广袤的海洋国家，大陆海岸线约 1.8 万千米，内海和边海水域面积约 470 万平方千米。深邃宽阔的海域内潜含着的丰富资源为中华民族的生存和发展提供了必要的物质基础。我国的洪涝、干旱、台风等灾害天气的发生与海洋密切相关，海洋与我国的生存和发展密不可分。党的十八大报告明确提出："提高海洋资源开发能力，发展海洋经济，保护海洋生态环境，坚决维护国家海洋权益，建设海洋强国。"[①]党的十九大报告明确提出："坚持陆海统筹，加快建设海洋强国。"[②]认识海洋、开发海洋需要包括海洋机器人在内的各种高新技术和装备，海洋机器人一直为世界各海洋强国所关注。

关于机器人，蒋新松院士有一段精彩的诠释：机器人不是人，是机器，它能代替人完成很多需要人类完成的工作。机器人是拟人的机械电子装置，具有机器和拟人的双重属性。海洋机器人是机器人的分支，它还多了一重海洋属性，是人类进入海洋空间的替身。

海洋机器人可定义为在水面和水下移动，具有视觉等感知系统，通过遥控或自主操作方式，使用机械手或其他工具，代替或辅助人去完成某些水面和水下作业的装置。海洋机器人分为水面和水下两大类，在机器人学领域属于服务机器人中的特种机器人类别。根据作业载体上有无操作人员可分为载人和无人两大类，其中无人类又包含遥控、自主和混合三种作业模式，对应的水下机器人分别称为无人遥控水下机器人、无人自主水下机器人和无人混合水下机器人。

---

① 胡锦涛在中国共产党第十八次全国代表大会上的报告. 人民网，http://cpc.people.com.cn/n/2012/1118/c64094-19612151.html

② 习近平在中国共产党第十九次全国代表大会上的报告. 人民网，http://cpc.people.com.cn/n1/2017/1028/c64094-29613660.html

无人水下机器人也称无人潜水器，相应有无人遥控潜水器、无人自主潜水器和无人混合潜水器。通常在不产生混淆的情况下省略“无人”二字，如无人遥控潜水器可以称为遥控水下机器人或遥控潜水器等。

世界海洋机器人发展的历史大约有 70 年，经历了从载人到无人，从直接操作、遥控、自主到混合的主要阶段。加拿大国际潜艇工程公司创始人麦克法兰，将水下机器人的发展历史总结为四次革命：第一次革命出现在 20 世纪 60 年代，以潜水员潜水和载人潜水器的应用为主要标志；第二次革命出现在 70 年代，以遥控水下机器人迅速发展成为一个产业为标志；第三次革命发生在 90 年代，以自主水下机器人走向成熟为标志；第四次革命发生在 21 世纪，进入了各种类型水下机器人混合的发展阶段。

我国海洋机器人发展的历程也大致如此，但是我国的科研人员走过上述历程只用了一半多一点的时间。20 世纪 70 年代，中国船舶重工集团公司第七〇一研究所研制了用于打捞水下沉物的“鱼鹰”号载人潜水器，这是我国载人潜水器的开端。1986 年，中国科学院沈阳自动化研究所和上海交通大学合作，研制成功我国第一台遥控水下机器人“海人一号”。90 年代我国开始研制自主水下机器人，“探索者”、CR-01、CR-02、“智水”系列等先后完成研制任务。目前，上海交通大学研制的“海马”号遥控水下机器人工作水深已经达到 4500 米，中国科学院沈阳自动化研究所联合中国科学院海洋研究所共同研制的深海科考型 ROV 系统最大下潜深度达到 5611 米。近年来，我国海洋机器人更是经历了跨越式的发展。其中，“海翼”号深海滑翔机完成深海观测；有标志意义的“蛟龙”号载人潜水器将进入业务化运行；“海斗”号混合型水下机器人已经多次成功到达万米水深；“十三五”国家重点研发计划中全海深载人潜水器及全海深无人潜水器已陆续立项研制。海洋机器人的蓬勃发展正推动中国海洋研究进入“万米时代”。

水下机器人的作业模式各有长短。遥控模式需要操作者与水下载体之间存在脐带电缆，电缆可以源源不断地提供能源动力，但也限制了遥控水下机器人的活动范围；由计算机操作的自主水下机器人代替人工操作的遥控水下机器人虽然解决了作业范围受限的缺陷，但是计算机的自主感知和决策能力还无法与人相比。在这种情形下，综合了遥控和自主两种作业模式的混合型水下机器人应运而生。另外，水面机器人的引入还促成了水面与水下混合作业的新模式，水面机器人成为沟通水下机器人与空中、地面机器人的通信中继，操作者可以在更远的地方对水下机器人实施监控。

与水下机器人和潜水器对应的英文分别为 underwater robot 和 underwater vehicle，前者强调仿人行为，后者意在水下运载或潜水，分别视为“人”和“器”，海洋机器人是在海洋环境中运载功能与仿人功能的结合体。应用需求的多样性使得运载与仿人功能的体现程度不尽相同，由此产生了各种功能型的海洋机器人，如观察型、作业型、巡航型和海底型等。如今，在海洋机器人领域 robot 和 vehicle 两词的内涵逐渐趋同。

信息技术、人工智能技术特别是其分支机器智能技术的快速发展，正在推动海洋机器人以新技术革命的形式进入“智能海洋机器人”时代。严格地说，前述自主水下机器人的“自主”行为已具备某种智能的基本内涵。但是，其“自主”行为泛化能力非常低，属弱智能；新一代人工智能相关技术，如互联网、物联网、云计算、大数据、深度学习、迁移学习、边缘计算、自主计算和水下传感网等技术将大幅度提升海洋机器人的智能化水平。而且，新理念、新材料、新部件、新动力源、新工艺、新型仪器仪表和传感器还会使智能海洋机器人以各种形态呈现，如海陆空一体化、全海深、超长航程、超高速度、核动力、跨介质、集群作业等。

海洋机器人的理念正在使大型有人平台向大型无人平台转化，推动少人化和无人化的浪潮滚滚向前，无人商船、无人游艇、无人渔船、无人潜艇、无人战舰以及与此关联的无人码头、无人港口、无人商船队的出现已不是遥远的神话，有些已经成为现实。无人化的势头将冲破现有行业、领域和部门的界限，其影响深远。需要说明的是，这里“无人”的含义是人干预的程度、时机和方式与有人模式不同。无人系统绝非无人监管、独立自由运行的系统，仍是有人监管或操控的系统。

研发海洋机器人装备属于工程科学范畴。由于技术体系的复杂性、海洋环境的不确定性和用户需求的多样性，目前海洋机器人装备尚未被打造成大规模的产业和产业链，也还没有形成规范的通用设计程序。科研人员在海洋机器人相关研究开发中主要采用先验模型法和试错法，通过多次试验和改进才能达到预期设计目标。因此，研究经验就显得尤为重要。总结经验、利于来者是本丛书作者的共同愿望，他们都是在海洋机器人领域拥有长时间研究工作经历的专家，他们奉献的知识和经验成为本丛书的一个特色。

海洋机器人涉及的学科领域很宽，内容十分丰富，我国学者和工程师已经撰写了大量的著作，但是仍不能覆盖全部领域。“海洋机器人科学与技术丛书”集合了我国海洋机器人领域的有关研究团队，阐述我国在海洋机器人基础理论、工程技术和应用技术方面取得的最新研究成果，是对现有著作的系统补充。

“海洋机器人科学与技术丛书”内容主要涵盖基础理论研究、工程设计、产品开发和应用等，囊括多种类型的海洋机器人，如水面、水下、浮游以及用于深水、极地等特殊环境的各类机器人，涉及机械、液压、控制、导航、电气、动力、能源、流体动力学、声学工程、材料和部件等多学科，对于正在发展的新技术以及有关海洋机器人的伦理道德社会属性等内容也有专门阐述。

海洋是生命的摇篮、资源的宝库、风雨的温床、贸易的通道以及国防的屏障，海洋机器人是摇篮中的新生命、资源开发者、新领域开拓者、奥秘探索者和国门守卫者。为它“著书立传”，让它为我们实现海洋强国梦的夙愿服务，意义重大。

本丛书全体作者奉献了他们的学识和经验，编委会成员为本丛书出版做了组织和审校工作，在此一并表示深深的谢意。

本丛书的作者承担着多项重大的科研任务和繁重的教学任务，精力和学识所限，书中难免会存在疏漏之处，敬请广大读者批评指正。

中国工程院院士 封锡盛

2018年6月28日

丛书前言二

改革开放以来，我国海洋机器人事业发展迅速，在国家有关部门的支持下，一批标志性的平台诞生，取得了一系列具有世界级水平的科研成果，海洋机器人已经在海洋经济、海洋资源开发和利用、海洋科学研究和国家安全等方面发挥重要作用。众多科研机构和高等院校从不同层面及角度共同参与该领域，其研究成果推动了海洋机器人的健康、可持续发展。我们注意到一批相关企业正迅速成长，这意味着我国的海洋机器人产业正在形成，与此同时一批记载这些研究成果的中文著作诞生，呈现了一派繁荣景象。

在此背景下"海洋机器人科学与技术丛书"出版，共有数十分册，是目前本领域中规模最大的一套丛书。这套丛书是对现有海洋机器人著作的补充，基本覆盖海洋机器人科学、技术与应用工程的各个领域。

"海洋机器人科学与技术丛书"内容包括海洋机器人的科学原理、研究方法、系统技术、工程实践和应用技术，涵盖水面、水下、遥控、自主和混合等类型海洋机器人及由它们构成的复杂系统，反映了本领域的最新技术成果。中国科学院沈阳自动化研究所、哈尔滨工程大学、中国科学院声学研究所、中国科学院深海科学与工程研究所、浙江大学、华侨大学、东华理工大学等十余家科研机构和高等院校的教学与科研人员参加了丛书的撰写，他们理论水平高且科研经验丰富，还有一批有影响力的学者组成了编辑委员会负责书稿审校。相信丛书出版后将对本领域的教师、科研人员、工程师、管理人员、学生和爱好者有所裨益，为海洋机器人知识的传播和传承贡献一份力量。

本丛书得到 2018 年度国家出版基金的资助，丛书编辑委员会和全体作者对此表示衷心的感谢。

"海洋机器人科学与技术丛书"编辑委员会

2018 年 6 月 27 日

前　　言

充分、有效的海洋观测是探索、认识和经略海洋的基础，只有在自然条件下进行长期、连续、系统且多层次、有区域代表性的观测，才能为理解海洋现象、创立海洋过程理论提供可靠的依据。随着技术的发展，自主可控的海洋机器人在海洋观测中发挥着越来越重要的作用，研究海洋自主观测中海洋机器人的自主覆盖、规划、控制和协同方法具有极大的理论和应用意义。

目前，国内尚没有一部完整介绍应用海洋机器人进行海洋自主观测的理论与技术相关的专著。本书系统、全面地介绍了海洋自主观测中海洋机器人的观测优化、海洋特征自主跟踪、路径规划、自主控制和协同控制等方法，并注重理论与应用结合。

本书共 5 章。

第 1 章首先介绍了海洋自主观测和海洋观测平台的发展和现状，分析了移动、可控海洋机器人在自主观测中的优势，构建了基于海洋机器人的海洋自主观测体系架构。

第 2 章研究了从海洋机器人有限的观测中重构观测区域海洋特征场的问题。首先介绍基于有限观测的特征场重构方法，再结合海洋特征场的分布特点和海洋机器人的运动特性设计了针对特征场的海洋机器人自适应观测优化方法，提高特征场的重构精度。

第 3 章研究了海洋机器人动态海洋特征跟踪问题。首先建立了适合海洋机器人运动特性的典型海洋特征跟踪模型，然后结合一种具体的海洋机器人——水下滑翔机的运动特性设计了等值线和中尺度涡两种典型动态海洋特征的自主跟踪观测策略。

第 4 章研究了在海流环境下海洋机器人的路径规划问题。路径规划根据流场的来源可分为两类：全局流场和局部流场下的路径规划。研究、改进了全局流场下三种典型的海洋机器人路径规划方法。结合典型的海洋机器人运动和通信方式估计单运动周期的流场，基于估计出的流场建立局部流场构建方法，并设计了局部流场中海洋机器人的路径规划方法。

第 5 章研究了海洋观测任务中多海洋机器人协同控制问题。设计了沿圆形轨迹、一阶可微轨迹运动时多海洋机器人协同控制方法，给出了仿真实验结果；设计了多海洋机器人保持正多边形队形运动的协同控制方法，并以水下滑翔机为载体验证了正三角形编队时所提方法的有效性。

特别感谢国家出版基金(项目编号：2018T-011)对本书出版的资助。本书的研究内容主要在国家自然科学基金(项目编号：61233013)和国家自然科学基金-浙江两化联合基金(项目编号：U1709202)资助下完成，其中取得的理论与技术研究成果为“海翼”号深海滑翔机取得重大突破奠定了重要的理论和技术基础。

本书由俞建成负责整体结构设计、大纲制订并定稿，刘世杰统稿，其中刘世杰负责撰写第1、4、5章部分小节，赵文涛负责撰写第3、5章部分小节，张少伟负责撰写第1、3章部分小节，朱心科负责撰写第2章和第4章部分小节。本书在撰写过程中参考了国内外部分书籍、文献以及网站上的相关资料，已在参考文献中一一列出，在此向资料的作者表示诚挚的谢意。

由于作者的学识水平有限，难免在叙述中有不妥之处，请广大读者提出宝贵的意见。

俞建成

2020年6月

目　录

1 绪　论

1.1　概述

1.1.1　海洋自主观测的意义

海洋在受到内部物理过程和生化过程作用的同时，也受到外部作用，包括潮汐、风、热通量等，形成了各种各样极其复杂的海洋现象，对人类的生产和生活产生了深远的影响。海洋环境观测是人类研究、开发、利用海洋的基础[1-3]。

典型的中小尺度海洋现象包括上升流、锋面、内波、温跃层等。这些现象对于海洋碳循环的研究、海洋与大气能量交换、海洋渔业和生物养殖业等具有重要的经济开发价值和科学研究意义。这些中小尺度现象在时间上持续为数天到数月，空间上从数十至数百千米，观测的时间、空间尺度相对较小，其观测精度要求较高。这些典型的中小尺度海洋现象是一个动态变化的物理过程，受到海风驱动的海浪流、潮流、海洋热交换等影响，这些特征的变化具有高度的时空特性[4-6]。因此，针对这些现象进行高效、立体的观测，以获得高质量、高分辨率、具有一定实时性的数据成为海洋现象研究的一个迫切任务。

传统的海洋观测方式如观测站、调查船等仅能够提供有限的海洋观测数据，观测手段的局限性造成了人们对海洋认识存在一定的滞后性。为了深入了解海洋现象的成因及演化过程，我们需要长期的、连续的海洋数据观测序列，并且要能够根据海洋特征变化趋势和海洋预报需求，动态地调整观测数据在空间和时间尺度上的分辨率。此外，观测数据要能够实时或者近实时地传送到监控中心，为海洋预报提供初值和可同化的现场数据，提高预报精度。

1.1.2　海洋观测平台

当前，除了通过遥感的方式对海洋的表层属性进行观测之外，用于水下观测的工具主要有漂流浮标、Argo 浮标、锚系潜标、调查船、自主水下机器人

(autonomous underwater vehicle，AUV)、水下滑翔机、水下固定监测网等[7-8]。传统海洋观测是以浮标潜标、科考船和卫星等方式为主。这些观测需要从数月或数年前开始设计实验，制造观测仪器；科考船的航行轨迹、考察点是借助于以往观测数据的结果设定；卫星无法揭示海表以下的水体特性，传统浮标可控性差。相对于上述观测方式，海洋自主观测有以下几方面的优势：

（1）时间同步性，多个自主平台能够在空间内多个地点同时进行观测，可获得在时间上连续、空间上分布的观测数据。

（2）自主能动性，自主平台具有可控性和一定的自主性，能够主动执行观测指令，如前往某观测点或沿某观测断面航行，可应对环境变化等复杂和紧急情况。

（3）海洋环境闭环观测，利用观测平台的能动性，通过设计相应算法，可识别被观测对象的变化，并将这种变化转化为对平台的控制指令，以实时获取对了解观测对象最有利的数据，实现观测的闭环。

从表 1.1 可以看出，与漂流浮标和 Agro 浮标相比，水下滑翔机[9-11]具有类似的作业时间，但是具有主动可控的运动方式，适合对动态海洋现象进行跟踪观测。与锚系潜标和水下固定监测网相比，水下滑翔机具有机动性，适合对大范围、动态的海洋现象进行观测；与 AUV 相比，水下滑翔机具有较长的作业时间和作业范围；与调查船相比，水下滑翔机具有较低作业成本。综合看来，水下滑翔机集中了其他观测平台的优点，为进行大范围、长时间、近实时进行立体海洋观测提供了技术手段。

表 1.1　水下自主观测平台主要特点汇总

	作业时间	作业范围	运动方式	测量水体	成本	实时性
漂流浮标	数月至数年	数百至数千千米	随波逐流被动运动	表层水体	低	近实时
Argo 浮标	数月至数年	数百至数千千米	随波逐流被动运动	表层及下层水体剖面	低	近实时
锚系潜标	数月至数年	定点测量	固定	下层水体剖面	中	回收下载
调查船	数天至数月	数百至数千千米	主动精确控制	表层及下层水体剖面	很高	实时
AUV	数十小时至数天	数十至数百千米	主动精确控制	下层水体水平测量	高	近实时
水下滑翔机	数周至数月	数百至数千千米	主动控制	表层及下层水体剖面	较低	近实时
水下固定监测网	不受限制	固定海域	固定	下层水体	非常高	实时

虽然水下滑翔机具有航程远、造价低，适合大量布放以进行大范围的海洋观测的特点，但是如果采用“割草机”式的采样方式对海洋来说是不现实的，也是不必要的。海洋观测最根本的目的是通过设计和实现有限的观测，最大限度地理

解海洋现象的本质，因此海洋自主观测需要多观测平台协同合作，各自发挥优势，弥补不足之处，以达到最佳的观测效果。

1.2 海洋自主观测国内外发展现状

1.2.1 国外发展现状

国际先进的区域立体实时监测体系通过“实时观测—模式模拟—数据同化—业务应用”形成一个完整链条，通过互联网为科研、经济以及军事应用提供信息服务。其中的观测系统由沿岸水文/气象台站、海上浮标、潜标、海床基以及遥感卫星等空间布局合理、密集的多种平台组成，综合运用各种先进的传感器和观测仪器，使得点、线、面结合更为紧密，对海洋环境进行实时有效的观测和监测，加大重要现象与过程机理的强化观测力度，并进行长期的数据积累，服务于科学研究和实际应用[12]。

1996 年，美国在新泽西海湾开始布设新泽西陆架观测系统(New Jersey Shelf Observation System，NJSOS)，该系统包括飞机、调查船、AUV 和水下滑翔机等观测平台，如图 1.1 所示。该观测系统研究的主要目标是近岸周期性上升流的成因及其在 1998～2001 年对周边生态系统的影响，并计划以此为基础，于 2003～2007 年对哈得孙河羽流(Hudson River plume)、化学污染物和海洋生物系统的相互影响进行观测研究。过程中使用了 4 台 Slocum 水下滑翔机[13]对当地海域的季节性密跃层的深度进行估计。

图 1.1　新泽西陆架观测系统

从 1997 年开始，由美国海洋研究局资助的自主海洋采样网络(Autonomous Ocean Sampling Network，AOSN)利用多种不同类型的观测平台搭载不同的传感器,能够在同一时刻测量不同区域和不同深度的海洋参数,AOSN 示意图见图 1.2。2003 年 8 月，美国在加利福尼亚蒙特雷湾(Monterey Bay)进行了 AOSN-II 试验，试验中应用 12 台 Slocum 水下滑翔机和 5 台 Spray 水下滑翔机[14]，分别搭载温盐深测量仪(conductivity-temperature-depth system，CTD)、叶绿素仪、荧光计等传感器对蒙特雷湾海水上升流进行了调查，完成了 40 天的调查试验。

图 1.2　AOSN 示意图

在 AOSN 的基础上，美国海军又开展了自适应采样与预报(adaptive sampling and prediction，ASAP)研究，该项目的一个重要目标就是研究如何利用多台水下滑翔机进行高效的海洋参数采样。2006 年 8 月在蒙特雷湾试验中应用了 4 台 Spray 水下滑翔机和 6 台 Slocum 水下滑翔机,对蒙特雷湾西北部寒流周期上升流进行了调查，试验中水下滑翔机的采样轨迹见图 1.3。水下滑翔机获取的数据具有更好的观测质量，提高了研究人员对海洋现象的认识和理解，以及对海洋现象的预报能力，充分显示了应用多水下滑翔机作为分布式的、移动的、可重构的海洋参数自主采样网络在海洋环境参数采样中具有的优势。

持久性沿岸水下监测网络(Persistent Littoral Undersea Surveillance Network，PLUSNet)是美国海军研究局资助的海底观测网络，由固定在海底灵敏的水听器、电磁传感器以及移动的传感器平台，如水下滑翔机和 AUV 等组成。固定观测设备与移动观测平台之间能够自由通信，从而组成半自主控制的海底观测系统，如

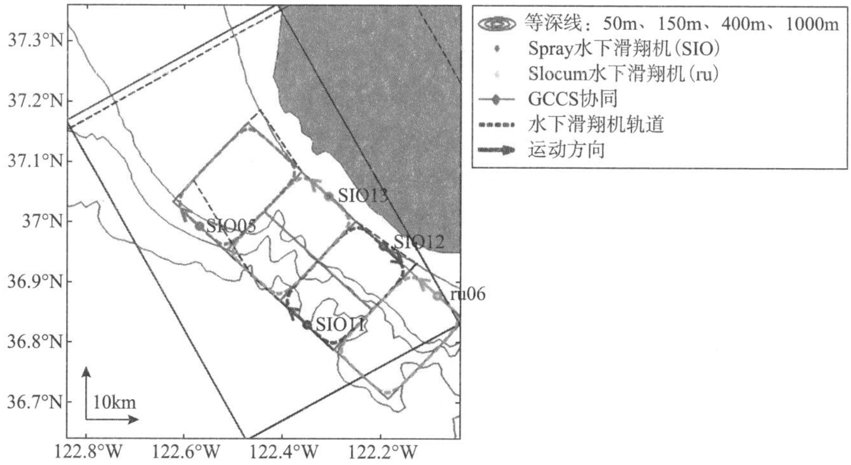

图 1.3　ASAP 试验中水下滑翔机的采样轨迹(见书后彩图)

GCCS-水下滑翔机协同控制系统

图 1.4 所示。该观测网络主要用来研究海洋的分层和海流是如何影响由水面舰船产生的声波和电磁性信号传播的，从而能够监测水面舰船和水下潜艇。

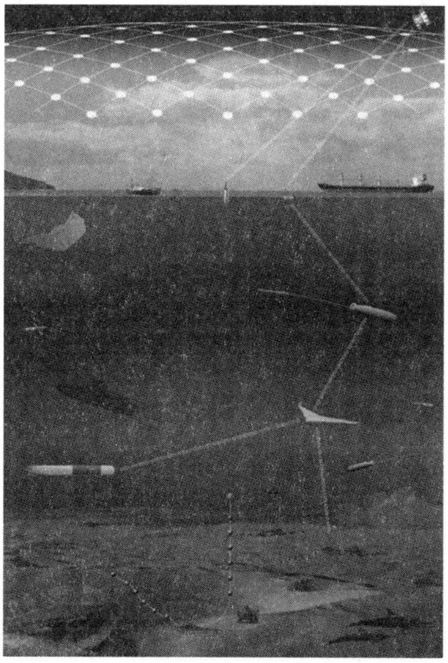

图 1.4　PLUSNet 监测网络

鉴于加利福尼亚州南部沿岸人口密度过高，人们迫切地想知道人类活动对海洋环境的直接影响已经对气候产生影响的程度，以及已经变化的气候对沿岸经济的影响和整个沿岸区域风险增加的程度。加利福尼亚州南部近海观测系统(Southern California

Coastal Ocean Observing System，SCCOOS）作为集成海洋观测系统（Integrated Ocean Observing System，IOOS）的一部分，旨在通过精确并且全面的观测，来对近海海域进行有效管理，从而应对上述挑战。SCCOOS 始建于 2004 年，当前，进行海洋监测的内容主要包括生态系统和气候的变化趋势、水质管理、海事管理和近海灾害预警四个方面。该观测网络中，除了高频雷达、浮标、调查船等传统观测工具之外，使用了四台 Spray 水下滑翔机对加利福尼亚州南部近海海域的温度、盐度、深度、叶绿素浓度和声反向散射等参数进行采样，如图 1.5 所示。

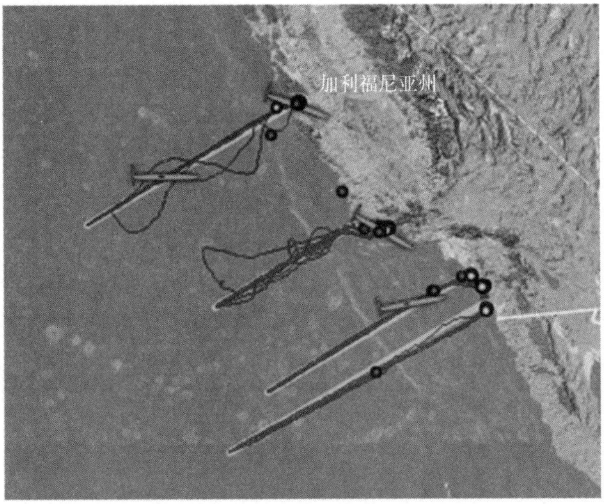

图 1.5　SCCOOS 中的水下滑翔机采样轨迹

2001 年，加拿大不列颠哥伦比亚省南部的近岸海底观测系统——维多利亚海底实验观测网（Victoria Experimental Network Under the Sea，VENUS，又称“金星计划”）在维多利亚海域安装了多类型、多参量、功能上相互补充且支持远程控制的传感器和观测仪器，对海洋现象提供了连续、长期的观测手段，用于发现由自然力和人为影响下海洋环境的改变。目前，金星计划除了能传输传统意义上海底的水文、生物、化学和地质等要素，还可以把海底图像、声音以信号形式通过互联网和电信技术持续传输到数据管理中心，从而实现对海洋环境的实时监测。金星计划（图 1.6）主要有 3 个位置点，分别是维多利亚北部的萨尼奇湾、弗雷泽河三角洲附近和格鲁吉亚的海峡深水区，每一位置点都由电缆与光纤为各种海底检测仪器提供了充足电能和高速传输数据的介质，并由光纤将采集的图像和数据传输给陆地上的数据管理中心。金星计划中不同位置观测点除了提供海洋物理、海洋化学和海洋生物的基本要素外，还根据所在海区自身的特点装载着具有特色的仪器。萨尼奇湾的静态图像摄像系统能够在天然栖息地“无损伤地捕捉”动物；而格鲁吉亚海峡的水听器阵列包括了两台具有录音功能的水听器和一台在一定频率范围内能够分析多种声音强度的水听器。

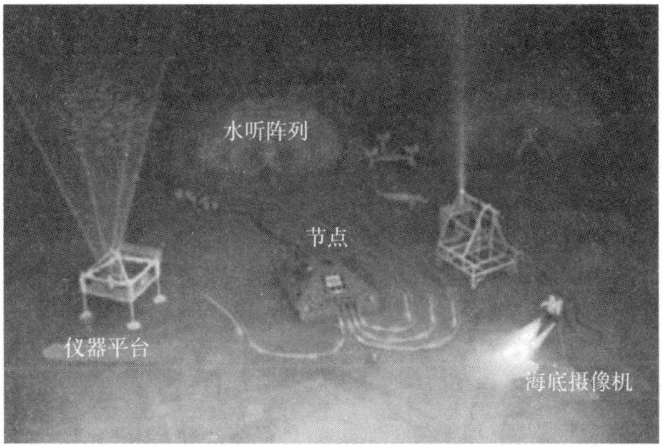

图 1.6　金星计划海底观测阵列示意图

为了掌握爱尔兰近岸海洋、气候对环境和人类活动的影响，英国在爱尔兰海区域建立了多元化观测网(图 1.7)，为公众提供实时和模拟相结合的数据集产品。

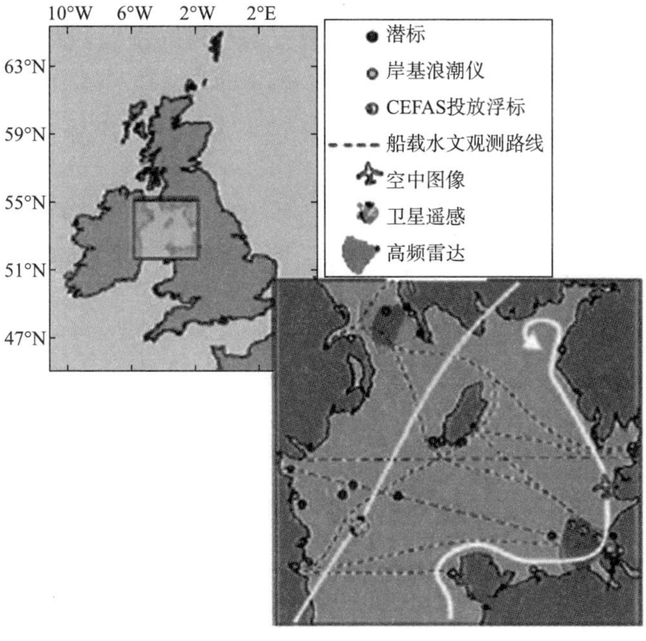

图 1.7　爱尔兰海区域的多元化观测网

爱尔兰海区域的多元化观测系统的实时观测数据包括：①锚系潜标提供定点的温度、盐度、流速、流向等水文要素；②由渔业和水产养殖环境研究中心(Centre for Environment Fisheries and Aquaculture Science，CEFAS)投放的浮标所测的要素不仅有海洋表层的温度、盐度、流速、流向等水文要素，还含有营养盐和叶绿素等生化指标；③船载仪器主要测量航线上的多种水文要素；④验潮站的潮汐数据；⑤气象站的气候数据；⑥高频地波雷达可以扫描周边 50km 近海的波浪和表层流情况；⑦卫星数据主要包括表层温度和海色。除了以上基础观测技术的应用外，爱尔兰海区域多元化观测网仍然不断丰富自己的观测手段，如水下滑翔机和近海摄像机就取得了很好的效果。水下滑翔机完成过的观测任务包括长期的爱尔兰海区域水文要素观测和短期内某特定海域水质量准实时观测。近海摄像机是一种辅助近岸雷达观测手段，用于观测近海表面大气、海洋的状况。

海洋是一个物理、生物、地球、化学等多学科融合的环境，在获取观测数据的同时，还需要建立物理、化学、生态以及相互耦合的模拟再分析系统。因此，爱尔兰海区域观测系统采用英国气象局的普劳德曼海洋学实验室近岸海洋模拟系统(Proudman Oceanographic Laboratory Coastal Ocean Modeling System，POLCOMS)，系统结构见图 1.8，包括海洋大气预测模型(Forecast Ocean Atmosphere Model，FOAM)输出近海的温度、盐度、流速和流向，沉积物输运模式用以估计悬浮颗粒物的浓度诊断其对生物过程的影响，欧洲区域海洋生态系统模型(European Regional Seas Ecosystem Model，ERSEM)输出营养物和浮游生物要素。

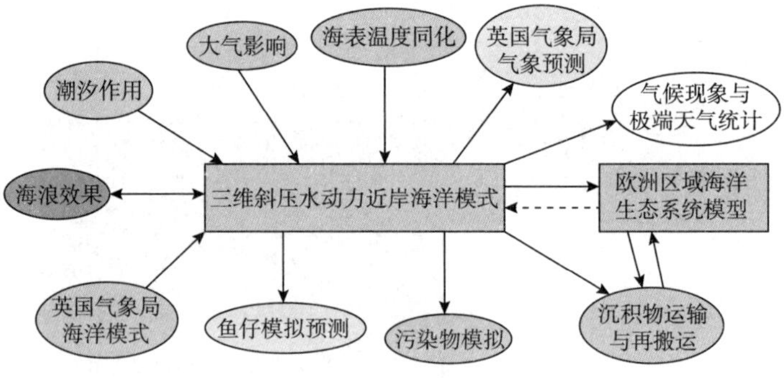

图 1.8　普劳德曼海洋学实验室近岸海洋模拟系统的结构图

1.2.2　国内发展现状

我国的海洋科学研究起步较晚，海洋观测能力建设与国际发达国家相比差距较大。我国已建成业务化观测浮(潜)标，主要布设在我国陆架海域(图 1.9)；漂流浮标常年保持数十个，主要布放在中远海和大洋；设置了海洋标准断面调查站位，由国家海洋调查船队常年开展调查；在近海海域建有多座海上观测平台，依托数十个海上生产作业平台以及近百艘近海和远洋船舶组织开展海上志愿观测；海洋卫星搭载海洋红外、可见光和多种微波传感器，可进行海水温度、水色和海洋动力环境要素等的遥感观测。

图 1.9　西沙站上层海洋环境观测单元

在海洋机器人观测平台方面，国内水下滑翔机的研究单位主要有中国科学院沈阳自动化研究所、天津大学、西北工业大学、浙江大学、沈阳工业大学、上海交通大学和中国船舶重工集团公司第七〇二研究所等；AUV 的研究单位主要有中国科学院沈阳自动化研究所、中国船舶重工集团公司第七一〇研究所、哈尔滨工程大学等。

“九五”和“十五”期间，在国家 863 计划的支持下，我国分别在上海海域和台湾海峡及毗邻海域建立了两个区域性海洋环境立体观测示范系统，并在上海和福建两个示范区开展了试运行。上海海洋环境立体观测和信息服务系统能实时、长期、连续、准确地完成上海示范区域内的海洋水文、气象、污染/生态等环境要素的采集、传输、分析、处理，制作出满足于示范海区的防灾、减灾、海洋和海岸带工程以及海洋环境评价服务的信息产品。台湾海峡及毗邻海域海洋动力环境实时立体观测系统以海洋动力环境观测为主要目的，包括海洋动力过程长期实时观测、水下动力要素剖面探测和海洋动力环境要素遥感观测三个子系统，重点解决了数据实时采集、处理、通信、管理等系统集成技术，并按照模块化、网络化和标准化的原则，在福建建成一个区域性的台湾海峡及毗邻海域海洋动力环境实时立体观测和信息服务系统。但是，到目前为止，我国构建的海洋环境立体观测系统中还未使用AUV和水下滑翔机作为观测平台对海洋环境参数进行自适应采样。

综上可见，经过多年的建设与发展，我国具备了一定的海洋观测能力，但由于起步较晚、投入不足，就海洋观测网的空间布局、观测手段、基础设施、技术保障、运行机制而言，与欧洲、美国等地区和国家存在较大差距，还不能完全满足我国海洋事业快速发展的要求。目前国内的海洋观测研究主要是通过近海固定监测网和科学考察船获得的数据进行研究，这些数据在时空尺度上远远达不到要求，而对于动态观测网基本还处于起步阶段，迫切需要在了解海洋现象特征、海洋机器人特性的基础上，实现对海洋现象的动态跟踪、海洋机器人的控制与规划，将海洋科学、海洋现象的观测任务转化为工程上海洋机器人可以实现和完成的任务。图 1.10 为近海观测系统示意图的构想[15]，近海观测系统为多元化对象提供所需的数据、信息和相关服务。

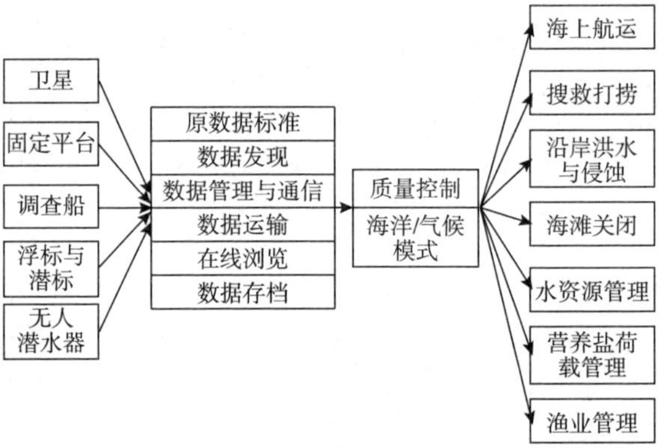

图 1.10　近海观测系统示意图的构想

1.3　海洋自主观测发展趋势

海洋自主观测是以多水下滑翔机、AUV 等海洋机器人作为观测平台，以获取丰富、有价值的观测数据支撑海洋科学研究和海洋政策制定为目的的多学科交叉性研究[16-19]。在观测平台上，需要考虑AUV、水下滑翔机的能耗、速度约束、运动特性；在观测的意义与背景上，需要结合海洋科学家对海洋现象的定义、分析方法，设计相应的跟踪策略；对于海洋现象的认知，需要对海洋现象形成机理进行深入分析。未来，海洋自主观测发展将主要集中在以下三个方面。

1.3.1 高性能高可靠的移动观测平台

包括中国在内的世界各海洋强国都在致力于高性能、高可靠的移动观测平台技术和产品研发，水下移动观测平台技术迅猛发展，在目前及未来海洋自主观测计划和军事应用中将成为最主要的观测装备[20]。

性能优良的水下移动观测平台必须集先进的导航操控系统、能源与推进系统、通信与环境感知技术于一体，因此移动观测平台技术的发展离不开单项技术和设备的快速发展，其发展基本趋势如下：

(1)通用化、模块化、标准化和体系化发展，以便于降低成本，提高可靠性。

(2)提高传感器、设备精度，运用高性能微处理器，改善控制系统，提高自主性和智能化程度。

(3)提高能源供应能力，进一步增加工作时间，提高航速或航行距离。

(4)应用新材料，提升平台载体耐压防腐性能，增加观测深度。

(5)加快研发保障条件建设，加快技术研发进程，提高成果转化率。

1.3.2 多元化及立体化观测网络

经过多年的发展，世界各国在海洋观测技术领域已经成功开发了长续航力AUV、水下滑翔机、混合驱动水下滑翔机、波浪滑翔机等海洋移动观测平台，结合这些分布于水面和水下、机动性能不同的观测平台构建实时海洋观测系统成为近年来海洋观测领域研究的热点。

就海洋观测系统现状来说，海洋表层的精度远比海洋内部要高得多。虽然海洋内部的变化没有表层那么剧烈，研究海洋内部的变化情况总体上不需要太高的观测精度。但其中也存在一些敏感区域，对这些敏感区域的精细观测可能提高周期性区域预报精度。另外还需要测量大量的变量来预测海洋生态系统(CO_2循环量、生态系统管理和渔业等)的状态。由于这些需求以及技术的发展，一些能够提供高精度的连续观测的远程操控海洋移动观测平台(水下滑翔机和AUV等)已经逐步开发出来。如何更好地使多平台协同合作构建多元化、立体化观测网络，是未来的发展趋势，需要工程人员和科学家通力合作。

1.3.3 模块化结构

自主观测网络作为与传统船测等调查手段相比成本低、效率高的海洋观测方式，未来会在全球多个海域同时开展。模块化结构由于其较好的移植性，可以为多海域布放观测网络提供极大的便利。要建立多元化与立体化自主观测网络，需要对功能相同的组件（如水声通信组件）等进行模块化设计，加强多类型、多数量海洋机器人之间的协同合作，提高观测效率和观测精度；规范多类型观测数据传输与存储标准，完善多精度观测数据质量控制流程，提高观测数据的使用效率。

当然，海洋自主观测发展并不仅仅包括这三个方面[21]，还需要建设综合保障系统，制定科学合理的海洋观测计量保障技术规程，完善安全管理与评估体系，保障系统和信息的保密性、完整性、可用性、可控性和抗抵赖性等。总之，构建水下机器人自主观测网络，发展海洋科学，繁荣海洋经济，保护海洋环境，任重而道远。

1.4 海洋自主观测体系架构

海洋自主观测系统由以下几部分构成(图 1.11)：①观测任务规划，根据海洋现象的特性，分析其跟踪决策和约束条件；②多观测平台路径规划，基于观测的历史数据和同化结果，对观测路径进行预规划与仿真；③观测平台运动控制，控制各平台按规划的轨迹运动，实现自身运动的闭环控制；④观测数据估计与融合，针对获得的观测数据，进行分类、滤波、估计等；⑤海洋模型与数据同化，根据历史数据和少量的观测数据，基于插值、海洋现象的原理、微积分理论等对海洋过程建立预测模型，获得大规模的同化数据。

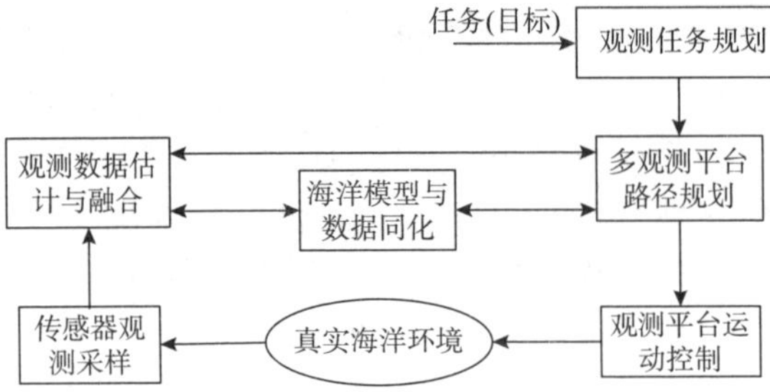

图 1.11　海洋自主观测系统框架

1.4.1 海洋观测任务规划

海洋现象的时空尺度如图 1.12 所示，各种海洋现象在时间、空间尺度上的变化快慢和观测密度各不相同，观测任务主要包括海洋物理、生物、生态等观测任务。从观测任务和观测目标上分解，包括区域覆盖观测、特征跟踪观测、垂直剖面观测、水平分层观测等。我们从观测对象和观测平台特性上对观测作业模式进行分类，随后对海洋特征进行提取，并设计相应的跟踪策略。

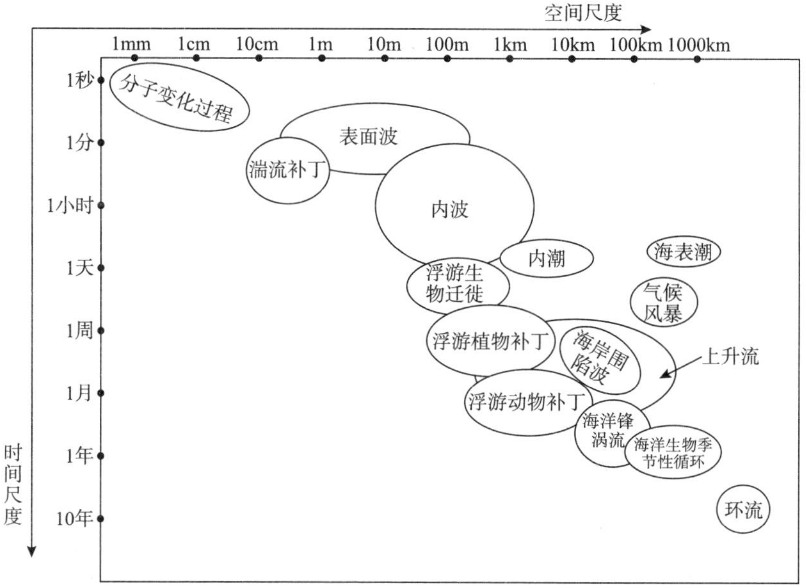

图 1.12　海洋现象时空尺度分布图

1. 作业模式的选择

结合海洋观测平台的作业模式和不同海洋现象的特点，分析平面自主协作观测、断面连续观测、虚拟锚系观测三种观测模式及这三种模式的配合作业方式(图 1.13)。

(1)平面自主协作观测作业模式。平面的协作观测是用水平面的二维观测结果替代三维观测，用于对深度不敏感的海洋现象的观测。将观测平台分组，并将其约束在可参数化的几何曲线上，保持协作的队形关系，执行覆盖观测。对于 AUV，可以建立实时或近实时的观测系统，通过相互协作控制多个平台的队形，近实时地控制 AUV 的速度和位置，适合于小尺度的覆盖观测。水下滑翔机通过卫星通信等，使其出水点位置保持在参数化几何曲线上，适合于对中小尺度的海洋环境跟踪。

(2)断面连续观测作业模式。水下滑翔机对设定的断面进行连续、反复观测，该模式采样密度高、持续时间长，适合分析随时间变化的断面海洋现象。对剖面跃层观测，可动态改变观测密度，自主决定上浮和下潜，以跟踪跃层的上下边界。

(3)虚拟锚系观测作业模式。以锚系点为基准，使水下滑翔机在设定半径区域内反复观测，应用于浮游植物分布的观测和内波的观测。一方面，锚系点可以实时和岸基控制中心通信；另一方面，多水下滑翔机浮出水面后，可根据锚系点的信息调整其位置。这种观测模式适合小尺度、长时间的观测。

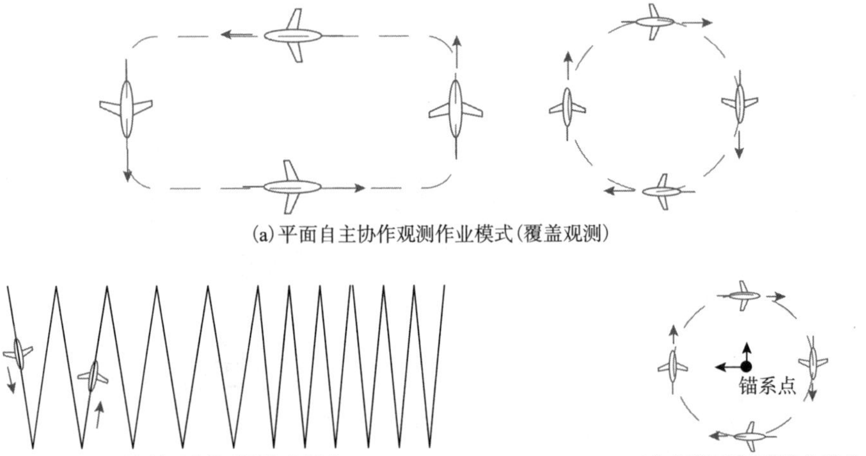

(a)平面自主协作观测作业模式(覆盖观测)

(b)断面连续观测作业模式

(c)虚拟锚系观测作业模式

图 1.13　各种观测模式

2. 观测过程中的控制与决策

观测过程中的控制与决策，是根据海洋现象的特性和表现形式的不同，将观测任务进行提取和描述，并将其转换为观测与跟踪的函数，然后选定合适的观测平台进行跟踪。例如，对剖面温度、盐度的跟踪，其变化尺度较小，可以基于单海洋机器人进行实时观测，分析观测数据的梯度变化即可；对涡流的跟踪，可以根据涡流的特性大致算出涡流边界，然后对预测的边界进行跟踪，并将观测平台的信息进行反馈以修正跟踪路径。从海洋科学研究的结果对典型海洋现象进行提取，并定义其阈值，例如对于赤潮，其特征为叶绿素浓度的大小及其变化等，可将跟踪目标设定为式(1.1)：

$$\mathrm{Chl}_{\min} < \mathrm{Chl} < \mathrm{Chl}_{\max},\ \nabla\mathrm{Chl}_{\min} < \nabla\mathrm{Chl} \tag{1.1}$$

式中，Chl 和 ∇Chl 分别表示叶绿素浓度及其变化梯度，下标 min 和 max 分别表示对应值的最小值和最大值。

1.4.2 海洋机器人路径规划

基于已经给定的任务，对多海洋机器人路径进行规划与协调，以减小观测冗余，提高观测效率。对于大规模的覆盖观测，将多观测平台进行分组，在此基础上，对各个海洋机器人的观测路径进行规划。

1. 观测路径规划

结合观测任务的具体目标、观测平台的运动能力、环境约束等来规划观测路径，将观测目标和约束以目标函数和约束条件的形式来表示。观测路径规划的目标函数可以是时间最短、能耗最小或观测数据最有效等。

海洋现象不确定性约束是基于环境预测不确定性方差分布数据建立的约束函数，该约束提高了数值模拟对环境预测的准确性，优化路径可以定义为观测数据经过网格不确定方差的积分最大的路径。其他约束条件包括平台的运动性能约束、出水位置约束、观测作业模式(运动轨迹)约束、环境海流约束等。

观测作业模式约束是对平台的观测运动轨迹的约束。断面连续观测被限定在一个剖面上，只能对入水点位置、下潜深度进行规划。虚拟锚系观测的运动轨迹约束在限定的圆周内，可规划圆心所在位置。对于二维平面自主协作观测，将海洋机器人限定在可参数化的闭环曲线上，如圆、椭圆、矩形等，图 1.14 给出了这类约束。观测路径规划问题可简化为对封闭的曲线参数、每个曲线上的海洋机器人数量及位置关系等参数的优化，使海洋机器人的分布与海洋环境变化的剧烈程度相协调。

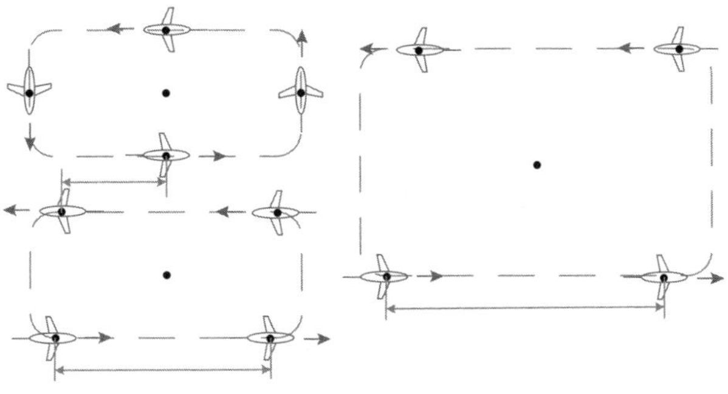

图 1.14 水平面作业模式的约束

对于环境约束中的海流问题，可根据预测海流信息对观测海域的环境海流进行网格化、参数化建模，将海流分解为垂直网格模型和三维分层海流网格模型。

2. 协同观测控制

在多观测平台协同作业和跟踪过程中，涉及多平台的队形控制，包括队形的旋转、缩放、平移等。针对海洋覆盖观测，可将多平台观测系统的协作分为“松协作”和“紧协作”两种协作关系。

对于“松协作”关系，集中规划单个观测平台的路径，依靠平台本身的位置闭环控制使其运动轨迹保持在观测路径上，以获得预期结果。对于“紧协作”关系，需要在协作观测作业过程中严格保持一定位置关系，例如将多个平台限定在预先设定的封闭几何曲线上。“紧协作”关系的协同控制是针对二维平面控制的。

3. 观测任务的约束

观测任务的约束包括能耗最小、时间最短、路径最短、避免观测冗余等。能耗最小是针对数月以上的大尺度的海洋现象观测。多平台观测需提高观测的覆盖率和观测效率。时间最短是针对突变海洋现象的实时性观测。以水下滑翔机剖面观测能耗 E 最小为例，水下滑翔机的限制条件包括下潜深度 h、净浮力调节范围 m_b、俯仰角度 γ、水下滑翔机内置质量块的位置 $\boldsymbol{r}_{\mathrm{mr}}$、每个滑翔周期内水平观测距离 L_{cycle}、水平距离 L，可建立优化目标和约束方程：

$$
\begin{aligned}
& E_{\mathrm{opt}} = \min E\left(h, m_b, \boldsymbol{r}_{\mathrm{mr}}, L, L_{\mathrm{cycle}}, \gamma\right) \\
& \text{s.t. } 0 < h < h_{\max}, 0 < L_{\mathrm{cycle}} < L, 0 < \left|m_b\right| < \left|m_b\right|_{\max} \\
& \qquad 0 < \left|\boldsymbol{r}_{\mathrm{mr}}\right| < \left|\boldsymbol{r}_{\mathrm{mr}}\right|_{\max}, 0 < |\gamma| < \frac{\pi}{2}
\end{aligned}
\tag{1.2}
$$

1.4.3 海洋机器人运动与控制

不同海洋机器人的运动特性各不相同，所对应的观测任务也不完全相同。AUV 通信能力较弱、速度较快、续航能力有限；水下滑翔机在浮出水面时才有远程通信能力、速度较慢，其优势在于续航能力最强。考虑到观测平台的这些特点，可将这两种类型的平台的观测方式定义为：AUV 水下分层观测、水下滑翔机垂直剖面观测两种。AUV 水下分层观测适合于剖面、局部高精度观测和快速观测；水下滑翔机垂直剖面观测适合长时间的区域覆盖观测和剖面观测。

海洋机器人作为海洋动态观测网络的节点，其运动学和动力学控制环节是保证海洋观测网络稳定、有效运行的基础。由于设计理念、续航能力、驱动方式的不同，各种观测平台的控制方式也不相同。本节以海洋机器人为例来分析其控制方式，包括海洋机器人运动学和动力学的控制仿真、海洋机器人的底层控制与动力分配、海洋机器人运动虚拟仿真等。

根据海洋机器人的运动特性，通过协同规划算法，将协同观测任务具体为各海洋机器人可执行的离散化期望观测点序列，再通过控制算法控制各海洋机器人以期望速度到达各期望观测点。海洋机器人的动力学可以简化为如下关系式：

$$\begin{aligned} &\boldsymbol{M}\dot{\nu}+\boldsymbol{D}(\nu)\nu+\boldsymbol{C}(\nu)\nu+\boldsymbol{g}(\eta)=\tau \\ &\dot{\eta}=\boldsymbol{J}(\eta)\nu \end{aligned} \tag{1.3}$$

式中，ν 为动力学六自由度状态量；$\boldsymbol{M}$、$\boldsymbol{D}(\nu)$、$\boldsymbol{C}(\nu)$、$\boldsymbol{g}(\eta)$、τ 分别是质量矩阵、阻尼矩阵、向心力矩阵、重力及重力矩向量、推进器的控制量；$\boldsymbol{J}(\eta)$ 为运动学转换矩阵。

AUV 具有较好的机动性，相关的动力学控制方法如比例-积分-微分(proportional-integral-derirative，PID)控制和其他先进控制方法有很多研究。通过动力学控制与仿真，可以获得多海洋机器人在惯性坐标系下的位置、速度等，并将这些信息在视景节点中显示。图 1.15 给出了海洋机器人仿真平台的示意图。

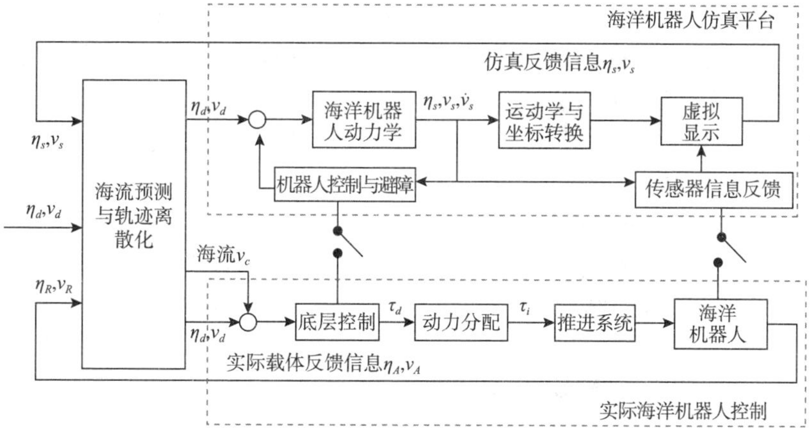

图 1.15　海洋机器人仿真平台示意图

海洋机器人运动视景仿真是在模拟的海洋环境中将多海洋机器人运动的位姿更新、碰撞检测、环境效果及各种特效进行实时显示。底层控制与动力分配是将控制力和力矩项通过动力分配环节分配到各个螺旋桨、舵机等。通过动力分配与推进系统，将推进力和力矩作用在海洋机器人的载体上，并通过声呐、深度计等传感器，将海洋机器人的状态信息反馈到控制环节和虚拟仿真中。

1.4.4 多海洋机器人近实时特征跟踪

受海洋环境背景场噪声的影响，海洋机器人的观测数据存在较大噪声。因此，需要基于观测数据估计海洋真实信息及方差。海洋环境特征自主跟踪观测主要包括海洋特征提取、自主跟踪决策、多观测平台跟踪观测控制等，如图 1.16 所示。

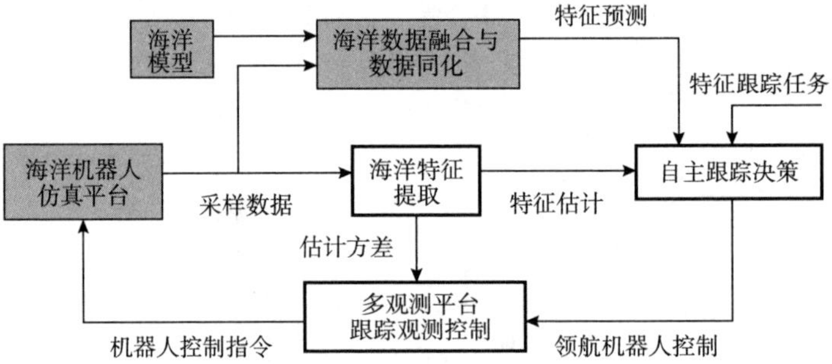

图 1.16 特征跟踪示意图

(1)海洋特征提取。海洋现象的变化以水体的温度、盐度体现出来，特征提取即是基于海洋现象成因，建立海洋现象变化反应在温度、盐度、叶绿素浓度等特性上的模型，将水体特性的模型用于多观测平台的跟踪。例如上升流跟踪需要提取温度特征值 T 及其梯度 ∇T 。

单个海洋机器人的观测信息容易将局部信息视为某区域内的特征场信息，不能反映一定海域内的全局信息。通过对多海洋机器人观测信息的提取，可以对观测区域范围内近实时的特征场及其梯度进行估计。在获得海洋特征场信息及变化过程的基础上，根据观测目标选用相应数量的平台进行跟踪。

(2)自主跟踪决策。结合特征提取结果，将观测任务描述为海洋机器人群集运动的跟踪策略，在第 3 章中会系统论述典型海洋特征的跟踪策略，例如，跟踪温度场等值线可以使平台沿温度梯度或切线方向运动。

(3)多观测平台跟踪观测控制。跟踪观测控制是多海洋机器人以一定队形的跟随运动，包括队形的形成、缩放、旋转。队形的缩放决定了多平台的覆盖区域、观测数据的分辨率大小。

参考文献

[1] 李颖虹，王凡，王东晓. 中国科学院近海海洋观测研究网络建设概况与展望[J]. 中国科学院院刊，2008, 23(3): 274-279.

[2] 靳熙芳，王硕. 海洋环境数据智能化监控的现状与关键技术[J]. 海洋预报, 2009, 26(2): 95-102.

[3] 倪国江. 基于海洋可持续发展的中国海洋科技创新战略研究[D]. 青岛：中国海洋大学, 2010.

[4] Schmidt H. Area: Adaptive rapid environmental assessment[M]// Nicholas G P, Finn B J. Impact of Littoral Environmental Variability of Acoustic Predictions and Sonar Performance. Dordrecht: Springer, 2002: 587-594.

[5] Bosse A, Testor P, Mortier L, et al. Spreading of Levantine Intermediate Waters by submesoscale coherent vortices in the northwestern Mediterranean Sea as observed with gliders[J]. Journal of Geophysical Research: Oceans, 2015, 120(3): 1599-1622.

[6] 蔡树群, 张文静, 王盛安. 海洋环境观测技术研究进展[J]. 热带海洋学报, 2007, 26(3): 76-81.

[7] Bachmayer R, Humphris S, Fornari D J, et al. Oceanographic research using remotely operated underwater robotic vehicles: Exploration of hydrothermal vent sites on the Mid-Atlantic ridge at 37 north 32 west[J]. Marine Technology Society Journal, 1998, 32(3): 37-47.

[8] 蒋新松, 封锡盛, 王棣棠. 水下机器人[M]. 沈阳: 辽宁科技出版社, 2000.

[9] Yu J, Zhang F, Zhang A, et al. Motion parameter optimization and sensor scheduling for the sea-wing underwater glider[J]. IEEE Journal of Oceanic Engineering, 2013, 38(2): 243-254.

[10] Zhang S, Yu J, Zhang A, et al. Steady three dimensional gliding motion of an underwater glider[C]//2011 IEEE International Conference on Robotics and Automation, 2011: 2392-2397.

[11] Yu J, Tang Y, Zhang X, et al. Design of a wheel-propeller-leg integrated amphibious robot[C]//2010 11th International Conference on Control Automation Robotics & Vision, Singapore, 2010: 1815-1819.

[12] 李颖虹, 王凡, 任小波. 海洋观测能力建设的现状、趋势与对策思考[J]. 地球科学进展, 2010, 25(7): 715-722.

[13] Webb D C, Simonetti P J, Jones C P. SLOCUM: An underwater glider propelled by environmental energy[J]. IEEE Journal of Oceanic Engineering, 2001, 26(4): 447-452.

[14] Sherman J, Davis R E, Owens W B, et al. The autonomous underwater glider "Spray"[J]. IEEE Journal of Oceanic Engineering, 2001, 26(4): 437-446.

[15] 李健, 陈荣裕, 王盛安, 等. 国际海洋观测技术发展趋势与中国深海台站建设实践[J]. 热带海洋学报, 2012, 31(2): 123-133.

[16] Zhang F, Leonard N E. Cooperative filters and control for cooperative exploration[J]. IEEE Transactions on Automatic Control, 2010, 55(3): 650-663.

[17] Zhang F, Leonard N E. Generating contour plots using multiple sensor platforms[C]//2005 IEEE Swarm Intelligence Symposium, 2005: 309-316.

[18] Zhang F, Leonard N E. Cooperative Kalman filters for cooperative exploration[C]//2008 American Control Conference, 2008: 2654-2659.

[19] Zhang F, Fiorelli E, Leonard N E. Exploring scalar fields using multiple sensor platforms: Tracking level curves[C]//2007 46th IEEE Conference on Decision and Control, 2007: 3579-3584.

[20] 张云海, 汪东平. 海洋环境移动平台观测技术发展趋势分析[J]. 海洋技术学报, 2015, 34(3): 30-36.

[21] 杨锦坤, 武双全, 杨扬. 海洋观测网规划支撑体系与系统架构设计探讨[J]. 海洋信息, 2015(3): 29-33.

2 自主覆盖观测优化

2.1 概述

在海洋中，某些属性(如温度、浮游生物浓度等)对海洋系统特性的影响相对其他的属性更为明显，因此，通过对这些属性的观测能够更好地理解海洋现象。海洋观测的目的不仅仅是获得观测点的信息，更是通过有限的观测了解海洋特征在整个观测区域的分布状况，这就要求我们利用现有的观测手段尽可能地获得最有价值的观测数据。

一般说来，海洋特征是在空间和时间尺度上变化的标量场，观测值之间的相关性随着它们之间距离的增大而降低。为了估计那些未观测位置的海洋特征信息，我们需要进行内插和外推。显而易见，待估点附近观测值越多，估计的误差就会越小，也就是说，观测点位置分布影响对观测区域的估计结果。最佳的观测方案是选择最优的采样点位置，使得根据观测数据利用估计算法对标量场估计的整体误差最小。这就对标量场的估计算法有以下要求：一方面，要合理利用观测数据，使得估计值尽可能接近真实值；另一方面，在得到估计值的同时，需要给出估计的不确定性，作为对采样点选择优劣的评价指标。

源于地质统计学的克里金(Kriging)估计能够根据不同位置上的观测值给出空间过程的估计值，同时能够得到估计值的不确定性(克里金方差)。无论是从理论分析还是实验研究都显示克里金估计的输出结果优于其他空间差值方法，主要原因是克里金估计充分考虑了空间过程的变异性。空间变量的空间变异性是指变量在空间中如何随着位置的不同而变化的关系，变异函数(variogram)和协方差函数是描述空间变异性的一种统计学工具。当变异函数或者协方差函数已知时，克里金估计方差只与观测点之间的相对位置以及观测点与待估点之间的相对位置有关，而与实际的观测值无关。因此，克里金方差可以作为选择采样点位置的衡量准则，在实际观测之前进行优化，从而保证每一个采样点的位置都是最优的。

从观测空间中选择一定数量的点，保证通过对这些空间位置的观测对整个观测空间中未观测位置的克里金估计方差最小，这是一个非确定性多项式(non-deterministic polynomial，NP)问题[1]。分支界限搜索算法[2]可以得到该问题的全局最优解，但是，当采样点较多时，计算耗时是不可接受的。启发式搜索算法经常被用来解决这类问题，如模拟退火[3-4]、遗传算法[5]、禁忌搜索[6]等，可以大大减少计算耗时。但是，上述启发式算法得到的只是局部最优解，并且无法保证解的质量。Krause 等假设标量场满足正态分布，利用贪婪算法优化一组传感器的最佳观测位置，并且给出了解的下限[1]。但是现实中，很多现象是不满足正态分布的，因此，该算法具有一定的局限性。

本章首先利用克里金方法对标量进行估计，以克里金估计方差作为采样点选择的准则，设计了采样点搜索算法，并利用子模函数证明了解的边界下限，然后结合克里金估计的特点和子模函数的性质，设计了快速搜索算法，使得算法的搜索速度至少提高了一个数量级。

2.2 海洋特征场估计

2.2.1 空间随机变量估计

空间变量随着空间位置不同而变化，我们将其视作空间位置的随机函数。假设在二维空间 Ω 中，空间随机函数 $z(x)$ 有 n 个观测值 $z(x_1),z(x_2),\cdots,z(x_n)$，$x_i$ 为观测点的位置，目标是通过现有观测值获得未观测位置 x_0 处 $z(x_0)$ 的估计值 $\hat{z}(x_0)$。当空间随机函数满足二阶平稳：①随机函数的数学期望存在，并且 $E[z(x)]=m$ 为常值；②随机函数的协方差存在，并且与空间位置无关，即

$$c(h)=\operatorname{cov}[z(x+h),z(x)]=E[z(x+h)z(x)]-m^2 \tag{2.1}$$

那么利用普通克里金估计方程[7]

$$\begin{bmatrix} c(x_1,x_1) & c(x_1,x_2) & \cdots & c(x_1,x_n) & 1 \\ c(x_2,x_1) & c(x_2,x_2) & \cdots & c(x_2,x_n) & 1 \\ \vdots & \vdots & & \vdots & 1 \\ c(x_n,x_1) & c(x_n,x_2) & \cdots & c(x_n,x_n) & 1 \\ 1 & 1 & \cdots & 1 & 0 \end{bmatrix} \begin{bmatrix} \lambda_1 \\ \lambda_2 \\ \vdots \\ \lambda_n \\ \phi \end{bmatrix} = \begin{bmatrix} c(x_0,x_1) \\ c(x_0,x_2) \\ \vdots \\ c(x_0,x_n) \\ 1 \end{bmatrix} \tag{2.2}$$

可以得到 $z(x_0)$ 的线性最小方差估计及其估计方差：

$$\hat{z}(x_0)=\sum_{i=1}^{n}\lambda_i z(x_i) \tag{2.3}$$

$$\sigma^2\left[\hat{z}\left(x_0\right)\right]=c\left(x_0,x_0\right)-\boldsymbol{U}^{\mathrm{T}}\boldsymbol{H}^{-1}\boldsymbol{U} \tag{2.4}$$

式中，$c\left(x_i,x_j\right)=\operatorname{cov}\left[z\left(x_i\right),z\left(x_j\right)\right]$为空间随机函数在任意两个空间位置的协方差；$\boldsymbol{U}=\left(c\left(x_0,x_1\right),c\left(x_0,x_2\right),\cdots,c\left(x_0,x_n\right)1\right)^{\mathrm{T}}$；$\lambda_i$为对应第$i$个观测数据的克里金估计加权系数；$\phi$为拉格朗日乘子；

$$\boldsymbol{H}=\begin{bmatrix} c\left(x_1,x_1\right) & c\left(x_1,x_2\right) & \cdots & c\left(x_1,x_n\right) & 1 \\ c\left(x_2,x_1\right) & c\left(x_2,x_2\right) & \cdots & c\left(x_2,x_n\right) & 1 \\ \vdots & \vdots & & \vdots & 1 \\ c\left(x_n,x_1\right) & c\left(x_n,x_2\right) & \cdots & c\left(x_n,x_n\right) & 1 \\ 1 & 1 & \cdots & 1 & 0 \end{bmatrix}$$

如果$z(x)$仅满足弱平稳条件，即内蕴假设(intrinsic hypothesis)：①$z(x)$的数学期望存在，并且与空间位置无关，即$E\left[z(x+h)-z(x)\right]=0$；②随机函数的增量$\left[z(x+h)-z(x)\right]$有与空间位置$x$无关的有限方差，记为

$$2\gamma(h)=\operatorname{var}\left[z(x+h)-z(x)\right]=E\left\{\left[z(x+h)-z(x)\right]^2\right\} \tag{2.5}$$

$2\gamma(h)$称为变异函数(variogram)。当变异函数存在时，同样可以构造克里金方程，对标量场进行估计。当空间随机变量满足二阶平稳时，必定是内蕴的；反之，则不一定成立。变异函数与协方差函数具有如下关系：

$$\gamma(h)=c(0)-c(h) \tag{2.6}$$

式中，$c(0)=c\left(x_i,x_i\right)$表示方差。

然而，很多情况下，空间随机函数的数学期望随着空间位置的不同而变化，称之为漂移(drift)。在这种情况下，我们把空间随机函数分成两部分，

$$z(x)=\mu(x)+\epsilon(x) \tag{2.7}$$

式中，$\mu(x)$表示漂移分量，主要描述$z(x)$在较大尺度上的空间变异性；$\epsilon(x)$是0均值的满足内蕴假设的残差(residual)分量，主要描述$z(x)$在较小尺度上的空间变异性。

根据变异函数的定义，有

$$\gamma_z(x,h)=\frac{1}{2}E\left\{\left[z(x+h)-z(x)\right]^2\right\} \tag{2.8}$$

把式(2.7)代入式(2.8)得

$$\gamma_z(x,h)=\frac{1}{2}E\left\{\left[\epsilon(x+h)-\epsilon(x)\right]^2\right\}+\frac{1}{2}\left[\mu(x+h)-\mu(x)\right]^2$$
$$=\gamma_\epsilon(h)+\frac{1}{2}\left[\mu(x+h)-\mu(x)\right]^2 \tag{2.9}$$

这就是空间随机函数 $z(x)$ 的空间变异函数与残差 $\epsilon(x)$ 的变异函数之间的关系。式(2.9)表明，当空间函数具有漂移的特性时，其变异函数与空间位置有关，因此不满足内蕴条件，不能使用普通克里金估计。

在这种情况下，通常需要首先对漂移进行估计，然后利用残差的变异函数构造克里金方程。通常情况下，空间随机函数的漂移可以表示为

$$\mu(x)=\sum_{i=0}^{n}\alpha_i f^i(x) \tag{2.10}$$

式中，α_i 为待定系数；而 $f^i(x)$ 是以 x 为自变量的基函数，i 是上标，表示第 i 个基函数，$f^2\neq f\cdot f$。当漂移函数和残差的协方差函数均已知时，可以利用泛克里金方程获得一个线性无偏的估计量。泛克里金估计方程[7]为

$$\begin{bmatrix} c(x_1,x_1) & \cdots & c(x_1,x_n) & f^0(x_1) & \cdots & f^k(x_1) \\ \vdots & \ddots & \vdots & \vdots & \ddots & \vdots \\ c(x_n,x_1) & \cdots & c(x_n,x_n) & f^0(x_n) & \cdots & f^k(x_n) \\ f^0(x_1) & \cdots & f^0(x_n) & 0 & \cdots & 0 \\ \vdots & \ddots & \vdots & \vdots & \ddots & \vdots \\ f^k(x_1) & \cdots & f^k(x_n) & 0 & \cdots & 0 \end{bmatrix}\begin{bmatrix} \lambda_1 \\ \vdots \\ \lambda_n \\ \phi_1 \\ \vdots \\ \phi_k \end{bmatrix}=\begin{bmatrix} c(x_0,x_1) \\ \vdots \\ c(x_0,x_n) \\ f^0(x_0) \\ \vdots \\ f^k(x_0) \end{bmatrix} \tag{2.11}$$

可以得到 $z(x_0)$ 的线性最小方差估计及其估计方差，其形式与式(2.2)和式(2.3)的形式完全相同，其中

$$\boldsymbol{U}=\left[c(x_0,x_1)\ \ c(x_0,x_2)\ \ \cdots\ \ c(x_0,x_n)\ \ f^0(x_0)\ \ \cdots\ \ f^k(x_0)\right]^{\mathrm{T}}$$

$$\boldsymbol{H}=\begin{bmatrix} c(x_1,x_1) & \cdots & c(x_1,x_n) & f^0(x_1) & \cdots & f^k(x_1) \\ \vdots & \ddots & \vdots & \vdots & \ddots & \vdots \\ c(x_n,x_1) & \cdots & c(x_n,x_n) & f^0(x_n) & \cdots & f^k(x_n) \\ f^0(x_1) & \cdots & f^0(x_n) & 0 & \cdots & 0 \\ \vdots & \ddots & \vdots & \vdots & \ddots & \vdots \\ f^k(x_1) & \cdots & f^k(x_n) & 0 & \cdots & 0 \end{bmatrix}$$

2.2.2 变异函数估计

无论是进行普通克里金估计还是泛克里金估计，关键的一步是变异函数的确

定。变异函数是对已知的观测数据进行统计计算和推断而得来的。为此，必须先利用观测数据求取试验变异函数，然后再利用试验变异函数求得理论变异函数。

尽管有多种求变异函数法的方法，在实际中主要应用如下的无偏的估计方法：

$$\hat{\gamma}(h)=\frac{1}{2N(h)}\sum_{i=1}^{N(h)}\left[z(x_i+h)-z(x_i)\right]^2 \tag{2.12}$$

式中，h称作基本滞后，最大值为所有观测点之间最大距离的一半；$N(h)$表示观测点之间距离为h的观测值的对数(假设变异函数是各向同性)。通常情况下，观测点的空间分布是不规则的，满足同一基本滞后的观测点的对数可能相对较小。为了使试验变异函数更符合统计规律，引入距离容差：

$$\left|h_{\text{实际}}-h\right|\leqslant\delta h \tag{2.13}$$

当实际距离与滞后的偏差在容差范围内时，均认为是该基本滞后下的观测点。通常情况下，距离容差一般是$\delta h=\frac{1}{2}h$，以尽量保证更多的观测值都被利用。

由试验变异函数$\hat{\gamma}_\epsilon(h)$，可以根据参数化的变异函数模型，拟合变异函数的参数，常用的方法是加权最小二乘法[8]：

$$\boldsymbol{\beta}^*=\min\sum_{j=1}^{k}N(h_j)\left[\frac{\hat{\gamma}_\epsilon(h)}{\gamma_\epsilon(h_j,\boldsymbol{\beta})}-1\right]^2 \tag{2.14}$$

式中，$N(h_j)$是滞后为h_j的对数；$\boldsymbol{\beta}$是变异函数模型的参数，主要包括三个主要参数，分别为块金常数c_0、基台值c_s和变程a_s。常用的理论变异函数模型主要有球状模型、指数模型、高斯模型等。

球状模型：

$$\gamma(h,\boldsymbol{\beta})=\begin{cases}c_0+c_s\left[\frac{3}{2}\frac{h}{a_s}-\frac{1}{2}\left(\frac{h}{a_s}\right)^3\right], & 0<h\leqslant a_s\\ c_0+c_s, & h>a_s\end{cases} \tag{2.15}$$

指数模型：

$$\gamma(h,\boldsymbol{\beta})=c_0+c_s\left[1-\exp\left(-\frac{h}{a_s}\right)\right] \tag{2.16}$$

高斯模型：

$$\gamma(h,\boldsymbol{\beta})=c_0+c_s\left\{1-\exp\left[-\left(\frac{h}{a_s}\right)^2\right]\right\} \tag{2.17}$$

需要指出的是，利用式(2.12)求取试验变异函数时，要求空间随机变量是内蕴的。

1. 克里金估计残差

对于具有漂移的空间随机变量，首先需要知道漂移$\mu(x)$，才能计算残差$\epsilon(x)$，从而计算$\hat{\gamma}_\epsilon(h)$，而计算漂移$\mu(x)$需要知道残差的变异函数$\gamma_\epsilon(h)$。在实际当中，漂移$\mu(x)$和变异函数$\gamma_\epsilon(x)$都是未知的。在泛克里金估计中，首先，假设漂移为式(2.10)所示的待定系数的多项式；然后，基于假定的$\gamma_\epsilon(h)$，用克里金估计确定漂移的系数，从而得到残差$\epsilon(x)$；接着，根据式(2.12)估计残差$\epsilon(x)$的试验变异函数$\hat{\gamma}_\epsilon(h)$；最后，选择合适的变异函数模型，利用式(2.14)拟合得到理论变异函数，过程如图2.1所示。当由残差拟合的理论变异函数不再变化时，停止迭代。

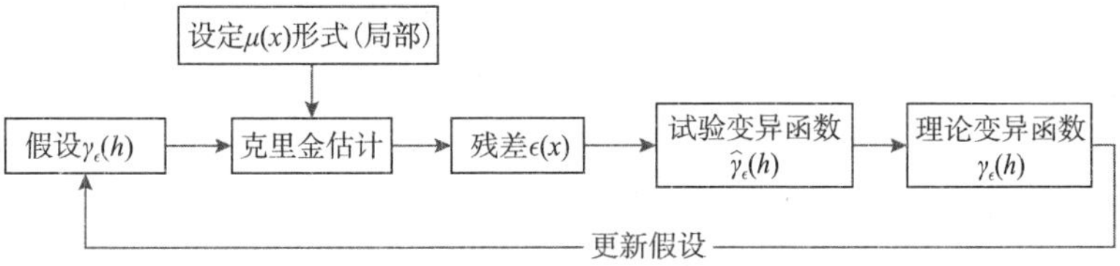

图 2.1　克里金估计变异函数过程

用低阶的多项式在整个区域内拟合漂移函数是不恰当的，因此，在利用克里金估计漂移函数时，只在局部的区域进行，如式(2.18)所示。这样，一方面限制了克里金必须在观测数据密集的地方进行，另一方面对于局部区域大小的选择也缺乏衡量准则。

$$\mu(x_0)=\sum_{i=0}^{k}\alpha_i f^i(x),\quad |x-x_0|\leqslant r \tag{2.18}$$

2. 广义最小二乘估计残差

我们把式(2.7)写成向量的形式：

$$\boldsymbol{z}(\boldsymbol{x})=\boldsymbol{\mu}(\boldsymbol{x})+\boldsymbol{\epsilon}(\boldsymbol{x}) \tag{2.19}$$

式中，$\boldsymbol{z}(\boldsymbol{x})=\left(z(x_1),z(x_2),\cdots,z(x_n)\right)^{\mathrm{T}}$表示在位置$\boldsymbol{x}=\left(x_1,x_2,\cdots,x_n\right)^{\mathrm{T}}$处的观测向量；$\boldsymbol{\mu}(\boldsymbol{x})$和$\boldsymbol{\epsilon}(\boldsymbol{x})$分别为对应的漂移向量和残差向量。在不致混淆的情况下，我

们省略 $\boldsymbol{x}$，直接用 $\boldsymbol{z}$、$\boldsymbol{\mu}$ 和 $\boldsymbol{\epsilon}$ 表示观测向量、漂移向量和残差向量。同样，式(2.10)写成向量形式为

$$\boldsymbol{\mu}=\boldsymbol{F\alpha} \tag{2.20}$$

式中，$\boldsymbol{F}$ 为 $n\times k$ 基函数矩阵；$\boldsymbol{\alpha}=\left(\alpha_1,\alpha_2,\cdots,\alpha_k\right)^{\mathrm{T}}$ 为漂移的系数。如果残差的协方差 $E\left(\boldsymbol{\epsilon\epsilon}^{\mathrm{T}}\right)=\boldsymbol{V}$ 已知，那么通过广义最小二乘

$$\boldsymbol{\Omega}\left(\hat{\boldsymbol{\alpha}}\right)=\left(\boldsymbol{z}-\boldsymbol{F}\hat{\boldsymbol{\alpha}}\right)^{\mathrm{T}}\boldsymbol{V}^{-1}\left(\boldsymbol{z}-\boldsymbol{F}\hat{\boldsymbol{\alpha}}\right) \tag{2.21}$$

可以得到 $\boldsymbol{\alpha}$ 的无偏最小方差估计[9]：

$$\hat{\boldsymbol{\alpha}}=\left(\boldsymbol{F}^{\mathrm{T}}\boldsymbol{V}^{-1}\boldsymbol{F}\right)^{-1}\boldsymbol{F}^{\mathrm{T}}\boldsymbol{V}^{-1}\boldsymbol{z} \tag{2.22}$$

那么，就可以得到残差的估计值

$$\hat{\epsilon}=\boldsymbol{z}-\boldsymbol{F}\hat{\boldsymbol{\alpha}} \tag{2.23}$$

从而根据式(2.12)得到实验变异函数，然后选择合适的模型，利用式(2.14)估计理论变异函数。

然而，残差的协方差函数是未知的，上述的参数回归过程是无法进行的。为此，首先假设残差是不相关的，即 $\boldsymbol{V}=\boldsymbol{I}$，式(2.22)可写为

$$\hat{\boldsymbol{\alpha}}=\left(\boldsymbol{F}^{\mathrm{T}}\boldsymbol{F}\right)^{-1}\boldsymbol{F}^{\mathrm{T}}\boldsymbol{z} \tag{2.24}$$

这相当于是普通最小二乘估计，由此得到变异函数 $\gamma_{\epsilon}\left(h\right)$ 与 $\gamma_{\hat{\epsilon}}\left(h\right)$ 是不相等的[10]。由式(2.6)残差的协方差函数与变异函数存在的关系，获得对残差协方差的估计：

$$\hat{\boldsymbol{V}}_{ij}=\mathrm{var}\left(\hat{\epsilon}\right)-\gamma_{\hat{\epsilon}}\left(x_i,x_j\right) \tag{2.25}$$

在这里，$\hat{\boldsymbol{V}}_{ij}$ 表示 $\hat{\boldsymbol{V}}$ 的第 $\left(i,j\right)$ 个元素。用 $\hat{\boldsymbol{V}}_{ij}$ 代替 $\boldsymbol{V}$，重新估计漂移系数 $\hat{\boldsymbol{\alpha}}$，然后得到新的 $\gamma_{\hat{\epsilon}}\left(h\right)$，转而得到新的 $\hat{\boldsymbol{V}}_{ij}$，逐步迭代，直至变异函数的参数不再变化，如图 2.2 所示。

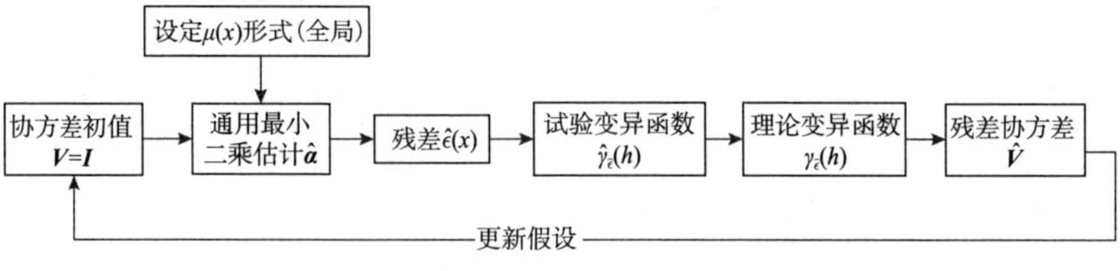

图 2.2　广义最小二乘估计变异函数过程

通过广义最小二乘估计漂移的系数，随机变量的估计被分为了两个部分：

$$\hat{z}(x_0)=\mu(x_0)+\hat{\epsilon}(x_0) \tag{2.26}$$

漂移部分由广义最小二乘估计得到：

$$\hat{\mu}(x_0)=\boldsymbol{F}_0^{\mathrm{T}}\hat{\boldsymbol{\alpha}} \tag{2.27}$$

式中，$\boldsymbol{F}_0=\left(f^0(x_0),f^1(x_0),\cdots,f^k(x_0)\right)^{\mathrm{T}}$。由于残差数学期望为 0，并且满足二阶平稳，可用简单克里金估计得到

$$\boldsymbol{\lambda}=\boldsymbol{V}^{-1}\boldsymbol{V}_0 \tag{2.28}$$

$$\hat{\epsilon}(x_0)=\sum_{i=1}^{n}\lambda_i\hat{\epsilon}(x_i) \tag{2.29}$$

式中，$\boldsymbol{V}_0=\left(c_{\hat{\epsilon}}(x_0,x_1),c_{\hat{\epsilon}}(x_0,x_2),\cdots,c_{\hat{\epsilon}}(x_0,x_n)\right)^{\mathrm{T}}$为待估点与观测点之间的协方差向量。

同理，估计方差分为漂移的估计方差和残差的估计方差两个部分：

$$\sigma^2\left[\hat{z}(x_0)\right]=\sigma^2\left[\hat{\mu}(x_0)\right]+\sigma^2\left[\hat{\epsilon}(x_0)\right] \tag{2.30}$$

前一部分为广义最小二乘对漂移估计的方差，后一部分为简单克里金对残差估计的方差，根据文献[9]可得

$$\sigma^2\left[\hat{z}(x_0)\right]=c(x_0,x_0)-\boldsymbol{V}_0^{\mathrm{T}}\boldsymbol{V}^{-1}\boldsymbol{V}_0+\left(\boldsymbol{F}_0-\boldsymbol{F}^{\mathrm{T}}\boldsymbol{V}^{-1}\boldsymbol{V}_0\right)^{\mathrm{T}}\left(\boldsymbol{F}^{\mathrm{T}}\boldsymbol{V}^{-1}\boldsymbol{F}\right)^{-1}\left(\boldsymbol{F}_0-\boldsymbol{F}^{\mathrm{T}}\boldsymbol{V}^{-1}\boldsymbol{V}_0\right) \tag{2.31}$$

首先，参数回归方法利用广义最小二乘估计获得漂移的系数，在求得漂移后，再利用简单克里金对残差进行估计，二者的和作为对空间随机变量的估计，这种方法被称为回归克里金估计[11]。如果残差的协方差函数已定，那么泛克里金估计和回归克里金估计无论是在对随机变量的估计值还是估计的方差，在数学上都是严格等价的[12]。

2.2.3 仿真实验

仿真实验中我们使用海军实验室(Naval Research Laboratory，NRL)维护的海军实验室分层海洋模式(Naval Research Laboratory Layered Ocean Model，NLOM)输出的 1302 组海洋温度数据，空间分辨率为$1/32°$，基本滞后的基值为 5km，间距为 4km，距离容差为 2km，选取了 25 组滞后。首先，假设温度场在空间分布是内蕴的，由式(2.12)拟合得到的实验变异函数如图 2.3 所示。从图 2.3 不难看出，实验变异函数随着滞后的增大呈二次曲线形增长，根据式(2.9)判断，温度场不是

内蕴的，而其均值存在漂移。

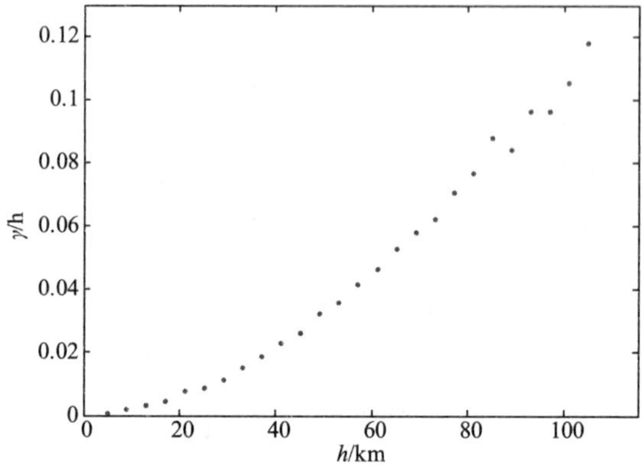

图 2.3　温度场的实验变异函数

我们利用广义最小二乘法对温度场残差的变异函数进行拟合。分别假设漂移为空间坐标的一阶、二阶、三阶和四阶函数，如表 2.1 所示。根据不同的漂移多项式的阶数，求得的残差试验变异函数如图 2.4 所示。

表 2.1　漂移多项式

阶数	表达式
1	$\alpha_0+\alpha_1 x+\alpha_2 y$
2	$\alpha_0+\alpha_1 x+\alpha_2 y+\alpha_3 x^2+\alpha_4 xy+\alpha_5 y^2$
3	$\alpha_0+\alpha_1 x+\alpha_2 y+\alpha_3 x^2+\alpha_4 xy+\alpha_5 y^2+\alpha_6 x^3+\alpha_7 x^2 y+\alpha_8 xy^2+\alpha_9 y^3$
4	$\alpha_0+\alpha_1 x+\alpha_2 y+\alpha_3 x^2+\alpha_4 xy+\alpha_5 y^2+\alpha_6 x^3+\alpha_7 x^2 y+\alpha_8 xy^2$ $+\alpha_9 y^3+\alpha_{10} x^4+\alpha_{11} x^3 y+\alpha_{12} x^2 y^2+\alpha_{13} xy^3+\alpha_{14} y^4$

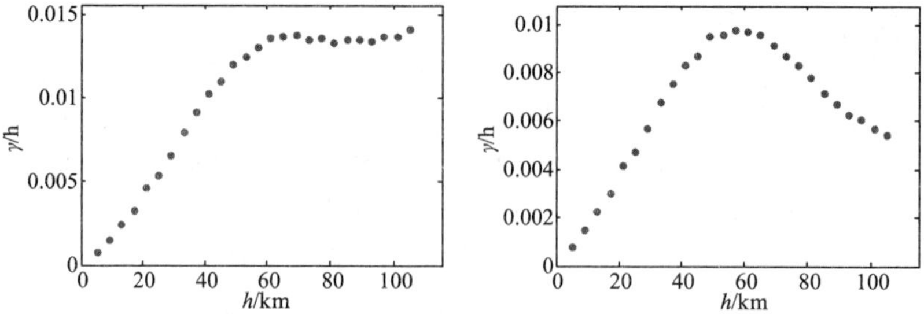

(a)一阶漂移　　(b)二阶漂移

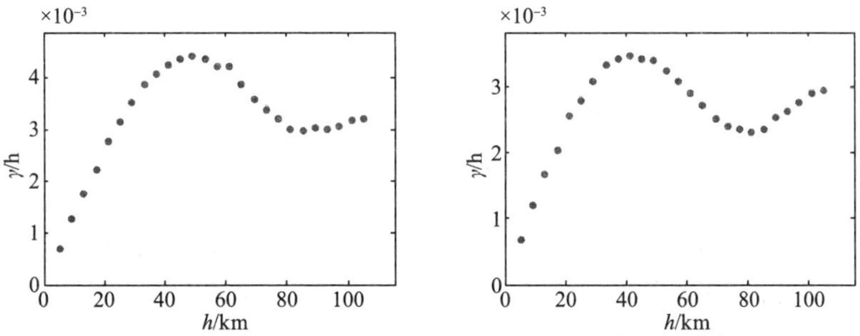

(c)三阶漂移　　　　(d)四阶漂移

图 2.4　残差的变异函数

空间随机变量的观测值的相关性随着它们之间距离的增大而降低，即协方差减小，由式(2.6)可知，变异函数应该随着空间距离的增大而增大，当空间距离达到一定阈值后，可以近似认为彼此之间是相互独立的。由此可以判断出，当漂移为一阶多项式时，残差近似满足内蕴条件。根据残差的试验变异函数，利用式(2.14)分别对高斯模型、球状模型和指数模型的理论变异函数进行拟合，结果显示高斯模型的效果最好，如图 2.5 所示。

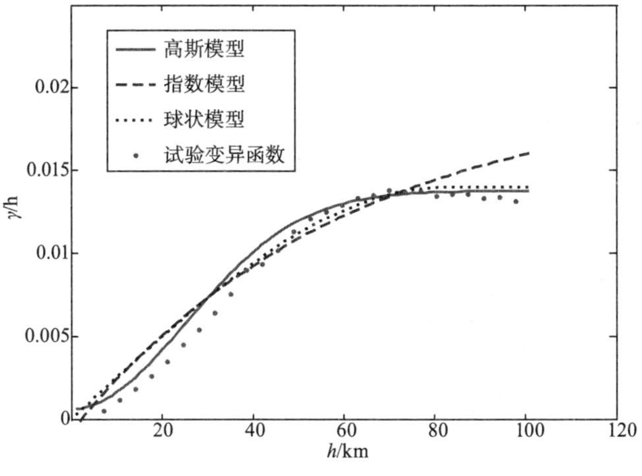

图 2.5　变异函数的拟合

2.3　区域覆盖采样点选择

2.3.1　采样性能准则

海洋采样的目标不仅是了解观测点的信息，而且是通过有限的观测了解整个观测区域内海洋特征的信息。那么势必要利用数值估计算法，通过已有的观测估计观测区域内未观测位置的值。由于海洋特征在空间分布上具有一定的连续性和相关性，那么采样的位置分布势必会影响对海洋特征估计的精度。这就要求我们设计最佳的采样策略，使得每一个采样点的位置都是最优的。为此，我们需要一个准则，用来衡量采样点位置的优劣。那么，这个准则就应该能反映出不同的空间采样点配置下，对未观测点的估计误差。由于未观测点的真实值是无法知道的，因此，无法得到估计误差，只能在统计意义上给出估计值与真实值的偏离度，即方差，称之为估计的不确定性。

克里金估计能够在给出估计值的同时，给出估计的不确定性(克里金方差)。观察式(2.4)或式(2.31)可以发现，无论是泛克里金估计还是回归克里金估计，当观测变量的协方差已知时，估计方差只与待估点与采样点的相对位置，以及采样点之间的相对位置有关，而与实际的观测位置的观测值无关。当观测变量的协方差已知时，克里金估计可以在采样进行之前衡量采样方法的优劣，从而找到最佳的采样点。因此，克里金方差可以作为采样性能的衡量准则：

$$g(\boldsymbol{X})=\int\sigma^2[\hat{z}(x\mid\boldsymbol{X})]\mathrm{d}x,\qquad x\in D,\boldsymbol{X}\subset D,x\notin\boldsymbol{X}\tag{2.32}$$

式中，$\boldsymbol{X}$ 为采样点位置；D 为采样空间；$\sigma^2[\hat{z}(x\mid\boldsymbol{X})]$ 表示在 x 处基于采样点 $\boldsymbol{X}$ 的克里金估计方差。

通常情况下，采样空间都被离散成网格的形式，每个网格内用一个值代表该网格处海洋特征的信息。因此，采样性能准则为

$$g(\boldsymbol{X})=\sum_{i=1}^{t}\sigma^2\left[z\left(x_i|\boldsymbol{X}\right)\right]\tag{2.33}$$

式中，x_i 表示第 i 个网格；t 表示采样空间中总的网格数。

2.3.2 贪婪算法采样策略

假设已有 k 个采样点，其采样点的位置表示为 $\boldsymbol{X}^0=\left(x_1^0,x_2^0,\cdots,x_k^0\right)^{\mathrm{T}}$。为了增加对海洋特征的了解，额外增加 n 个采样点 $\boldsymbol{X}_n=\left(x_{k+1},x_{k+2},\cdots,x_{k+n}\right)^{\mathrm{T}}$。我们的目标是使增加的采样点的空间位置配置是最优的，即满足

$$\boldsymbol{X}^*=\min g\left(\boldsymbol{X}_{k+n}\right)\tag{2.34}$$

式中，$\boldsymbol{X}_{k+n}=\left(\boldsymbol{X}^0,\boldsymbol{X}_k\right)^{\mathrm{T}}$。

最优采样问题可以被描述为从 t 个候选的位置选择 n 个观测点，采样的结果使得对采样空间中其他未采样位置的估计方差最小，即满足式(2.34)。如果使用穷

举式算法，只适用于t和n都非常小的情况。例如，如果从 100 个候选位置中选出 25 个最优的采样点位置，那么将有10^{23}数量级种的可能情况。因此，采用穷举法是不实际的。

贪婪算法经常被用来解决此类问题。从一个空集合开始，$\boldsymbol{X}_0^* = \varnothing$，按照贪婪规则，每次增加一个采样点的位置，直至$\boldsymbol{X}_n^* = \left(x_1^*, x_2^*, \cdots, x_n^*\right)^{\mathrm{T}}$。通常，每一次迭代都使目标函数$g\left(X_k\right)$最大限度上减小。贪婪规则定义为

$$x_i^* = \max\left(g\left(\boldsymbol{X}_{k+i-1}\right) - g\left(\boldsymbol{X}_{k+i}\right)\right) \tag{2.35}$$

对从t个候选的位置选择n个观测点的问题来说，应用贪婪算法只需要$\sum_{i=0}^{n-1}(t-i)$次就能够完成任务。一般来说，应用贪婪算法得到的只是局部最优解而非全局最优解。但是，贪婪算法能够很大程度上减少搜索步数，降低计算耗时。至于贪婪算法得到的局部最优解的边界下限，我们在下一节给出结论，并应用子模性(submodularity)给予证明。

2.3.3 贪婪算法得到的次优解边界下限

我们应用子模性得到基于式(2.35)给出的贪婪规则获得局部最优解的边界下限，并给出理论证明。首先给出子模性的定义[13]。

定义 2.1 在有限集合D上的实值函数f如果满足

$$f(A) + f(B) \geqslant F(A \cup B) + F(A \cap B), \quad \forall A, B \subseteq D$$

则称函数f是子模函数。Nemhauser 又给出了子模函数其中的一种等价形式[12]：

$$f\left(A \cup \{x\}\right) - f(A) \geqslant f\left(B \cup \{x\}\right) - f(B), \quad \forall A \subseteq B \subseteq D, x \in D \setminus B \tag{2.36}$$

我们定义的采样性能准则函数$g(\boldsymbol{X})$并不是子模函数，为此，我们构造函数$f(\boldsymbol{X})$：

$$f\left(\boldsymbol{X}_n\right) = g\left(\boldsymbol{X}^0\right) - g\left(\boldsymbol{X}_{k+n}\right) \tag{2.37}$$

推论 2.1 $f\left(X_n\right)$是单调子模函数。

证明 (1)子模性。

令$\boldsymbol{X}_{n1} \subseteq \boldsymbol{X}_{n2} \subseteq D, x \in D \setminus \boldsymbol{X}_{n2}$，假设在原有观测集合$\boldsymbol{X}$基础上增加一个观测$\{x\}$后，函数$f$的变化量为$\delta_x(\boldsymbol{X})$，则

$$\begin{aligned}\delta_x\left(\boldsymbol{X}_{k+n1}\right) &= f\left(\boldsymbol{X}_{k+n1} \cup \{x\}\right) - f\left(\boldsymbol{X}_{k+n1}\right) \\ &= g\left(\boldsymbol{X}_{k+n1}\right) - g\left(\boldsymbol{X}_{k+n1} \cup \{x\}\right)\end{aligned} \tag{2.38}$$

从文献[14]，我们可以得到以下两个方程：

$$\sigma^2\left[\hat{z}\left(x_0|\boldsymbol{X}_n\right)\right]=\sigma^2\left[\hat{z}\left(x_0|\boldsymbol{X}_{n+1}\right)\right]+\lambda^2_{n+1|\boldsymbol{X}_{n+1}}\left(x_0\right)\sigma^2\left[\hat{z}\left(x_{n+1}|\boldsymbol{X}_n\right)\right] \tag{2.39}$$

$$\lambda_{i|\boldsymbol{X}_n}\left(x_0\right)=\lambda_{i|\boldsymbol{X}_{n+1}}\left(x_0\right)+\lambda_{n+1|\boldsymbol{X}_{n+1}}\left(x_0\right)\cdot\lambda_{i|\boldsymbol{X}_n}\left(x_{n+1}\right),\quad i=1,2,\cdots,n \tag{2.40}$$

式中，$\sigma^2\left[\hat{z}\left(x|\boldsymbol{X}\right)\right]$表示在观测集合$\boldsymbol{X}$下对位置在$x$处的特征信息的克里金估计方差；$\lambda_{i|\boldsymbol{X}}\left(x\right)$表示在观测集合$\boldsymbol{X}$下对位置在$x$处的特征信息估计时第$i$个观测值的加权系数。

把式(2.39)代入式(2.38)，可以得到

$$\delta_x\left(\boldsymbol{X}_{k+n1}\right)=\sigma^2\left[\hat{z}\left(x|\boldsymbol{X}_{k+n1}\cup\{x\}\right)\right]\sum_{i=1}^{t}\lambda^2_{k+n1+1|\boldsymbol{X}_{k+n1}\cup\{x\}}\left(x_i\right) \tag{2.41}$$

式(2.39)表明，当其中的一个观测数据被删除时，观测数据的减少造成克里金估计方差的增加量等于该观测数据的克里金加权系数的平方与剩余的观测数据对被删除观测值的克里金估计方差的积。这也意味着观测数据越多，克里金估计方差越小，因此，我们可以得到

$$\begin{aligned}\delta_x\left(\boldsymbol{X}_{k+n1}\right)-\delta_x\left(\boldsymbol{X}_{k+n2}\right)&=\sigma^2\left[\hat{z}\left(x|\boldsymbol{X}_{k+n1}\cup\{x\}\right)\right]\sum_{i=1}^{t}\lambda^2_{k+n1+1|\boldsymbol{X}_{k+n1}\cup\{x\}}\left(x_i\right)\\&\quad-\sigma^2\left[\hat{z}\left(x|\boldsymbol{X}_{k+n2}\cup\{x\}\right)\right]\sum_{i=1}^{t}\lambda^2_{k+n2+1|\boldsymbol{X}_{k+n2}\cup\{x\}}\left(x_i\right)\\&\geqslant\sigma^2\left[\hat{z}\left(x|\boldsymbol{X}_{k+n1}\right)\right]\sum_{i=1}^{t}\left[\lambda^2_{k+n1+1|\boldsymbol{X}_{k+n1}\cup\{x\}}\left(x_i\right)-\lambda^2_{k+n2+1|\boldsymbol{X}_{k+n2}\cup\{x\}}\left(x_i\right)\right]\end{aligned} \tag{2.42}$$

式(2.40)表示，当其中的一个观测数据被删除时，被删除的那个数据的克里金加权系数按照比值分配到剩余的观测数据的加权系数上，这个比值就是剩余的数据对被删除数据进行估计的克里金系数。我们不妨设$\boldsymbol{X}_{k+n2}=\boldsymbol{X}_{k+n1}\cup\{x'\}$，由式(2.40)可得

$$\begin{aligned}\lambda_{k+n1+1|\boldsymbol{X}_{k+n1}\cup\{x\}}\left(x_i\right)&=\lambda_{k+n1+1|\boldsymbol{X}_{k+n2}\cup\{x\}}\left(x_i\right)\\&\quad+\lambda_{k+n2+1|\boldsymbol{X}_{k+n2}\cup\{x\}}\left(x_i\right)\cdot\lambda_{k+n1+1|\boldsymbol{X}_{k+n1}\cup\{x\}}\left(x'\right)\end{aligned} \tag{2.43}$$

把式(2.43)代入式(2.42)，可得

$$\delta_x\left(\boldsymbol{X}_{k+n1}\right)-\delta_x\left(\boldsymbol{X}_{k+n2}\right)\geqslant 0$$

即$f\left(\boldsymbol{X}_{k+n1}\cup\{x\}\right)-f\left(\boldsymbol{X}_{k+n1}\right)-\left[f\left(\boldsymbol{X}_{k+n2}\cup\{x\}\right)-f\left(\boldsymbol{X}_{k+n2}\right)\right]\geqslant 0$，所以$f\left(\boldsymbol{X}_n\right)$是子模函数。

(2)单调性。

由式(2.41)知 $\delta_x\left(\boldsymbol{X}_{k+n1}\right)\geqslant 0$，即 $f\left(\boldsymbol{X}_{k+n1}\cup\{x\}\right)-f\left(\boldsymbol{X}_{k+n1}\right)\geqslant 0$，所以 $f\left(\boldsymbol{X}_n\right)$ 是单调函数。

由于泛克里金估计与回归克里金估计在数学上是完全等价的，因此，上述结论对于回归克里金估计同样成立。

定理 2.1[13]　如果 f 是定义在有限集合 D 上的单调子模函数，并且 $f(\varnothing)=0$。假设 $\boldsymbol{X}_G$ 是由贪婪算法得到的 n 个元素，$\mathrm{OPT}=\max\limits_{X\subset D,|X|=k} f(\boldsymbol{X})$，那么有

$$f\left(\boldsymbol{X}_G\right)\geqslant\left[1-\left(\frac{k-1}{k}\right)^k\right]\cdot\mathrm{OPT}$$

根据式(2.37)，我们可以得到

$$\begin{aligned}x_i^* &= \max\left(f\left(\boldsymbol{X}_{k+i}\right)-f\left(\boldsymbol{X}_{k+i-1}\right)\right)\\ &= \max\left(g\left(\boldsymbol{X}_{k+i-1}\right)-g\left(\boldsymbol{X}_{k+i}\right)\right)\end{aligned}\tag{2.44}$$

因此，由式(2.35)定义的贪婪规则得到局部最优解性能的边界下限是全局最优解的 $1-\left(\frac{k-1}{k}\right)^k$，当 $k\to+\infty$ 时，$1-\left(\frac{k-1}{k}\right)^k=1-\frac{1}{\mathrm{e}}\approx 0.63$。

2.4　自适应覆盖观测方法

水下滑翔机具有航程远、造价低的优点，携带相应的传感器可以组成移动的观测网络对大范围的海域进行观测。当前亟须解决的问题是如何使移动的水下观测网络采集到最能够揭示海洋特征本质的数据。如果已有待观测海域海洋特征的先验信息，那么可以利用 2.3 节中的方法得到最优观测点的位置，然后结合水下滑翔机的运动学模型设计采样路径。在没有任何先验信息的观测海域中，我们需要对移动传感器网络进行合理配置，避免遗漏关键的海洋特征信息，以争取在最大限度上了解探测到最感兴趣的海洋特征，称之为覆盖采样。如果海洋特征在空间分布上是均匀的，那么最优的覆盖采样方式是使采样网络在观测空间上均匀分布；如果海洋特征在空间分布上是非均匀的，那么应该在海洋特征分布明显的地方布置较多的传感器，以获得更多的海洋特征的信息。此外，如果海洋特征是时变的，那么移动采样网络就应该实时调整，实现对海洋特征的动态覆盖。

利用移动采样网络对海洋特征进行覆盖采样实质上就是空间资源的分配，属于位置优化问题。传感器位置优化问题是当前研究的热点，如文献[12]～[17]，但

是这些方法主要是针对静态传感器网络，并不适合移动传感器网络的采样问题。Fiorelli 等设计了基于势函数的多水下滑翔机海洋特征跟踪方法，但是跟踪过程中各台水下滑翔机组成的采样网络的结构并不是最优的[18-19]。Cortés 等设计了分布式控制律，能够使机器人聚集在事件发生概率高的区域，但是该算法要求每一个机器人都需要事先完全知道事件发生的概率，因此不适用于完全未知的环境[20]。针对这种情况，研究人员设计了在线学习算法，通过机器人的实时测量估计特征分布，实现了在完全未知环境中的覆盖采样[21-25]。海洋环境复杂多变，因此海洋特征通常也是时变的，而上述方法仅适用于静态的海洋特征。针对这种情况，我们设计了自适应覆盖采样方法，通过实时观测，动态估计海洋特征的分布和变化趋势，实现对海洋特征的动态覆盖。

本章首先定义了基于质心沃罗努瓦(Voronoi)图的最优覆盖采样网络，设计了覆盖控制算法，保证由多台水下滑翔机组成的采样网络能够从任意的初始位置收敛到最优覆盖采样网络配置。针对海洋特征未知的情况，设计了带有遗忘因子的最小二乘递归算法对海洋特征参数进行估计，并构造了李雅普诺夫函数证明了覆盖控制算法收敛于估计参数。最后，针对海洋特征复杂多变的特性，设计了自适应遗忘因子调节律，使得我们的分布式控制算法适用于静态和动态不同的海洋特征。

2.4.1 覆盖采样

由水下滑翔机携带传感器组成的采样网络，能够对具有时间和空间尺度上变化的海洋特征进行跟踪观测。对于无任何先验信息、动态的海洋特征，我们无法在观测之前确定最优的观测点集合，也无法通过观测数据序列对海洋特征进行重构。针对这种情况，本节设计了海洋特征覆盖采样方法，能够在海洋特征分布的关键区域，如极值位置、等值线曲率变化较大或者海洋特征变化比较快的区域布置更多的传感器，采集更多的数据，以了解海洋特征的产生、发展、变化过程。

1. 问题描述

本节描述传感器采样网络的优化配置问题。

定义 2.2 如果由水下滑翔机组成的移动采样网络能够使定义的代价函数的值最小，那么就称采样网络实现了对海洋特征的最优覆盖采样。

假设有 n 台水下滑翔机，在凸多边形 $Q\subset R^N$ 的空间中进行采样。采样空间 Q 中任意一点的空间位置表示为 q，海洋特征的分布函数为 $\phi(q):Q\mapsto R_+$，表示 q 处海洋特征的值。第 i 台水下滑翔机的位置为 p_i，$P=\{p_1,p_2,\cdots,p_n\}$ 为水下滑翔机位置的集合。我们定义第 i 台水下滑翔机的覆盖采样代价函数为

$$f_i(p_i,q)=\int q-p_i^2\phi(q)\mathrm{d}q \tag{2.45}$$

满足约束条件

$$q-p_i \leqslant \left\|q-p_j\right\|,\quad \forall j \neq i \tag{2.46}$$

整个覆盖采样代价函数为

$$F(P)=\sum_{i=1}^{n} f_i(p_i,q) \tag{2.47}$$

为了实现最优覆盖采样，我们应该优化水下滑翔机的位置，使覆盖采样代价函数最小，即

$$P^*=\min F(P) \tag{2.48}$$

实质上，上述问题是一个 p-中位(p-median)问题：采样空间中所有的待观测点到距离各自最近的机器人的位置的距离平方的加权和最小。代价函数中的海洋特征值表示待观测点的加权值，体现了待观测点的重要程度，其值越大表示海洋特征越显著，相应的应该距离机器人的位置越近。如果局部区域内海洋特征分布比较明显，优化的结果就是该区域内分布更多的机器人。

我们可以从另一个方面理解上述代价函数。为了实现由水下滑翔机组成的采样网络对海洋特征的覆盖采样，必然是每台水下滑翔机负责一个子观测区域，该子区域内其他未观测点的海洋特征通过当前位置的观测来估计得到。由于海洋特征在空间上的相关性随着空间距离的增大而减小，因此未观测点海洋特征的估计精度随着与水下滑翔机当前观测点距离的增大而降低，估计的不确定性增加。同样，在这里测量函数的值表示估计精度降低程度的加权值，体现了未观测点的重要程度。优化的结果就是使估计的不确定性的总的加权值最小，实现对海洋特征的最优覆盖。

p-中位问题是 NP 难(NP-hard)问题，有很多启发式算法可以用来求局部最优解[19]。在这里，我们采用质心 Voronoi 图分割的方法获得其中的一种局部最优解[20]，这属于设施选址(facility location)问题[23]。

2. 质心 Voronoi 图分割采样空间

我们以水下滑翔机的位置为 Voronoi 图的产生点，对采样空间进行分割，可以得到 Voronoi 图 $V(P)=\{V_1,V_2,\cdots,V_n\}$，其中，

$$V_i=\left\{q\in Q \mid \left\|q-p_i\right\| \leqslant \left\|q-p_j\right\|, \forall j\neq i\right\} \tag{2.49}$$

那么，覆盖采样代价函数可以写为

$$F(P)=F(P,V(P))$$
$$=\sum_{i=1}^{n}\int_{V_i}\|q-p_i\|^2\phi(q)\mathrm{d}q \tag{2.50}$$

为了使覆盖采样代价函数最小，需要满足

$$\Delta F(P,V(P))=\left(\frac{\partial F(P,V(P))}{\partial p_1},\cdots,\frac{\partial F(P,V(P))}{\partial p_n}\right)^{\mathrm{T}}=0 \tag{2.51}$$

即每一个偏导数均为 0，可以得到

$$\frac{\partial F(P,V(P))}{\partial p_i}=\int_{V_i}\frac{\partial q-p_i^2}{\partial p_i}\phi(q)\mathrm{d}q \tag{2.52}$$

假设$\phi(q)$为采样空间的密度，那么定义 Voronoi 子图V_i的质量、静力矩和质心分别为

$$\boldsymbol{M}_{V_i}=\int_{V_i}\phi(q)\mathrm{d}q \tag{2.53}$$

$$\boldsymbol{L}_{V_i}=\int_{V_i}q\phi(q)\mathrm{d}q \tag{2.54}$$

$$\boldsymbol{C}_{V_i}=\frac{\boldsymbol{L}_{V_i}}{\boldsymbol{M}_{V_i}} \tag{2.55}$$

由于$\phi(q)$是严格大于 0 的，这就意味着对于$\forall\ V_i\neq\varnothing$，$\boldsymbol{M}_{V_i}>0$和$\boldsymbol{C}_{V_i}$在$V_i$内部，因此$\boldsymbol{M}_{V_i}$和$\boldsymbol{C}_{V_i}$具有物理意义上的质量属性和质心属性。那么 Voronoi 子图V_i绕p_i的转动惯量为

$$\boldsymbol{J}_{V_i,p_i}=\int_{V_i}q-p_i^2\phi(q)\mathrm{d}q \tag{2.56}$$

根据式(2.56)，覆盖采样代价函数可以写为

$$F(P,V(P))=\sum_{i=1}^{n}\boldsymbol{J}_{V_i,p_i} \tag{2.57}$$

由平行轴定理，式(2.56)可以重新写为

$$\boldsymbol{J}_{V_i,p_i}=\boldsymbol{J}_{V_i,C_{V_i}}+\boldsymbol{M}_{V_i}p_i-\boldsymbol{C}_{V_i}^2 \tag{2.58}$$

式中，$\boldsymbol{J}_{V_i,C_{V_i}}\in R_+$是$V_i$关于它的质心$\boldsymbol{C}_{V_i}$的转动惯量。

根据式(2.57)和式(2.58)，由文献[26]，式(2.52)可以化简为

$$\frac{\partial F\left(P,V\left(P\right)\right)}{\partial p_i}=2\boldsymbol{M}_{V_i}\left(p_i-\boldsymbol{C}_{V_i}\right) \tag{2.59}$$

由式(2.59)可以看出，Voronoi 各个子图的质心是覆盖采样代价函数取得最小值的解，因此，为了实现采样网络的最优配置，水下滑翔机的位置一方面用来产生 Voronoi 图，另一方面必须是各个 Voronoi 子图的质心。满足这样条件的水下滑翔机的位置产生的 Voronoi 图对采样空间的分割称作质心 Voronoi 分割[27]。基于式(2.50)定义的覆盖采样准则的优化问题是 NP-难问题，利用质心 Voronoi 图分割方得到的采样网络的最优配置实际上只是其中的一种局部最优解。

3. *覆盖控制*

文献[27]利用 Lloyd 算法，通过迭代的方式让采样网络从任意的配置收敛到最优配置，但是这种情况并不适合移动机器人组成的采样网络的情况。我们利用式(2.59)得到的结果设计控制律，使得由水下滑翔机组成的采样网络实现对海洋特征的最优覆盖采样。

假设水下滑翔机满足一阶动力学模型

$$\dot{p}_i=u_i \tag{2.60}$$

式中，u_i 是控制输入。控制的目标是使目标函数 $F\left(P,V\left(P\right)\right)$ 最小，因此，我们让各台水下滑翔机沿着目标函数的梯度下降方向移动，即

$$u_i=-k\left(p_i-\boldsymbol{C}_{V_i}\right) \tag{2.61}$$

式中，$k>0$ 为增益。

推论 2.2 对于由式(2.60)和式(2.61)组成的闭环系统，采样网络能够从任意的配置收敛到最优配置。

证明 由式(2.59)～式(2.61)可得

$$\begin{aligned}\frac{\mathrm{d}}{\mathrm{d}t}F\left(P,V\left(P\right)\right)&=\sum_{i=1}^{n}\frac{\partial F\left(P,V\left(P\right)\right)}{\partial p_i}\dot{p}_i\\&=-2k\sum_{i=1}^{n}\boldsymbol{M}_{V_i}\left\|p_i-\boldsymbol{C}_{V_i}\right\|^2\leqslant 0\end{aligned} \tag{2.62}$$

令 R 为 $\frac{\mathrm{d}}{\mathrm{d}t}F\left(P,V\left(P\right)\right)=0$ 所包含的最大不变集，即所有质心 Voronoi 图的集合。那么由 LaSalle 定理可知，当 $t\to\infty$，$P=\left\{p_1,p_2,\cdots,p_n\right\}$ 收敛于 R，即 P 为 R 的子集。

2.4.2 参数估计

根据式(2.50)定义的覆盖采样代价函数，利用式(2.62)设计的控制律，沿着代价函数梯度下降的方向，由多台水下滑翔机组成的水下采样网络就能够以任意的初始状态收敛到最优的采样网络配置状态。但是，通常情况下，海洋特征的分布函数$\phi(q)$是未知的，我们需要通过水下滑翔机的采样数据对$\phi(q)$进行估计。参数估计的实质就是从可利用的数据中提取关于我们感兴趣对象的参数信息，因此，我们需要一个估计模型，建立待估参数与可利用数据之间的联系。

在理论上，任何在有界定义域内的函数都可以用一组基函数进行任意程度上的逼近。假设存在理想的参数$\boldsymbol{\alpha}\in R^m$，满足

$$\phi(q)=\boldsymbol{W}(q)^{\mathrm{T}}\boldsymbol{\alpha} \tag{2.63}$$

式中，$\boldsymbol{\alpha}$是待估参数；$\boldsymbol{W}(q)=\left(w_1(q),\cdots,w_m(q)\right)^{\mathrm{T}}$，$w_i(q)=\dfrac{1}{2\pi\sigma_i^2}\exp\left(-\dfrac{\|q-q_i\|^2}{2\sigma_i^2}\right)$为高斯基函数。在这里，我们利用观测值，采用估计算法得到$\boldsymbol{\alpha}$的估计值$\hat{\boldsymbol{\alpha}}$。为了估计$m$个参数，至少需要$m$个观测数组构成$m$个独立的方程。但是，一方面观测数据具有噪声，另一方面估计模型有误差，为了能够使估计值$\hat{\boldsymbol{\alpha}}$更加接近真实值，观测数据越多越有利。

由于海洋特征复杂多变，我们采用在线参数辨识的方法。首先，以最小二乘估计作为估计准则；然后，设计递归算法，动态跟踪海洋特征参数；最后，证明参数的估计值渐近收敛于真实值。

1. 最小二乘参数估计

由式(2.63)建立的估计模型，可以得到t时刻的估计误差为

$$\varepsilon(t)=\boldsymbol{W}\big(q(t)\big)^{\mathrm{T}}\hat{\boldsymbol{\alpha}}(t)-\phi\big(q(t)\big) \tag{2.64}$$

好的模型应该有好的估计效果，也就是说，当模型应用于已观测数据时，产生尽可能小的估计误差。在不致混淆的情况下，我们把$\phi\big(q(t)\big)$写作$\phi(t)$，把$\boldsymbol{W}\big(q(t)\big)$写作$\boldsymbol{W}(t)$。当$t$时刻的观测数据序列$\boldsymbol{\Phi}_t=\big(\phi(1),\phi(2),\cdots,\phi(t)\big)$时，由“信息无害”(严重偏离真实值的观测数据已剔除)可知，所有的观测数据均应参与待估参数的估计。因此，应该使所有观测数据的估计误差最小，目标函数为

$$\boldsymbol{J}=\sum_{k=1}^{t}\varepsilon(k)^2 \tag{2.65}$$

一般来说，最小二乘估计对观测噪声和扰动具有比较强的鲁棒性，但是对时

变参数的跟踪能力比较差。对于前者，主要是通过取平均值对噪声加以消除；对于后者，主要是因为距离当前时刻比较久远的观测值是在前一状态下产生的，这些观测数据对当前参数估计只起到很小的作用，而最小二乘估计则是按照相同的权值拟合待估参数，实际上降低了最新观测数据在参数估计中的作用，因而不能很好地跟踪参数的变化。

对于时变的海洋特征，不同时刻的观测值对于参数估计的作用是不同的，观测数据应该分配不同的权值。因此，式(2.65)表示的目标函数可以表示为

$$\boldsymbol{J}=\sum_{k=1}^{t}\beta(t,k)\varepsilon(k)^2 \tag{2.66}$$

式中，$\beta(t,k)$是加权函数，表示k时刻的观测数据在估计t时刻的海洋特征参数时的加权值。

对式(2.66)关于$\hat{\boldsymbol{\alpha}}$求偏导，$\frac{\partial \boldsymbol{J}}{\partial \hat{\boldsymbol{\alpha}}}=0$，可得

$$\sum_{k=1}^{t}\beta(t,k)\boldsymbol{W}(k)\boldsymbol{W}(k)^{\mathrm{T}}\hat{\boldsymbol{\alpha}}(k)=\sum_{k=1}^{t}\beta(t,k)\boldsymbol{W}(k)\phi(k) \tag{2.67}$$

则

$$\hat{\boldsymbol{\alpha}}(t)=\boldsymbol{R}(t)^{-1}f(t) \tag{2.68}$$

式中，$\boldsymbol{R}(t)=\sum_{k=1}^{t}\beta(t,k)\boldsymbol{W}(k)\boldsymbol{W}(k)^{\mathrm{T}}$；$f(t)=\sum_{k=1}^{t}\beta(t,k)\boldsymbol{W}(k)\phi(k)$。

从式(2.68)可以看出，每当有新的观测数据时，都需要重新计算$\boldsymbol{R}$和f，然后求解方程组。即使我们已经知道了$\hat{\boldsymbol{\alpha}}(t-1)$，但是对于求解$\hat{\boldsymbol{\alpha}}(t)$也没有任何的帮助。然而，实际上，$\hat{\boldsymbol{\alpha}}(t-1)$与$\hat{\boldsymbol{\alpha}}(t)$是具有密切关系的，我们可以利用这种关系得到它们之间的递推关系，提高算法求解速度。

2. 递归算法

假设观测数据序列的加权函数$\beta(t,k)$满足以下条件：

$$\begin{cases}\beta(t,k)=\lambda(t)\beta(t-1,k), & 0\leqslant k\leqslant t-1\\ \beta(t,t)=1\end{cases} \tag{2.69}$$

式中，$0\leqslant\lambda(t)\leqslant 1$，是遗忘因子。那么，

$$\begin{aligned}\boldsymbol{R}(t)&=\sum_{k=1}^{t-1}\lambda(t)\beta(t-1,k)\boldsymbol{W}(k)\boldsymbol{W}(k)^{\mathrm{T}}+\boldsymbol{W}(t)\boldsymbol{W}(t)^{\mathrm{T}}\\&=\lambda(t)\boldsymbol{R}(t-1)+\boldsymbol{W}(t)\boldsymbol{W}(t)^{\mathrm{T}}\end{aligned}\tag{2.70}$$

同理，

$$f(t)=\lambda(t)f(t-1)+\boldsymbol{W}(t)\phi(t)\tag{2.71}$$

把式(2.70)和式(2.71)代入式(2.68)，可得

$$\begin{aligned}\hat{\boldsymbol{\alpha}}(t)&=\boldsymbol{R}(t)^{-1}\left[\lambda(t)f(t-1)+\boldsymbol{W}(t)\phi(t)\right]\\&=\boldsymbol{R}(t)^{-1}\left[\lambda(t)\boldsymbol{R}(t-1)^{-1}\hat{\boldsymbol{\alpha}}(t-1)+\boldsymbol{W}(t)\phi(t)\right]\\&=\boldsymbol{R}(t)^{-1}\left\{\left[\boldsymbol{R}(t)^{-1}-\boldsymbol{W}(t)\boldsymbol{W}(t)^{\mathrm{T}}\right]\hat{\boldsymbol{\alpha}}(t-1)+\boldsymbol{W}(t)\phi(t)\right\}\\&=\hat{\boldsymbol{\alpha}}(t-1)-\boldsymbol{R}(t)^{-1}\boldsymbol{W}(t)\left[\boldsymbol{W}(t)^{\mathrm{T}}\hat{\boldsymbol{\alpha}}(t-1)-\phi(t)\right]\end{aligned}\tag{2.72}$$

式(2.72)建立了参数估计过程中的递推关系，更适合进行在线估计。但是，每一步迭代的过程，都需要对矩阵$\boldsymbol{R}(t)$求逆，势必会影响算法速度。为了避免这个现象，我们利用文献[28]中的方法进行变换，令$\boldsymbol{G}(t)=\boldsymbol{R}(t)^{-1}$，把矩阵分块求逆定理

$$\left[\boldsymbol{A}+\boldsymbol{BCD}\right]^{-1}=\boldsymbol{A}^{-1}-\boldsymbol{A}^{-1}\boldsymbol{B}\left[\boldsymbol{DA}^{-1}\boldsymbol{B}+\boldsymbol{C}^{-1}\right]^{-1}\boldsymbol{DA}^{-1}\tag{2.73}$$

应用于式(2.70)，其中$\boldsymbol{A}=\lambda(t)\boldsymbol{R}(t-1)$，$\boldsymbol{B}=\boldsymbol{D}^{\mathrm{T}}=\boldsymbol{W}(t)$，$\boldsymbol{C}=\boldsymbol{I}$，可得

$$\boldsymbol{G}(t)=\frac{1}{\lambda(t)}\left[\boldsymbol{G}(t-1)-\frac{\boldsymbol{G}(t-1)\boldsymbol{W}(t)\boldsymbol{W}(t)^{\mathrm{T}}\boldsymbol{G}(t-1)}{\lambda(t)+\boldsymbol{W}(t)^{\mathrm{T}}\boldsymbol{G}(t-1)\boldsymbol{W}(t)}\right]\tag{2.74}$$

把式(2.74)代入式(2.72)，可以化简得到

$$\hat{\boldsymbol{\alpha}}(t)=\hat{\boldsymbol{\alpha}}(t-1)-\frac{\boldsymbol{G}(t-1)\boldsymbol{W}(t)}{\lambda(t)+\boldsymbol{W}(t)^{\mathrm{T}}\boldsymbol{G}(t-1)\boldsymbol{W}(t)}\left[\boldsymbol{W}(t)^{\mathrm{T}}\hat{\boldsymbol{\alpha}}(t-1)-\phi(t)\right]\tag{2.75}$$

式(2.74)和式(2.75)构成了参数估计的递推算法，只要遗忘因子设计合理，就能够动态跟踪参数的变化。

式(2.69)表示的加权函数可以写为

$$\beta(t,k)=\prod_{j=k+1}^{t}\lambda(j)\tag{2.76}$$

一般情况下，$\lambda(j)\equiv\lambda_c$，为小于 1 的正常数，则加权函数又可以写为

$$\beta(t,k)=\lambda_c^{\,t-k}=\mathrm{e}^{-\lambda_0(t-k)} \tag{2.77}$$

式中，$\lambda_0=-\ln\lambda_c$。

从式(2.77)可以看出，观测数据序列在参数估计中的权值是以指数的速度衰减的。指数遗忘因子一方面能使够递归最小二乘估计动态跟踪参数的变化，另一方面能够加速待估参数的收敛速率，快速收敛于真实值。

3. 参数初值的确定

当利用式(2.74)和式(2.75)进行在线递归估计时，我们需要给出参数的初始值。根据定义，当$t=0$时，$\boldsymbol{R}(0)=0$，$\boldsymbol{G}(0)=\boldsymbol{R}(0)^{-1}=\infty$，$\hat{\boldsymbol{\alpha}}(0)$是任意值，无法用作初值。为了避免这个问题，我们可以在起初的一段时间内，在观测空间中随机采集一些数据来求取初始参数。假设$\boldsymbol{R}(t_0)=\sum_{k=1}^{t_0}\boldsymbol{W}(k)\boldsymbol{W}(k)^{\mathrm{T}}$满足可逆，那么

$$\hat{\boldsymbol{\alpha}}(0)=\left[\sum_{k=1}^{t_0}\boldsymbol{W}(k)\boldsymbol{W}(k)^{\mathrm{T}}\right]^{-1}\sum_{k=1}^{t_0}\boldsymbol{W}(k)\phi(k) \tag{2.78}$$

$$\boldsymbol{G}(0)=\left[\sum_{k=1}^{t_0}\boldsymbol{W}(k)\boldsymbol{W}(k)^{\mathrm{T}}\right]^{-1} \tag{2.79}$$

通过式(2.78)和式(2.79)，我们可以得到递推算法的初值。

4. 估计参数收敛分析

把式(2.63)代入式(2.64)得

$$\varepsilon(t)=\boldsymbol{W}(t)^{\mathrm{T}}\hat{\boldsymbol{\alpha}}(t)-\boldsymbol{W}(t)^{\mathrm{T}}\boldsymbol{\alpha}(t)=\boldsymbol{W}(t)^{\mathrm{T}}\tilde{\boldsymbol{\alpha}}(t) \tag{2.80}$$

式中，$\tilde{\boldsymbol{\alpha}}(t)=\hat{\boldsymbol{\alpha}}(t)-\boldsymbol{\alpha}$，为参数估计误差。我们证明当$t\to\infty$时，$\lim\limits_{t\to\infty}\tilde{\boldsymbol{\alpha}}(t)=0$，即待估参数的估计值收敛于真值。

我们把式(2.77)代入式(2.66)，并且把目标函数写成连续的形式为

$$\boldsymbol{J}=\int_0^t\mathrm{e}^{-\lambda_0(t-s)}\varepsilon(s)^2\,\mathrm{d}s \tag{2.81}$$

定义$\boldsymbol{H}(t)=\left[\int_0^t\boldsymbol{W}(s)\boldsymbol{W}(s)^{\mathrm{T}}\,\mathrm{d}s\right]^{-1}$，根据文献[29]，可得

$$\boldsymbol{H}(t)^{-1}=\mathrm{e}^{-\lambda_0 t}\boldsymbol{H}(0)^{-1}+\int_0^t\mathrm{e}^{-\lambda_0(t-s)}\boldsymbol{W}(s)\boldsymbol{W}(s)^{\mathrm{T}}\,\mathrm{d}s \tag{2.82}$$

$$\tilde{\boldsymbol{\alpha}}(t)=\mathrm{e}^{-\lambda_0 t}\boldsymbol{H}(t)\boldsymbol{H}(0)^{-1}\tilde{\boldsymbol{\alpha}}(0) \tag{2.83}$$

根据式(2.83)，只要$\boldsymbol{H}(t)$是有界的，那么当$t\to\infty$时，$\lim_{t\to\infty}\tilde{\boldsymbol{\alpha}}(t)=0$。实际上，对于$s\in[0,\infty)$，$q(s)\in Q$，存在一个正常数$c_0$，满足

$$w_i\big(q(s)\big)=\frac{1}{2\pi\sigma^2}\exp\left[-\frac{\left\|q(s)-q_i\right\|^2}{2\sigma_j^2}\right]\geqslant c_0 \tag{2.84}$$

那么，对于$\boldsymbol{W}(s)=\big(w_1\big(q(s)\big),\cdots,w_m\big(q(s)\big)\big)^{\mathrm{T}}$，就存在大于0的常数$c$、$T$，满足

$$\int_t^{t+T}\boldsymbol{W}(s)\boldsymbol{W}(s)^{\mathrm{T}}\,\mathrm{d}s\geqslant c\boldsymbol{I} \tag{2.85}$$

式中，$\boldsymbol{I}$为单位矩阵。因此，$\boldsymbol{W}(s)$满足持续激励(persistently exciting)条件。

根据式(2.85)，我们可以得到

$$\lim_{t\to\infty}\lambda_{\min}\left[\int_0^t\boldsymbol{W}(s)\boldsymbol{W}(s)^{\mathrm{T}}\,\mathrm{d}s\right]=\infty \tag{2.86}$$

式中，$\lambda_{\min}[\cdot]$表示矩阵的最小特征值。根据式(2.86)，由$\boldsymbol{H}(t)$的定义可知，当$t\to\infty$时，$\boldsymbol{H}(t)\to 0$。由式(2.83)可知，当$t\to\infty$时，$\tilde{\boldsymbol{\alpha}}(t)$以指数收敛速度趋近于0，即估计参数$\hat{\boldsymbol{\alpha}}(t)$收敛于真实值$\alpha(t)$。

2.4.3 分布式自适应采样

我们的目标是设计合适的控制器，驱动由水下滑翔机组成的采样网络能够以任意的初始位置收敛于最优的采样配置，即每台水下滑翔机最后都处于各自所在Voronoi图的质心位置。为了实现这个目标，我们主要面临以下两个方面的问题。

(1)水下滑翔机之间的协调控制问题。首先，水下滑翔机之间在水下无通信，无法进行数据之间的交换；其次，水下滑翔机并不知道海洋特征的分布，而计算各个 Voronoi 图的质心需要知道海洋特征的分布状况；最后，当水下滑翔机的位置发生变化时，Voronoi 图的质心的位置同时也改变。以上这些问题给多台水下滑翔机之间进行协同控制带来了难度。

(2)海洋特征的动态变化问题。海洋特征复杂多变，影响对海洋特征参数的估计。海洋特征参数的估计精度直接影响到 Voronoi 图质心的计算精度，最终影响由水下滑翔机组成的采样网络对海洋特征的覆盖采样。

针对第一个问题，我们设计了分布式控制算法，每台水下滑翔机只根据自己的采样数据，利用 2.4.2 节中的带遗忘因子的递归最小二乘法对局部区域V_i中

的海洋特征 $\phi(q)$ 进行在线估计得到估计值 $\hat{\phi}_i(q)$，从而可以得到该 Voronoi 子图的估计质心位置 $\hat{C}_{V_i}$，然后利用梯度控制律，使水下滑翔机朝着 $p_i \to \hat{C}_{V_i}$ 的方向移动，使得采样网络达到最优配置，各个变量之间的相对关系如图 2.6 所示。针对时变的海洋特征，我们设计了自适应的遗忘因子更新律，能够适应复杂多变的海洋特征。

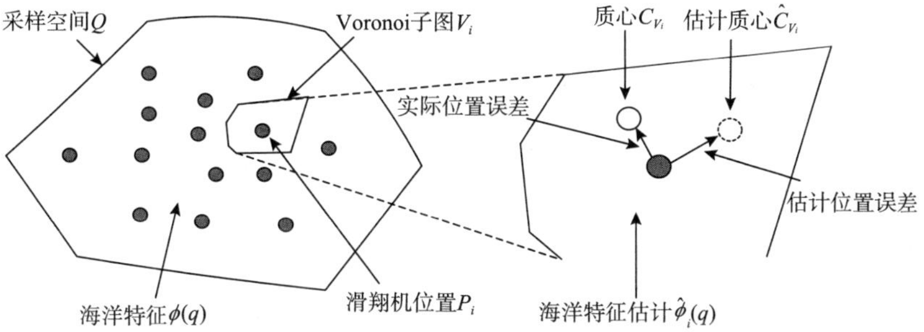

图 2.6　涉及的变量及相互关系

1. 分布式控制

由于水下滑翔机在水下不具备通信能力，因此无法传递位置信息以及海洋采样数据，为此，我们需要设计分布式控制律，使由多台水下滑翔机组成的采样网络实现最优配置。由于我们对海洋特征的分布没有先验信息，只能通过各台水下滑翔机的采样数据估计得到。因此，2.4.1 节中定义的 Voronoi 子图 V_i 的质量、静力矩和质心分别改写为

$$\hat{\boldsymbol{M}}_{V_i} = \int_{V_i} \hat{\phi}_i(q)\mathrm{d}q \tag{2.87}$$

$$\hat{\boldsymbol{L}}_{V_i} = \int_{V_i} q\hat{\phi}_i(q)\mathrm{d}q \tag{2.88}$$

$$\hat{\boldsymbol{C}}_{V_i} = \frac{\hat{\boldsymbol{L}}_{V_i}}{\hat{\boldsymbol{M}}_{V_i}} \tag{2.89}$$

根据式(2.63)，$\hat{\phi}_i(q) = \boldsymbol{W}(q)^{\mathrm{T}}\hat{\boldsymbol{\alpha}}_i(t)$。参数估计误差和估计误差分别为

$$\tilde{\boldsymbol{\alpha}}_i(t) = \hat{\boldsymbol{\alpha}}_i(t) - \boldsymbol{\alpha} \tag{2.90}$$

$$\boldsymbol{W}(q)^{\mathrm{T}}\hat{\boldsymbol{\alpha}}_i(t) - \phi(q) = \boldsymbol{W}(q)^{\mathrm{T}}\tilde{\boldsymbol{\alpha}}_i(t) \tag{2.91}$$

根据文献[29]，我们定义新的覆盖采样评价准则：如果每台水下滑翔机都处于

Voronoi 子图的被估计的质心位置，即 $\forall i, p_i = \hat{\boldsymbol{C}}_{V_i}$，该网络称为**次优的覆盖采样网络**。

为了使采样网络从任意的初始位置达到次优的覆盖采样网络配置，我们采用式(2.61)所示的控制律

$$u_i = -k\left(p_i - \hat{\boldsymbol{C}}_{V_i}\right) \tag{2.92}$$

在采样过程中，参数 $\hat{\boldsymbol{a}}_i$ 被用来估计 $\hat{\boldsymbol{C}}_{V_i}$，同时也要根据最新的采样数据进行在线自适应更新。我们把式(2.72)表示的待估参数更新律写成连续的形式，并考虑到质心位置估计的不确定性[29]，参数更新律为

$$\dot{\hat{\boldsymbol{a}}}_i = -\boldsymbol{M}_i\hat{\boldsymbol{\alpha}}_i - \boldsymbol{R}(t)^{-1}\boldsymbol{W}(t)\left[\hat{\phi}_i(q) - \phi(q)\right] \tag{2.93}$$

式中，$\boldsymbol{M}_i = k\dfrac{\int_{V_i}\boldsymbol{W}(q)^{\mathrm{T}}(q-p_i)\mathrm{d}q\int_{V_i}(q-p_i)\boldsymbol{W}(q)^{\mathrm{T}}\mathrm{d}q}{\int_{V_i}\hat{\phi}_i(q)\mathrm{d}q}$，是半正定矩阵；$\boldsymbol{R}(t) = \int_0^t \beta(t,s)\boldsymbol{W}(s)\boldsymbol{W}(s)^{\mathrm{T}}\mathrm{d}s$。

对于式(2.92)表示的控制律，当海洋特征分布 $\phi(q)$ 已知时，我们在 2.4.1 节已经证明了，能够从任意的初始位置收敛到最优的覆盖采样网络。下面我们给出当海洋特征分布未知时，式(2.92)所示的控制律能够从任意的初始位置收敛于次优的覆盖采样网络的结论，并进行证明。

定理 2.2 对于动态、未知的海洋特征，由式(2.60)和式(2.92)组成的闭环系统，海洋特征参数更新律为式(2.93)，那么，采样网络能够从任意的初始位置收敛到次优的配置。

证明 构造李雅普诺夫函数

$$L = \frac{1}{2}F\left(\boldsymbol{P},\boldsymbol{V}(\boldsymbol{P})\right) + \sum_{i=1}^{n}\frac{1}{2}\tilde{\boldsymbol{\alpha}}_i^{\mathrm{T}}\tilde{\boldsymbol{a}}_i \tag{2.94}$$

显然，$L \geqslant 0$，我们对 L 求导得

$$\begin{aligned}\dot{L} &= \sum_{i=1}^{n}\left(\frac{\partial F}{\partial p_i}\dot{p}_i + \tilde{\boldsymbol{\alpha}}_i^{\mathrm{T}}\dot{\tilde{\boldsymbol{a}}}_i\right)\\ &= \sum_{i=1}^{n}\left[-\int_{V_i}(q-p_i)\phi(q)\mathrm{d}q\dot{p}_i + \tilde{\boldsymbol{\alpha}}_i^{\mathrm{T}}\dot{\tilde{\boldsymbol{a}}}_i\right]\end{aligned}$$

式中，$\dot{\hat{\boldsymbol{a}}}_i = \dot{\tilde{\boldsymbol{a}}}_i$。根据式(2.91)，把 $\phi(q) = \boldsymbol{W}(q)^{\mathrm{T}}\hat{\boldsymbol{\alpha}}(t) - \boldsymbol{W}(q)^{\mathrm{T}}\tilde{\boldsymbol{\alpha}}_i(t)$ 代入上式得

$$\dot{L} = \sum_{i=1}^{n}\left[-\int_{V_i}(q-p_i)\hat{\phi}_i(q)\mathrm{d}q\dot{p}_i + \int_{V_i}\tilde{\boldsymbol{\alpha}}_i^{\mathrm{T}}\boldsymbol{W}(q)^{\mathrm{T}}(q-p_i)\mathrm{d}q\dot{p}_i + \tilde{\boldsymbol{\alpha}}_i^{\mathrm{T}}\dot{\hat{\boldsymbol{a}}}_i\right]$$

把 $\dot{p}_i=-k\left(p_i-\hat{\boldsymbol{C}}_{V_i}\right)$ 代入上式，并结合式(2.87)～式(2.89)得

$$\dot{L}=\sum_{i=1}^{n}\left[-k\hat{\boldsymbol{M}}_{V_i}p_i-\hat{\boldsymbol{C}}_{V_i}^{\mathrm{T}}+k\tilde{\boldsymbol{\alpha}}_i(t)^{\mathrm{T}}\int_{V_i}\boldsymbol{W}(q)^{\mathrm{T}}(q-p_i)\mathrm{d}q\left(\hat{\boldsymbol{C}}_{V_i}-p_i\right)+\tilde{\boldsymbol{\alpha}}_i^{\mathrm{T}}\dot{\hat{\boldsymbol{\alpha}}}_i\right]$$

把 $\hat{\boldsymbol{C}}_{V_i}-p_i=\dfrac{\int_{V_i}(q-p_i)\hat{\phi}_i(q)\mathrm{d}q}{\int_{V_i}\hat{\phi}_i(q)\mathrm{d}q}$ 代入上式第二项，把式(2.93)代入上式第四项，可得

$$\begin{aligned}\dot{L}=&\sum_{i=1}^{n}\Bigg(-k\hat{\boldsymbol{M}}_{V_i}\left\|p_i-\hat{\boldsymbol{C}}_{V_i}\right\|^2\\&+k\tilde{\boldsymbol{\alpha}}_i^{\mathrm{T}}(t)\frac{\int_{V_i}\boldsymbol{W}(q)^{\mathrm{T}}(q-p_i)\mathrm{d}q\int_{V_i}(q-p_i)\boldsymbol{W}(q)^{\mathrm{T}}\mathrm{d}q}{\int_{V_i}\hat{\phi}_i(q)\mathrm{d}q}\\&+\tilde{\boldsymbol{\alpha}}_i^{\mathrm{T}}\left\{-\boldsymbol{M}_i\hat{\boldsymbol{\alpha}}_i-\boldsymbol{R}(t)^{-1}\boldsymbol{W}(t)\left[\hat{\phi}_i(q)-\phi(q)\right]\right\}\Bigg)\\=&\sum_{i=1}^{n}\left[-k\hat{\boldsymbol{M}}_{V_i}\left\|p_i-\hat{\boldsymbol{C}}_{V_i}\right\|^2-\tilde{\boldsymbol{\alpha}}_i^{\mathrm{T}}\boldsymbol{R}(t)^{-1}\boldsymbol{W}(t)\boldsymbol{W}(t)^{\mathrm{T}}\tilde{\boldsymbol{\alpha}}_i\right]\end{aligned}$$

$\boldsymbol{R}(t)$ 为正定矩阵，因此 $\boldsymbol{R}(t)^{-1}$ 也是正定的，所以 $\dot{L}\leqslant 0$，由此可以得出上述结论。

2. 自适应遗忘因子

对于动态的海洋特征，我们采用带遗忘因子的递归最小二乘法对海洋特征参数进行估计。通常情况下，遗忘因子 $\lambda(t)$ 取略微小于 1 的常数，这样会造成两个方面的结果：对于变化较快的海洋特征，由于遗忘因子取值过大，对历史数据衰减过慢，无法跟踪海洋特征参数的变化；对于变化较慢的海洋特征，由于遗忘因子取值过小，对历史数据衰减过快，造成信息丢失，从而影响估计精度。

针对上述现象，我们根据海洋特征变化的情况动态调整遗忘因子。令 t 时刻水下滑翔机 i 在利用采样数据序列估计海洋特征参数时的遗忘因子为

$$\lambda_i(t)=1-\frac{\left|\phi(p_i)-\hat{\phi}_i(p_i)\right|}{\phi(p_i)} \tag{2.95}$$

$$\hat{\phi}_i(p_i)=\boldsymbol{W}(p_i)^{\mathrm{T}}\hat{\boldsymbol{\alpha}}_i(t-1) \tag{2.96}$$

式中，$\phi(p_i)$ 为 t 时刻位置 p_i 处海洋特征的实测值；$\hat{\phi}_i(p_i)$ 为 t 时刻位置 p_i 处海洋特征的估计值。如果实测值与估计值的误差较大，说明基于历史观测数据估计得到上一时刻的海洋特征的参数已经发生了变化，因此这些历史数据在参与当前时刻海洋参数的估计时需要设计合理的权重。另外，实测值与估计值的误差较大也

可能是由于上一时刻估计得到的海洋特征的参数不合理，因此，那些数据在参与当前时刻的参数估计时同样需要加权处理。

3. 自适应覆盖采样算法

式(2.60)和式(2.92)表示的是一个实时反馈闭环控制系统。但是，当水下滑翔机下潜后，无法获知其他水下滑翔机的位置，也无法产生 Voronoi 图。因此，我们采用近实时的反馈控制，每个滑翔周期作为一个反馈周期。受限于水下滑翔机的下潜深度和采样区域的最大水深，一旦航向角和俯仰角确定，那么水下滑翔机单个滑翔周期的水平滑翔距离是固定的。假设水下滑翔机单个滑翔周期最大水平滑翔距离为 $S_{\max}$，如果 $S_{\max} \geqslant \left|p_i - \hat{\boldsymbol{C}}_{V_i}\right|$，那么我们认为水下滑翔机能到达到估计的质心位置，然后浮出水面，进行下一个周期的调整；如果 $S_{\max} < \left|p_i - \hat{\boldsymbol{C}}_{V_i}\right|$，那么水下滑翔机沿着 $p_i \to \hat{\boldsymbol{C}}_{V_i}$ 方向滑翔水平距离 $S_{\max}$，然后浮出水面，进行下一个周期的调整。

对于 Voronoi 子图质心的估计，我们采用离散近似的方法。假设 Voronoi 子图可以分为若干个正方形网格，每个网格的面积为 Δq，每个正方形网格内海洋特征的分布是均匀的，那么 Voronoi 子图质心为

$$\hat{\boldsymbol{C}}_{V_i} = \frac{\sum_{q \in V_i} q \hat{\phi}_i(q) \Delta q}{\sum_{q \in V_i} \hat{\phi}_i(q) \Delta q} \tag{2.97}$$

综合 2.4.2 节的参数估计算法和本节的分布式控制以及遗忘因子调节方法，我们得到多水下滑翔机自适应覆盖采样算法，能够以任意的初始位置收敛于次优的覆盖采样网络。自适应覆盖采样算法主要包括确定遗忘因子、更新海洋特征参数估计、估计 Voronoi 子图质心和更新水下滑翔机位置 4 个部分，如算法 2.1 所示。对静态的海洋特征来说，算法收敛的条件是每台水下滑翔机的当前位置为 Voronoi 各个子图的质心。然而，对动态的海洋特征来说，海洋特征的分布 $\phi(q)$ 是变化的，因此，各 Voronoi 子图质心的位置也在变化，各水下滑翔机一直在跟踪质心的变化，直至采样任务结束。

算法 2.1 自适应覆盖采样算法

输入：水下滑翔机的个数 n，水下滑翔机的初始位置 $P_0 = \{p_1, \cdots, p_n\}$，采样区域 Q，基函数 W

输出：最(次)优采样网络配置 $P = \{p_1, \cdots, p_n\}$

确定初值 $\boldsymbol{G}(0)$, $\hat{\boldsymbol{\alpha}}(0)$, $\lambda(0)$, k=1

```
Do loop
    For i=1:n      //确定遗忘因子
```

$\hat{\phi}_i(p_i(k)) = \boldsymbol{W}(p_i(k))^{\mathrm{T}} \hat{\boldsymbol{\alpha}}_i(k-1)$

$\lambda_i(k) = 1 - \dfrac{|\phi(p_i(k)) - \hat{\phi}_i(p_i(k))|}{\phi(p_i(k))}$ //更新海洋特征估计参数

$\hat{\boldsymbol{\alpha}}_i(k) = \hat{\boldsymbol{\alpha}}_i(k-1) - \dfrac{\boldsymbol{G}(k-1)\boldsymbol{W}(p_i(k))}{\lambda_i(k) + \boldsymbol{W}(k)^{\mathrm{T}} \boldsymbol{G}(k-1)\boldsymbol{W}(k)} \left[\boldsymbol{W}(p_i(k))^{\mathrm{T}} \hat{\boldsymbol{\alpha}}_i(k-1) - \phi(p_i(k))\right]$

$\boldsymbol{G}(k) = \dfrac{1}{\lambda_i(k)} \left[\boldsymbol{G}(k-1) - \dfrac{\boldsymbol{G}(k-1)\boldsymbol{W}(p_i(k))\boldsymbol{W}(p_i(k))^{\mathrm{T}} \boldsymbol{G}(k-1)}{\lambda_i(k) + \boldsymbol{W}(p_i(k))^{\mathrm{T}} P(k-1)\boldsymbol{W}(p_i(k))}\right]$ //估计 Voronoi 子图质心

$\hat{\phi}_i(q) = \boldsymbol{W}(q)^{\mathrm{T}} \hat{\boldsymbol{\alpha}}_i(k)$

$\hat{\boldsymbol{C}}_{V_i}(k+1) = \dfrac{\sum_{q \in V_i} q \hat{\phi}_i(q) \Delta q}{\sum_{q \in V_i} \hat{\phi}_i(q) \Delta q}$ //更新水下滑翔机位置

$S = |p_i(k) - \hat{\boldsymbol{C}}_{V_i}(k+1)|$

If $S \leqslant S_{\max}$

$p_i(k+1) = \hat{\boldsymbol{C}}_{V_i}(k+1)$

Else

$p_i(k+1) = S_{\max} \overline{p_i \boldsymbol{C}_{V_i}}$ //沿着 $p_i(k) \to \hat{\boldsymbol{C}}_{V_i}(k+1)$ 方向滑翔水平距离 $S_{\max}$

End if

End for

End loop

2.4.4 仿真实验

1. 仿真环境

假设有 20 台水下滑翔机在 60km×60km 的正方形海域进行采样。海洋特征分布是 4 个高斯函数的线性组合：

$$\phi(q) = \sum_{i=1}^{4} k_i \frac{1}{2\pi\sigma^2} \exp\left(-\frac{|q - \mu_i|^2}{2\sigma^2}\right) \tag{2.98}$$

式中，$\sigma = 20$；$\mu_1 = (10,10)$，$\mu_2 = (50,10)$，$\mu_3 = (50,50)$，$\mu_4 = (10,50)$；$k_1 = k_3 = k_4 = 100$，k_2 是一个随时间变化的量，模拟动态的海洋特征。

我们采用 9 个高斯函数组成的 $\boldsymbol{W}(q) = (w_1(q), \cdots, w_9(q))^{\mathrm{T}}$ 表示海洋参数的辨识模型

$$w_i(q)=\frac{1}{2\pi\hat{\sigma}^2}\exp\left(-\frac{|q-q_i|^2}{2\hat{\sigma}^2}\right) \tag{2.99}$$

在采样区域中，任意点q处海洋特征的估计值为高斯基函数的线性组合

$$\hat{\phi}_i(q)=\boldsymbol{W}(q)^{\mathrm{T}}\hat{\boldsymbol{\alpha}}_i \tag{2.100}$$

式中，$\hat{\sigma}=10$，q_i为采样区域均分为3×3的网格中每个网格的中心。

在这里，我们假设水下滑翔机每个滑翔周期最大水平滑翔距离为$S_{\max}=1\text{km}$。为了估计每个 Voronoi 子图质心，我们以$0.5\text{km}\times0.5\text{km}$的分辨率对采样空间进行离散化。

2. 仿真结果

根据前面章节的定义，我们把各台水下滑翔机处于各 Voronoi 子图的质心位置认为是最优的采样网络配置，因此，我们把当前水下滑翔机的位置(估计的各 Voronoi 子图的质心位置)与各 Voronoi 子图的真实质心位置之间的误差的和作为评价算法的标准，如下所示：

$$\boldsymbol{J}=\sum_{i=1}^{n}\left\|\hat{\boldsymbol{C}}_{V_i}-\boldsymbol{C}_{V_i}\right\| \tag{2.101}$$

我们对海洋特征没有先验信息，在利用递归最小二乘法对海洋特征参数进行估计时，不能确定是否应该加入遗忘因子以及遗忘因子如何选择。在这里，我们应用不同的海洋特征分别对我们设计的自适应覆盖采样算法进行仿真验证，结果证明无论是静态的、稳定变化的还是动态变化的海洋特征，我们设计的算法都能够收敛到定义的最(次)优的覆盖采样网络。

1)静态海洋特征

假设海洋特征是静态的，即在采样期间不发生变化，令$k_2=20$。那么，在采样期间，每一个观测值对海洋参数估计来说都是同等重要的，因此，不应该加入遗忘因子，即应该采用普通最小二乘估计。我们分别利用普通和自适应调整遗忘因子的递归最小二乘估计进行仿真。

从图 2.7 可以看出，从一个相同的随机初始状态，利用普通和加入自适应调整遗忘因子的递归最小二乘估计均能达到稳定的次优的覆盖采样网络配置，而且从图 2.7(e)、(f)可以看出二者基本一致。理论上，次优的覆盖采样网络配置应该是各 Voronoi 子图的质心，然而从图 2.7(g)、(h)可以看出，二者并不完全一致。这主要是因为我们选用的高斯基函数并不能真正地表示海洋特征的分布，因此，这个现象是由模型误差造成的。

另外，从图 2.7(g)、(h)还可以看出，基于自适应调整遗忘因子的算法得到的质心误差略小于不加入遗忘因子的情况。而根据我们前面的分析，当海洋特征是静态的情况下，采用普通最小二乘估计要优于加入遗忘因子的估计方法。造成这个现象的原因仍然是模型误差，那些用高斯基函数不能很好拟合的数据，自适应遗忘因子调整算法降低了其在参数估计中的作用，得到了更优的结果，说明自适应遗忘因子调整算法对模型误差具有一定的鲁棒性。

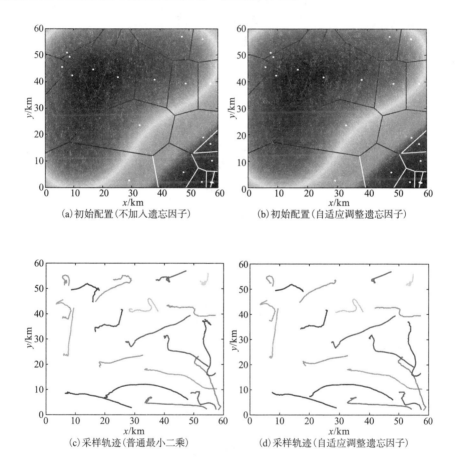

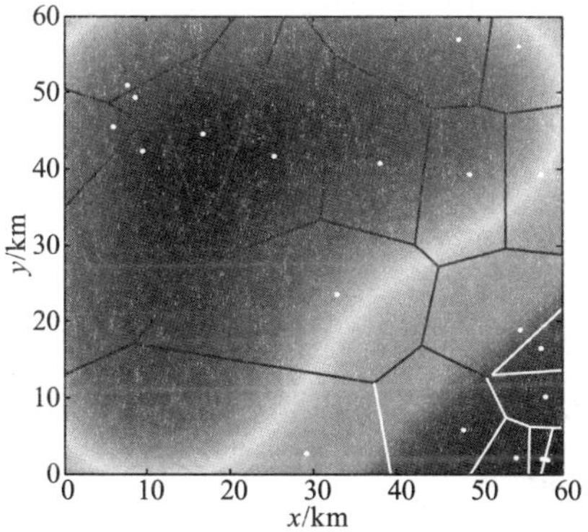

(a)初始配置(不加入遗忘因子)　　(b)初始配置(自适应调整遗忘因子)

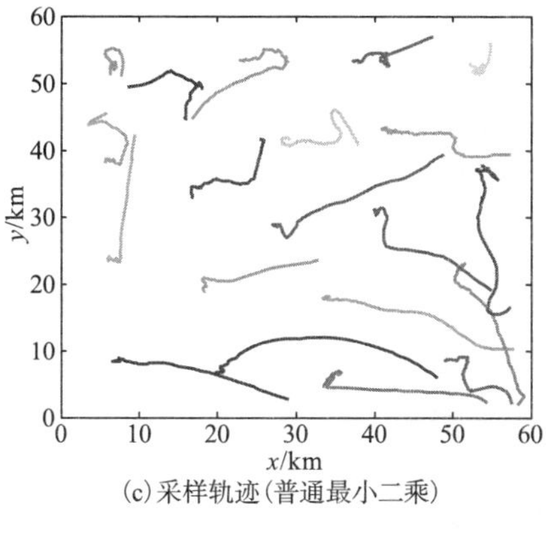

(c)采样轨迹(普通最小二乘)　　(d)采样轨迹(自适应调整遗忘因子)

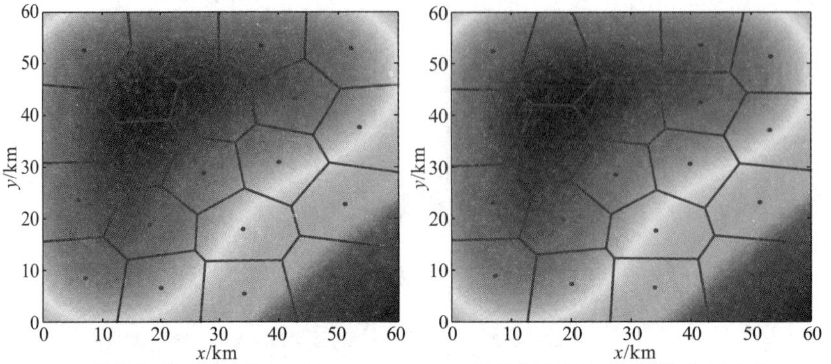

(e) 最终配置(普通最小二乘)　　(f) 最终配置(自适应调整遗忘因子)

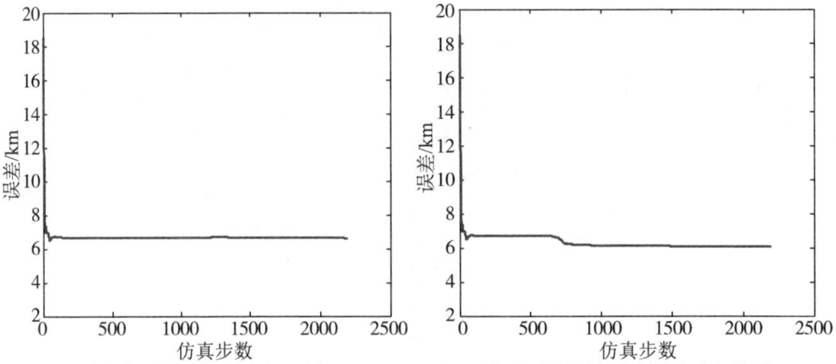

(g) 质心误差(普通最小二乘)　　(h) 质心误差(自适应调整遗忘因子)

图 2.7　静态海洋特征采样过程(见书后彩图)

(a)、(b)中不同的颜色表示海洋特征的值不同，此类余同；(c)、(d)中不同的颜色表示不同的海洋机器人，此类余同

图 2.8 显示了在参数估计过程中遗忘因子的调节过程。可以看出，起初采样

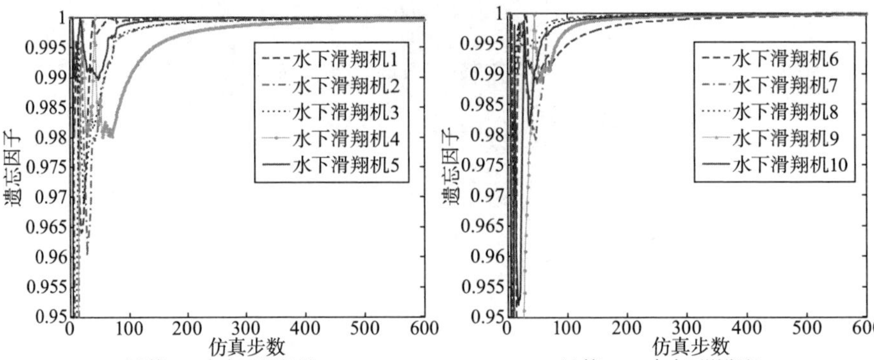

(a)第1～5台水下滑翔机　　(b)第6～10台水下滑翔机

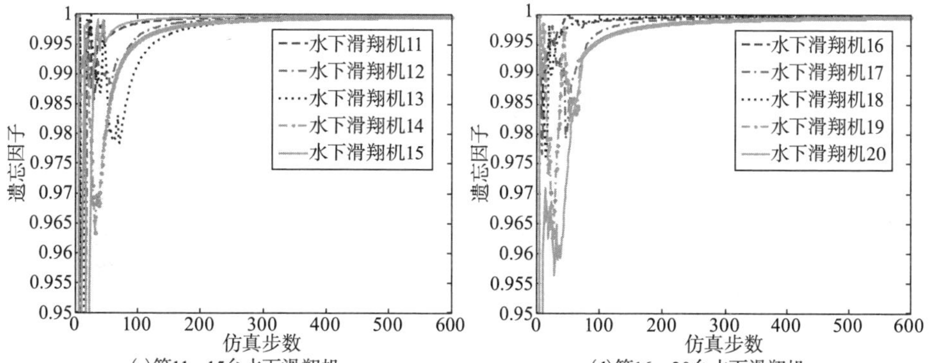

(c)第11~15台水下滑翔机　　(d)第16~20台水下滑翔机

图 2.8　每台水下滑翔机的遗忘因子随仿真步数的变化曲线(见书后彩图)

数据比较少，参数估计的误差比较大，因此遗忘因子较小，相应的遗忘率较大。当进行了一段时间采样之后，采样数据增多，参数估计的误差减小，遗忘因子快速增大，接近 1，这时候的估计相当于普通最小二乘估计。

2)平稳变化海洋特征

假设海洋特征是连续变化的，那么 k_2 是随时间变化的量：

$$k_2 = 20 + k\frac{80}{t_{\text{steps}}} \tag{2.102}$$

式中，k 为当前的仿真步数；t_{steps} 为总的仿真步数。对于变化的海洋特征，我们采用加权最小二乘估计，分别令 $\lambda(t)=0.99$ 和 $\lambda(t)=1-\dfrac{\left|\phi(q)-\hat{\phi}_i(q)\right|}{\phi(q)}$，以相同的初始状态，对海洋特征进行覆盖采样。

从图 2.9(h)可以看出，基于自适应调整遗忘因子的算法能够根据海洋特征的变化动态调节遗忘因子(图 2.10)，给每个观测值分配一个合理的加权值，因此能够跟踪海洋特征的变化,从而使质心误差稳定在一定的范围之内。同时,从图 2.9(g)可以看出，质心误差出现了剧烈的振荡，这主要是因为基于常数遗忘因子的最小二乘估计对模型误差比较敏感，预测误差影响了对海洋特征参数的估计，从而影响了对 Voronoi 子图质心的估计。

另外，从图 2.9(c)、(d)可以看出，采用自适应采样算法时，各台水下滑翔机的采样路径更长而且相对平稳，而基于常数遗忘因子的算法的采样路径在局部极值附近出现了振荡。不考虑能耗，从覆盖采样的根本目的角度来看，前者的采样路径更加合理。

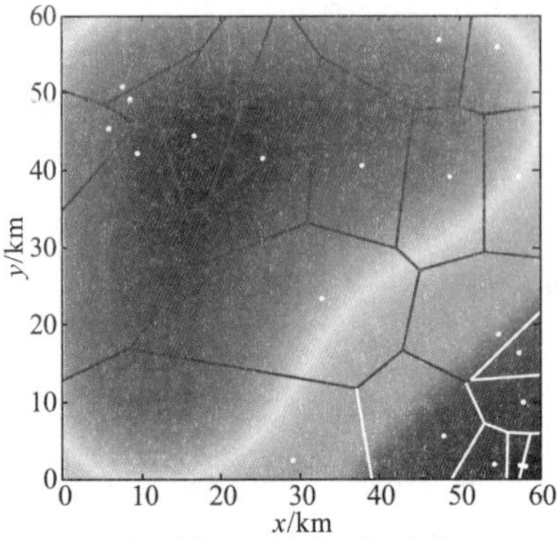

(a) 初始配置(常数遗忘因子)

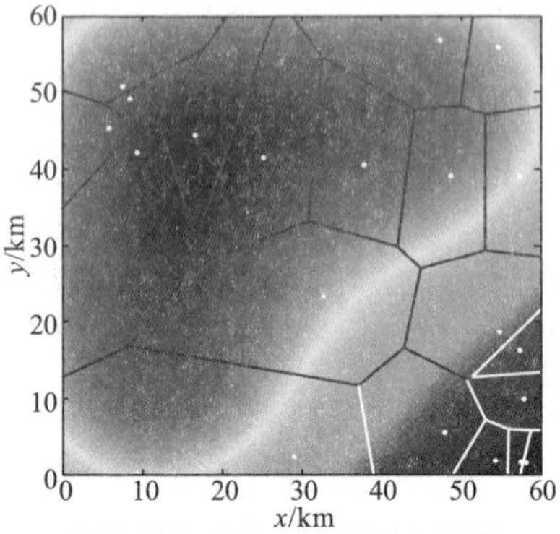

(b) 初始配置(自适应调整遗忘因子)

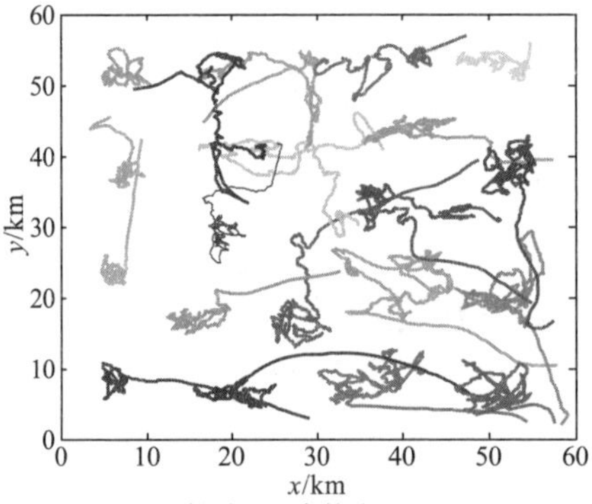

(c) 采样轨迹(常数遗忘因子)

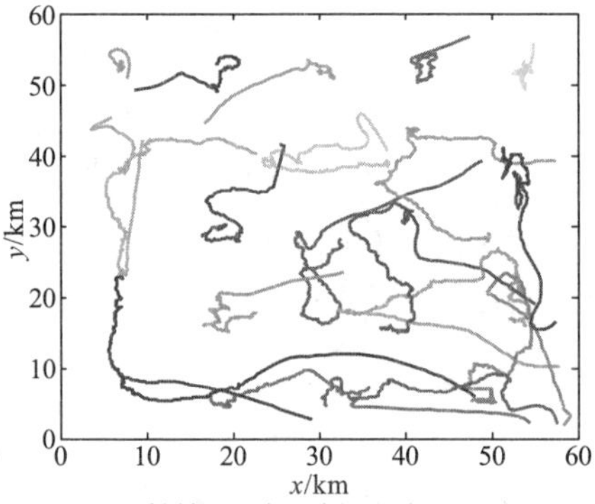

(d) 采样轨迹(自适应调整遗忘因子)

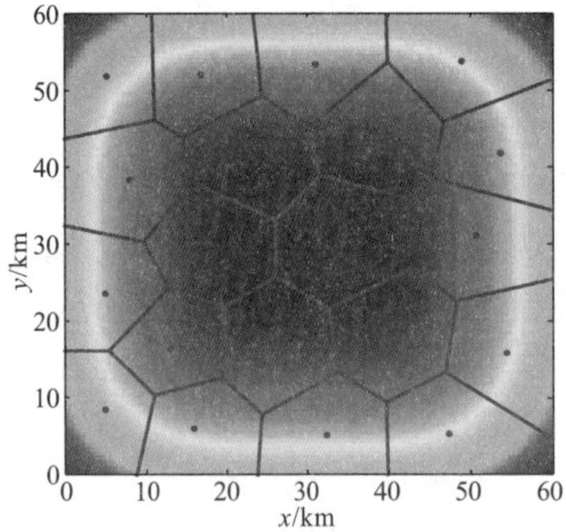

(e) 最终配置(常数遗忘因子)

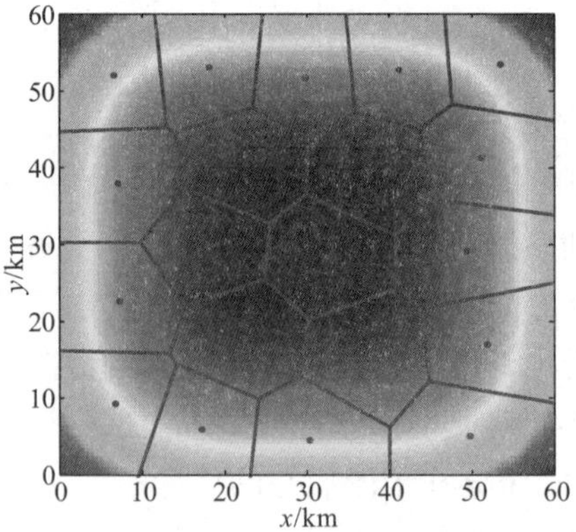

(f) 最终配置(自适应调整遗忘因子)

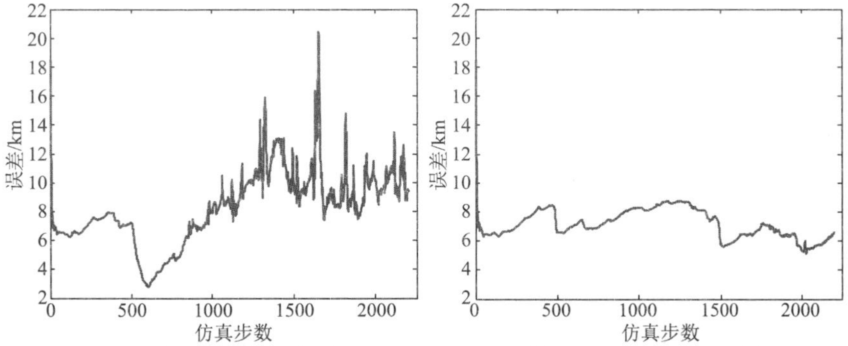

(g) 质心误差(常数遗忘因子)　(h) 质心误差(自适应调整遗忘因子)

图 2.9　平稳变化海洋特征采样过程(见书后彩图)

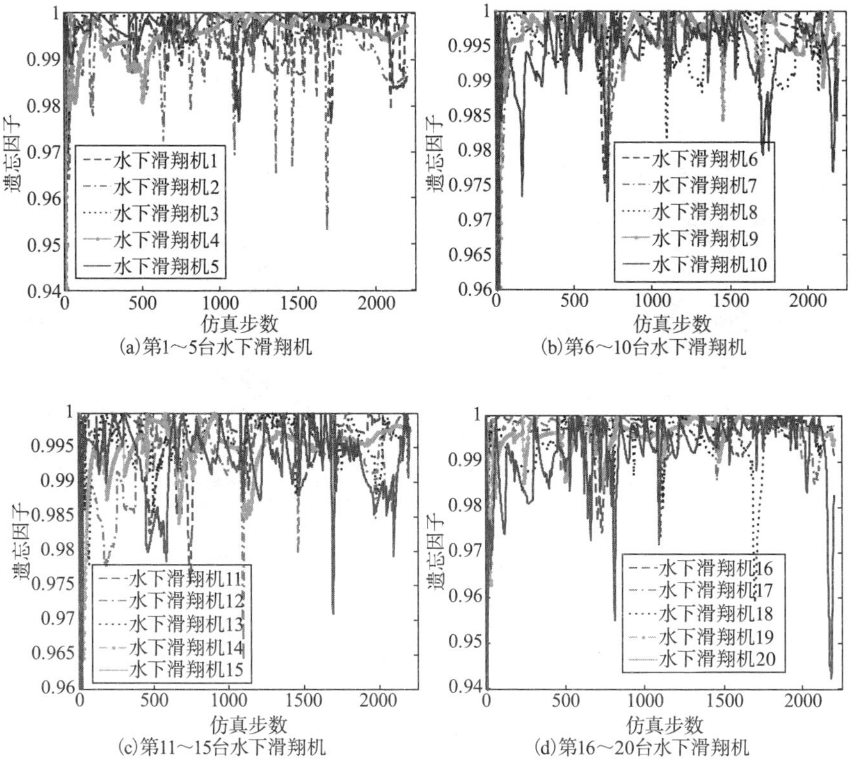

(a)第1～5台水下滑翔机　(b)第6～10台水下滑翔机　(c)第11～15台水下滑翔机　(d)第16～20台水下滑翔机

图 2.10　每台水下滑翔机的遗忘因子随仿真步数的变化曲线(见书后彩图)

3) 动—静—动—静态海洋特征

海洋特征复杂多变，具有间断性和连续性：在某些时间段内可能是静态的，在某些时间段内可能是动态的。我们通过调节 k_2 的值模拟具有间断性变化的海洋特征，如下所示：

$$k_2 = \begin{cases} k_2 + \text{step}, & k \in \left([0,500] \cup [1000,1500] \right) \\ k_2, & \text{其他} \end{cases} \tag{2.103}$$

式中，k_2 的初值为 20；$\text{step} = 0.08$ 为每一步的增量；k 为仿真步数，总的仿真步数为 2200 步。

同样，我们采用加权最小二乘估计，分别令 $\lambda(t) = 0.99$ 和 $\lambda(t) = 1 - \dfrac{\left|\phi(q) - \hat{\phi}_i(q)\right|}{\phi(q)}$，以相同的初始状态对海洋特征进行覆盖采样。

从图 2.11(g)、(h)可以出，整体上自适应算法能够使质心误差保持在一个稳定的范围内，而基于常数遗忘因子的算法却出现了大幅的振荡。从图 2.12 可以看出，当海洋特征处于静态阶段时，遗忘因子接近 1，充分利用了采样数据信息；当海洋特征变化时，遗忘因子也在动态变化，增强了对海洋特征的跟踪能力。

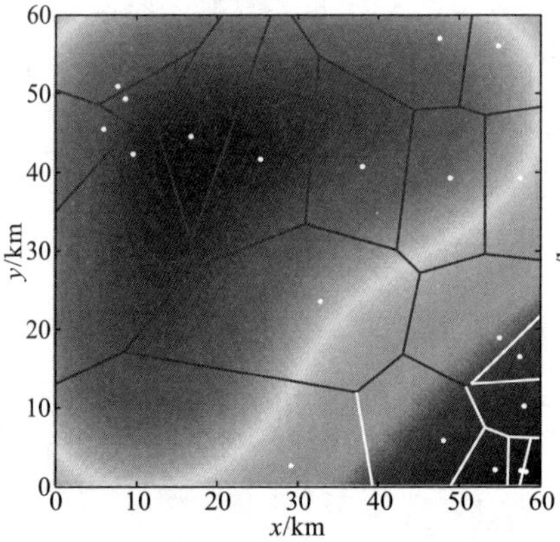

(a) 初始配置(常数遗忘因子)

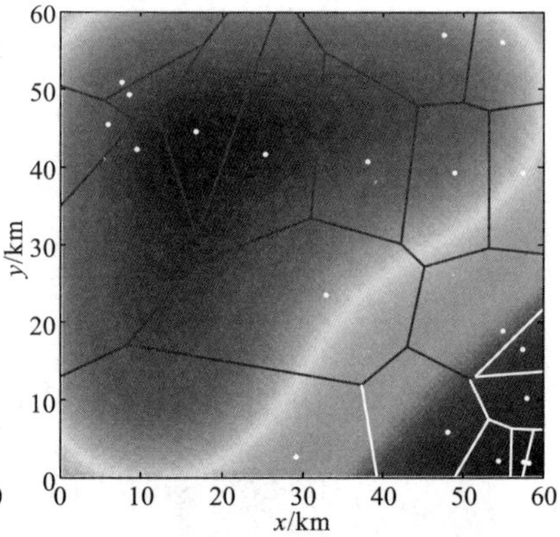

(b) 初始配置(自适应调整遗忘因子)

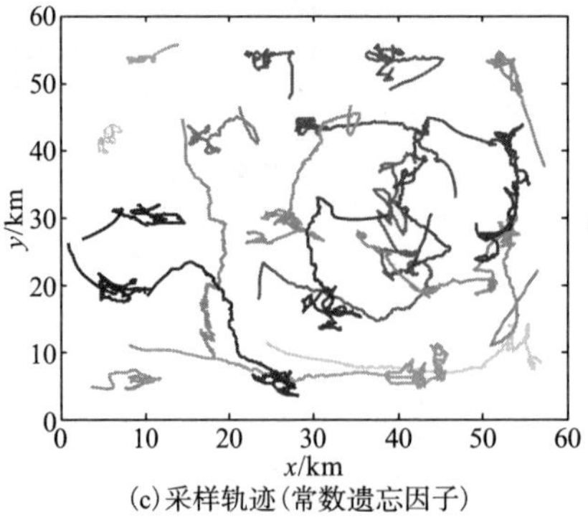

(c) 采样轨迹(常数遗忘因子)

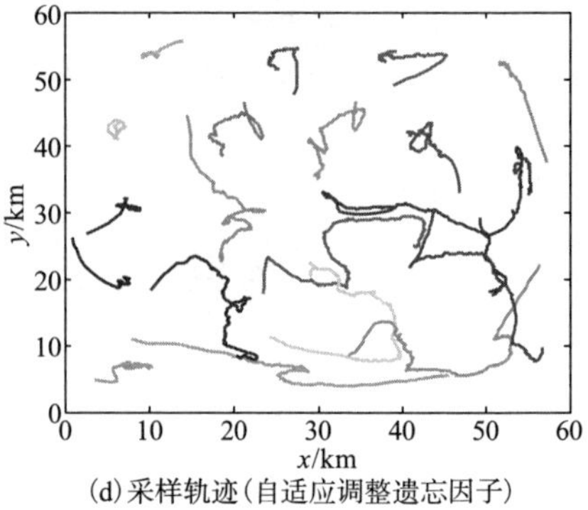

(d) 采样轨迹(自适应调整遗忘因子)

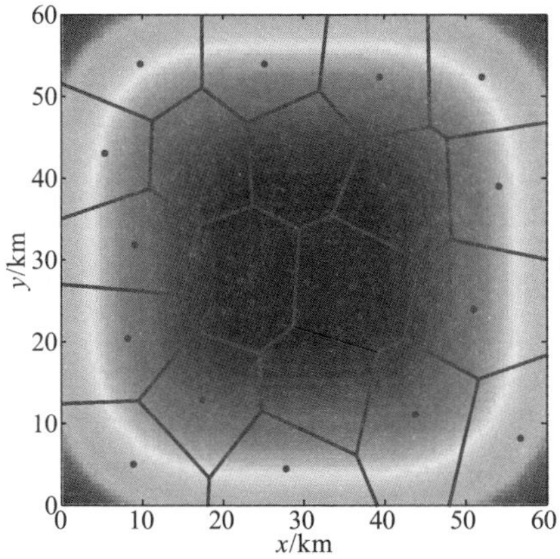

(e) 最终配置(常数遗忘因子)

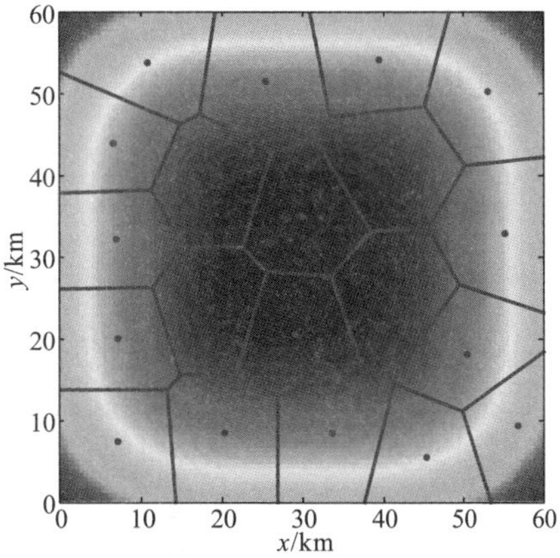

(f) 最终配置(自适应调整遗忘因子)

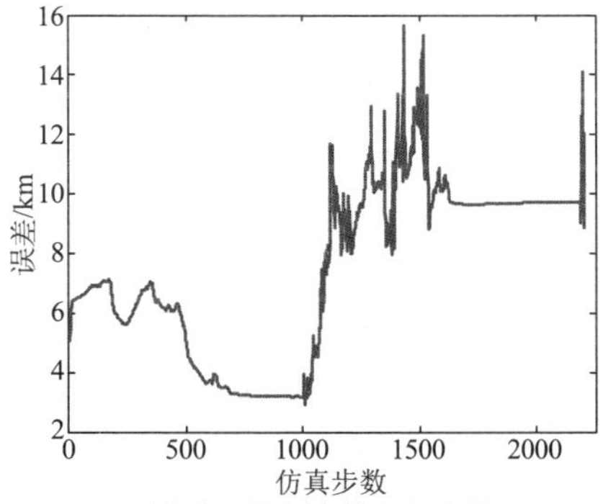

(g) 质心误差(常数遗忘因子)

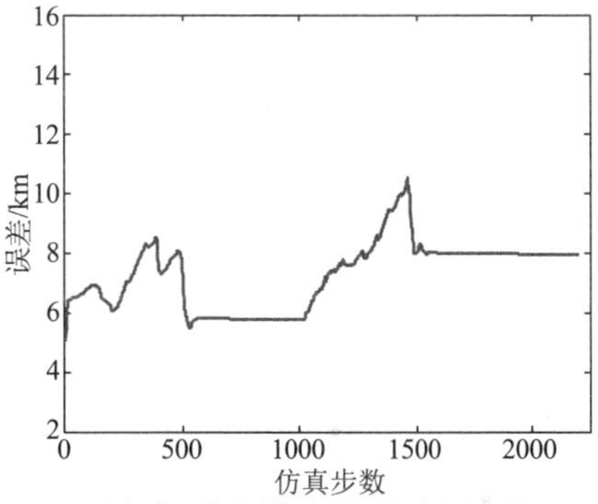

(h) 质心误差(自适应调整遗忘因子)

图 2.11　动态变化海洋特征采样过程(见书后彩图)

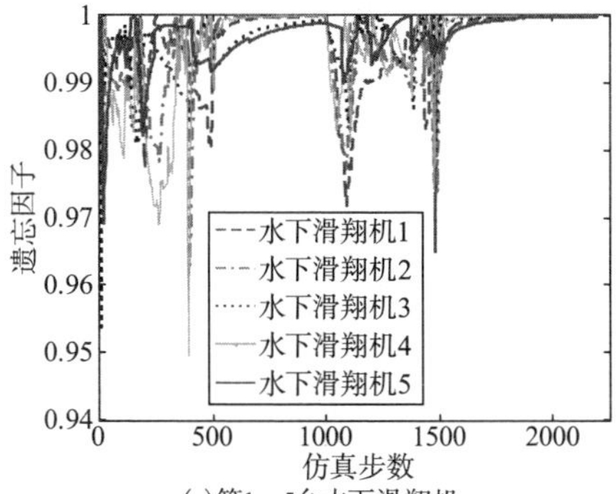

(a) 第1～5台水下滑翔机

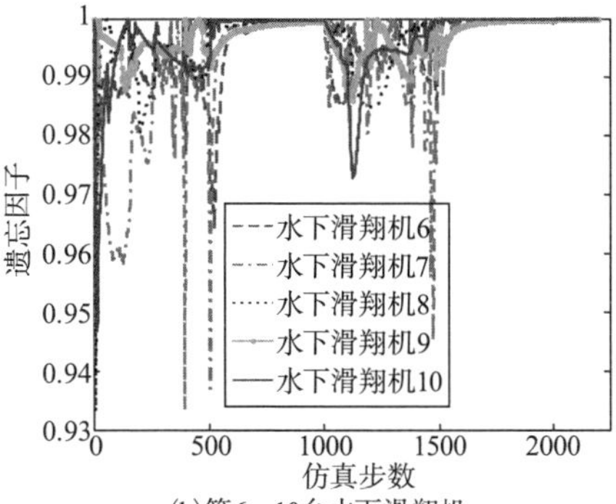

(b) 第6～10台水下滑翔机

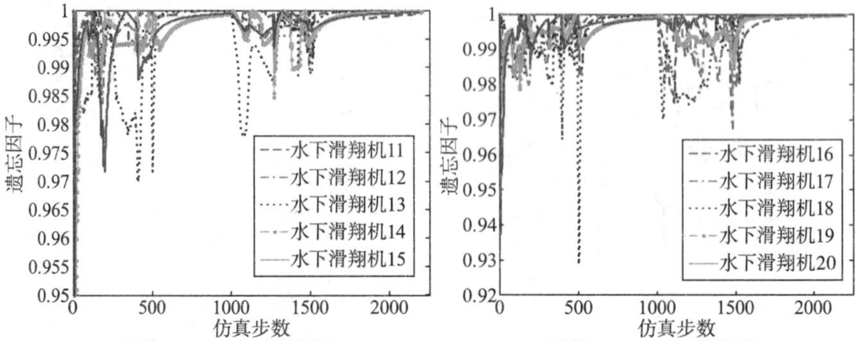

(c)第11～15台水下滑翔机　　(d)第16～20台水下滑翔机

图 2.12　每台水下滑翔机的遗忘因子随仿真步数的变化曲线(见书后彩图)

参 考 文 献

[1] Krause A, Singh A, Guestrin C. Near-optimal sensor placements in Gaussian processes: Theory, efficient algorithms and empirical studies[J]. Journal of Machine Learning Research, 2008, 9: 235-284.

[2] Welch W J. Branch-and-bound search for experimental designs based on D optimality and other criteria[J]. Technometrics, 1982, 24(1): 41-48.

[3] van Groenigen J W, Siderius W, Stein A. Constrained optimisation of soil sampling for minimisation of the Kriging variance[J]. Geoderma, 1999, 87(3/4): 239-259.

[4] Nunes L M, Caeiro S, Cunha M C, et al. Optimal estuarine sediment monitoring network design with simulated annealing[J]. Journal of environmental management, 2006, 78(3): 294-304.

[5] Yao L. Nonparametric learning of decision regions via the genetic algorithm[J]. IEEE Transactions on Systems, Man, and Cybernetics, Part B (Cybernetics), 1996, 26(2): 313-321.

[6] Kincaid R K, Padula S L. D-optimal designs for sensor and actuator locations[J]. Computers & Operations Research, 2002, 29(6): 701-713.

[7] 王家华. 克里金地址绘图技术[M]. 北京: 石油工业出版社, 1999: 45-55.

[8] Cressie N. Fitting variogram models by weighted least squares[J]. Journal of the International Association for Mathematical Geology, 1985, 17(5): 563-586.

[9] Bourennane H, King D, Couturier A. Comparison of Kriging with external drift and simple linear regression for predicting soil horizon thickness with different sample densities[J]. Geoderma, 2000, 97(3/4): 255-271.

[10] Neuman S P, Jacobson E A. Analysis of nonintrinsic spatial variability by residual Kriging with application to regional groundwater levels[J]. Journal of the International Association for Mathematical Geology, 1984, 16(5): 499-521.

[11] Odeha I O A, McBratney A B, Chittleborough D J. Spatial prediction of soil properties from landform attributes derived from a digital elevation model[J]. Geoderma, 1994, 63(3/4): 197-214.

[12] Nemhauser G L, Wolsey L A, Fisher M L. An analysis of approximations for maximizing submodular set functions-I[J]. Mathematical Programming, 1978, 14(1): 265-294.

[13] Emery X. The Kriging update equations and their application to the selection of neighboring data[J]. Computational Geosciences, 2009, 13(3): 269-280.

[14] Li W, Cassandras C G. Distributed cooperative coverage control of sensor networks[C]//The 44th IEEE Conference on Decision and Control, 2005: 2542-2547.

[15] Zhao F, Shin J, Reich J. Information-driven dynamic sensor collaboration[J]. IEEE Signal Processing Magazine, 2002, 19 (2): 61-72.

[16] Krause A, Guestrin C, Gupta A, et al. Near-optimal sensor placements: Maximizing information while minimizing communication cost[C]//The 5th International Conference on Information Processing in Sensor Networks, 2006: 2-10.

[17] González-Baños H. A randomized art-gallery algorithm for sensor placement[C]//The Seventeenth Annual Symposium on Computational Geometry. 2001: 232-240.

[18] Fiorelli E, Bhatta P, Leonard N E, et al. Adaptive sampling using feedback control of an autonomous underwater glider fleet[C]//Unmanned Untethered Submersible Technology (UUST), 2003: 1-16.

[19] Fiorelli E, Leonard N E, Bhatta P, et al. Multi-AUV control and adaptive sampling in Monterey Bay[J]. IEEE Journal of Oceanic Engineering, 2006, 31 (4): 935-948.

[20] Cortés J, Martinez S, Karatas T, et al. Coverage control for mobile sensing networks[J]. IEEE Transactions on Robotics and Automation, 2004, 20 (2): 243-255.

[21] Schwager M, Bullo F, Skelly D, et al. A ladybug exploration strategy for distributed adaptive coverage control[C]//2008 IEEE International Conference on Robotics and Automation, 2008: 2346-2353.

[22] Schwager M, Rus D, Slotine J J. Decentralized, adaptive coverage control for networked robots[J]. The International Journal of Robotics Research, 2009, 28 (3): 357-375.

[23] Schwager M, McLurkin J, Rus D. Distributed coverage control with sensory feedback for networked robots[C]//Robotics: Science and Systems, 2006: 49-56.

[24] Schwager M, Slotine J J, Rus D. Decentralized, adaptive control for coverage with networked robots[C]//2007 IEEE International Conference on Robotics and Automation, 2007: 3289-3294.

[25] Schwager M, Slotine J J, Rus D. Consensus learning for distributed coverage control[C]//2008 IEEE International Conference on Robotics and Automation, 2008: 1042-1048.

[26] Du Q, Faber V, Gunzburger M. Centroidal Voronoi tessellations: Applications and algorithms[J]. SIAM Review, 1999, 41 (4): 637-676.

[27] Ljung L. 系统辨识：使用者的理论[M]. 2 版. 北京：清华大学出版社, 2003: 363-364.

[28] Slotine J J E, Li W. Applied Nonlinear Control[M]. Englewood Cliffs, NJ: Prentice Hall, 1991.

[29] Schwager M. A gradient optimization approach to adaptive multi-robot control[D]. Massachusetts: Massachusetts Institute of Technology, 2009.

3 海洋机器人动态海洋特征跟踪方法

3.1 概述

海洋特征及其变化受时间、空间的影响。针对同一海洋现象，在不同的海域和不同的季节，海洋科学定义该现象的发生条件、阈值不一定相同。相应的，观测方式也各不相同。有些海洋现象的变化反映在水平方向上，需要调整观测平台的分布密度。有些海洋现象的变化反映在剖面上，且随海水水体深度变大而变小，实际可采用非均匀的方式观测。有些现象呈三维特性，如上升流，在剖面上体现为温度低、盐度高的海域，在水平面上表现为海水涌升，是一个富营养盐区域。

海洋自主观测是一个以多 AUV、水下滑翔机为自主观测平台，以海洋现象与海洋特征的观测与跟踪为目标的协调控制系统。其观测过程首先以多 AUV 和水下滑翔机为观测平台，结合观测数据、跟踪目标进行决策，以协调规划后续多平台的路径，并进行观测采样；然后对观测数据进行分析，以获得海洋特征场的信息；最后结合观测目标进行决策，以实现动态观测过程的循环，其时序图如图 3.1 所示。

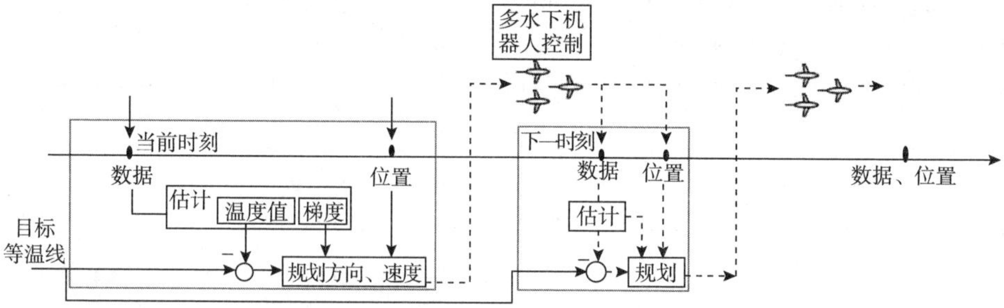

图 3.1　特征跟踪时序图

本章首先对中国近海海域典型中小尺度海洋现象特征建立跟踪模型，提取海洋特征，分析并给出部分现象发生的阈值、位置、尺度范围；然后建立海洋观测与跟踪任务的数学模型，将海洋特征跟踪问题转换为多海洋机器人的控制与决策问题，为多海洋机器人的运动规划提供基础。3.3 节和 3.4 节介绍针对两种具有代表性的海洋特征，即等值特征场和中尺度涡的跟踪控制方法，整个跟踪过程是一个“跟踪—观测—决策—跟踪”的闭环过程。尽管本章的跟踪方法只是对等值特征场和中尺度涡进行跟踪，但是可以根据对典型海洋特征跟踪策略的分析和讨论，将跟踪方法运用在其他海洋特征的跟踪过程中，特别是对锋面跟踪、上升流源头的追踪等，都具有参考意义。

3.2 典型海洋特征跟踪模型

3.2.1 海洋锋面跟踪模型

海洋锋面指性质不同的两个水团的分界面，驱动因素包括对流、热交换、海底地形变化等，海洋锋面处梯度及梯度的导数变化如图 3.2(a)所示。海洋锋区为梯度值满足一定条件的区域。在海洋观测过程中，锋区的获取采用梯度法，先计算海域内各点的梯度，将梯度大于阈值的点作为锋点，锋点构成的区域的总和作为锋区。锋区的研究关键点在于如何确定阈值。以温度场为例，根据已知的海洋温度场数据，各点梯度计算方式为

$$\frac{\partial T}{\partial x}=\begin{bmatrix}-1 & 0 & 1\\ -2 & 0 & 2\\ -1 & 0 & 1\end{bmatrix}\cdot\frac{1}{4}\cdot\boldsymbol{T}^{*},\quad \frac{\partial T}{\partial y}=\begin{bmatrix}1 & 2 & 1\\ 0 & 0 & 0\\ -1 & -2 & 1\end{bmatrix}\cdot\frac{1}{4}\cdot\boldsymbol{T}^{*} \tag{3.1}$$

式中，$\boldsymbol{T}^{*}$ 表示计算位置处周边及其本身共计 9 个点的海洋标量场的值。总梯度的大小为

$$\mathrm{GM}=\sqrt{\left(\frac{\partial T}{\partial x}\right)^{2}+\left(\frac{\partial T}{\partial y}\right)^{2}} \tag{3.2}$$

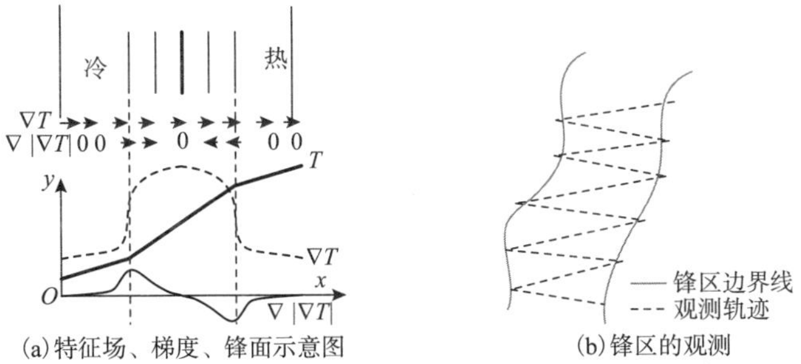

(a)特征场、梯度、锋面示意图　　(b)锋区的观测

图 3.2　海洋特征的梯度、锋面示意图及锋区的观测方式

总梯度的大小表示锋点处的强度。锋区的方向为

$$\theta_T = \arctan\frac{\dfrac{\partial T}{\partial y}}{\dfrac{\partial T}{\partial x}} \tag{3.3}$$

锋区是一片海域中梯度强度大小满足一定条件的区域。对于锋区的跟踪，可以设定梯度临界值 C_{constant}，大于该临界值的部分，即可确定为锋区(单位：℃/km)：

$$\text{GM} > C_{\text{constant}} \tag{3.4}$$

锋区的温度梯度临界值设定没有统一标准，一般锋区的确定和海域有关，中国南海为 GM>0.025℃/km[1]，或 GM>0.5℃/(9km)[2]。汤毓祥等[3]在研究东海温度锋时以 GM>0.1℃/mi(1mi=1.609344km)作为标准。郑义芳等[4]在研究黄海海洋锋时以 GM>0.05℃/mi 为标准。东海北部陆架锋一年四季都存在，冬季和春季锋区的宽度约为 43n mile 和 40n mile，强度为 0.08℃/n mile 和 0.10℃/n mile；夏季、秋季锋区宽度为 50n mile 和 38n mile，强度为 0.12℃/n mile 和 0.07℃/n mile[5]。锋区的尺度适合海洋机器人进行观测，在数天内可以完成。在观测的过程中，可将观测平台往复穿越带状锋区，如图 3.2(b)所示。

锋区为满足梯度条件的一个区域。锋面是在锋区中两个水团的分界面，是两个水团对流和交换最明显的一条分界线，即海洋标量场变化的梯度在垂直于锋面的方向应大于某一阈值。Hewson[6]将锋面定义为如下三类：

(1)直线锋。在平行于锋面方向上，梯度是不变化的，比如从暖流过渡到冷流时。在锋区内，梯度变化是垂直于锋面的，即水平锋垂直于温度变化线，如图 3.3(a)所示。直线锋是一类非常特殊的锋面。

(2)扭转锋(斜压锋)。在平行于锋面方向上，梯度是有变化的，比如暖流过渡到冷流时，梯度在锋面方向上有变化。在锋面区，水团梯度的变化有斜度，梯度方向和锋面不是垂直的，如图 3.3(b)所示，具有一定的普遍意义。

(3)以上两种锋的更一般的存在，如图 3.3(c)所示，是非常常见的、具有普遍意义的锋面。

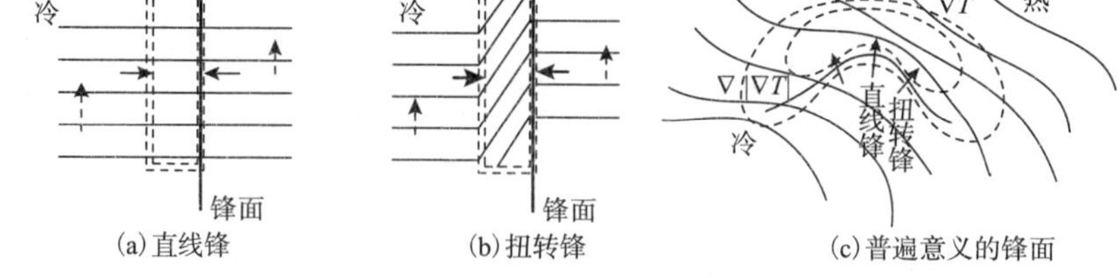

图 3.3 锋面类型与定义

锋面判定的条件：锋区的不稳定由正压不稳定和斜压不稳定构成，分别由纬向基本流水平切变和纬向基本流垂直切变决定。在锋面临近的斜压区，其上升方向的梯度变化必须大于某个值。可以根据这些特性对锋面的跟踪策略进行分析。

对于直线锋，二维特性最终简化为一维特性，图 3.3(a) 中的虚线矩形区域内为锋区。锋面需要满足的条件为 $-\dfrac{\partial^3 T}{\partial x^3}=0$，即 $\dfrac{\partial^2 T}{\partial x^2}$ 当达到最小的时候为锋面，该特性可以在图 3.2 中体现。其跟踪决策问题为

$$\min\frac{\partial^2 T}{\partial x^2}，\ \text{弱化条件：} -\frac{\partial^2 T}{\partial x^2}>K_1, K_{1(\min)}=0 \tag{3.5}$$

式中，K_1 为阈值；$K_{1(\min)}$ 为 K_1 的下界。

对于扭转的锋面，从图 3.3 中可知，在虚线的矩形锋区内，梯度方向导数的大小在梯度方向的投影为 0，因此满足以下条件即可：

$$\mu=\mathrm{TFP}(T)=-\nabla^2|\nabla T|=-\nabla|\nabla T|\frac{\nabla T}{|\nabla T|}=-\frac{\nabla T}{|\nabla T|}H\frac{\nabla T}{|\nabla T|}=0 \tag{3.6}$$

对于具有更普遍意义的一般锋面，即直线锋和扭转锋的随机分布，可以将以上两种情况进行组合，满足如下条件即可：

$$\mu=-\nabla|\nabla T|\frac{\nabla T}{|\nabla T|}>K_1，\ K_{1(\min)}=0 \tag{3.7}$$

从锋面的定义可知，对于直线锋，锋面和梯度相垂直；对于扭转锋，锋面和梯度成一定的角度，当观测平台沿着梯度方向移动并不断检测 $\mathrm{TFP}(T)$ 的值，就可以找到锋面。在多观测平台的跟踪过程中，$\nabla T, H$ 均不为 0，但 μ 为 0，取多观测平台的运动方向为

$$\frac{\boldsymbol{p}_c}{\|\boldsymbol{p}_c\|}=k(\mu)\nabla T+|1-k(\mu)|\nabla T^{\perp} \tag{3.8}$$

式中，$\boldsymbol{p}_c$ 为多平台中心位置；

$$k(\mu)=\begin{cases}1, & \mu<-\mu_l \\ -\dfrac{\arctan\dfrac{\mu}{\mu_l}}{\arctan 1}, & \mu_l>\mu\geqslant-\mu_l \\ -1, & \mu\geqslant\mu_l\end{cases} \tag{3.9}$$

其中，μ_l 为阈值。

这样，当 μ 不为 0 的时候，就会调整运动方向，让 μ 趋近于 0，即可完成跟踪。

3.2.2 等值线、极值跟踪模型

等值线、海洋特征极值的跟踪是针对水平面的跟踪。某些海洋现象，例如冷涡流、上升流在水平面体现为渐变的等值线围成的区域，其源头一般为其极大值或极小值。Bachmayer 等[7]设计了多水下滑翔机采用等边三角队形跟踪上升流在水平面形成的等值线，以验证多台水下滑翔机队形形成、扩张和缩放能力等。各台水下滑翔机之间的距离为 3～6km，水下滑翔机在水平方向的航行速度约为 40cm/s。对于等值线、极值的跟踪如图 3.4 所示，跟踪等值线时，可以设定：

$$\begin{aligned} &T_{\text{object}} = T_{\text{constant}} \\ &T_{\text{direction}} = \nabla T^{\perp} \end{aligned} \tag{3.10}$$

跟踪极值时，可以设定：

$$\begin{aligned} &T_{\text{object}} = \max|T| \\ &T_{\text{direction}} = \nabla T \end{aligned} \tag{3.11}$$

式中，T_{object} 为目标等值线；T_{constant} 为温度等值线的值；$T_{\text{direction}}$ 为目标等值线的方向。

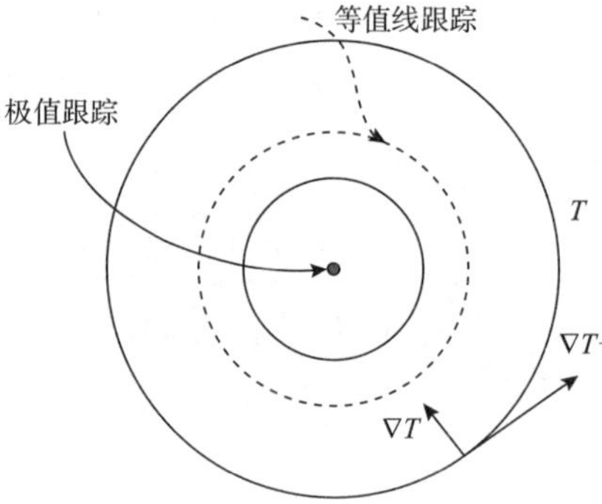

图 3.4　对等值线与极值的跟踪

等值线跟踪包括两个过程：一个是趋近等值线的过程；另一个是观测平台已经运动到等值线上，需要沿等值线移动。所以运动的方向是梯度方向和切线方向的加权。队形尺寸的大小，决定了多观测平台覆盖区域的大小，可以针对已有的观测数据预先设定尺寸的大小。

3.2.3 温跃层跟踪模型

海水温度随深度出现的急剧或不连续的阶跃状变化水层，称为海水温度跃层（简称温跃层）。温跃层发生的海域，其温度在垂直方向上变化较大，通常冷水在其下层，暖水在其上层，对流相对稳定。温跃层区域温度、盐度的变化趋势是相同的。温跃层通常是按照温度在垂直面梯度的大小进行定义。依据温跃层 0.05℃/m 的强度标准，我国南海海域四季都存在小于 50m 的浅跃层和大于 50m 的深跃层，并且分别分布在 100m 以浅的大陆架海域、南海的深水海域。周燕遐[8]对温跃层进行归类，将南海温度跃层分为浅跃层型、深跃层型、混合跃层型、双跃层型、多跃层型、逆跃层型等。

对于小尺度的温跃层，可结合垂直截面数据进行分析。根据国际海洋信息的数据格式[9]，标准的多个观测和对比的水层分别为：0m,5m,10m,15m,20m,25m,30m,35m,50m,75m,100m,120m,150m,200m,250m,300m,500m,600m,700m,800m,900m,1000m,1200m,1300m,1400m,1500m,1750m,2000m,2500m,3000m,4000m,5000m,6000m,7000m,8000m,9000m。

典型的观测方法是采用 AUV、水下滑翔机等海洋机器人做锯齿状的运动，并重点在相对应的深度水层上进行观测，即选择特定剖面、特定深度范围进行观测，通过改变俯仰姿态以改变观测空间尺度的大小。图 3.5 为 Remus AUV 在垂直面的观测。

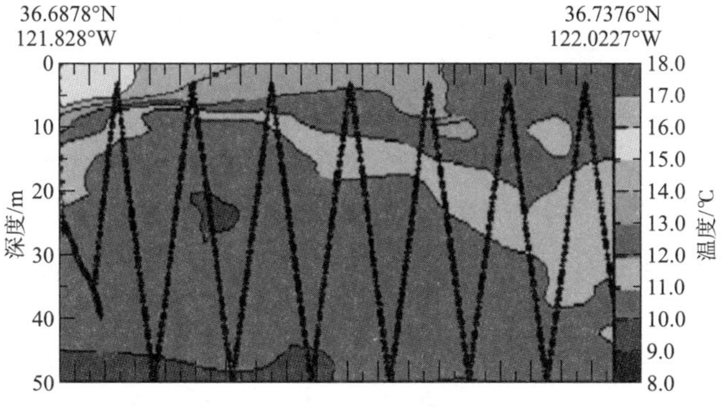

图 3.5 水下机器人垂直剖面观测温度[10]（见书后彩图）

温度跃层可以用跃层的边界、强度等描述。温跃层的上界深度即为跃层上端所在的深度，下界深度为跃层下端所在的深度。上下界深度差即为跃层的厚度，根据跃层上下界的温度值和跃层的厚度，可推算跃层的强度。因此，定义在垂直方向上的温度梯度值 Q 为

$$Q = \frac{\Delta T}{\Delta Z} \tag{3.12}$$

式中，ΔT 为两层海水温度差；ΔZ 为两层海水深度差。不同深度对温跃层阈值的限定也不相同。温跃层的突变带来了盐度、密度的变化，其判定方法主要有以下几种。

(1)垂向梯度法。依据《海洋调查范围》和《我国专属经济区和大陆架勘测技术规程》，将水体按深度分为浅水和深水。在不同深度上，温度、盐度的梯度达到相应阈值 $Q_{\text{threshold}}$ 即可认定为跃层，其阈值如表 3.1 所示。同时可以依据梯度信息确定跃层的上下边界，即对应水层的上下端点[11]。跟踪跃层时，只需限定：

$$Q \geqslant Q_{\text{threshold}} \tag{3.13}$$

表 3.1　跃层阈值

跃层参数	深度≤200m	深度>200m
温度跃层强度/(℃/m)	0.2	0.05
盐度跃层强度/(PSU/m)	0.1	0.01
密度跃层强度/(kg/m^4)	0.1	0.015

注：PSU 是海水中盐度的单位标准

(2)梯度函数逼近法。将海水理想地划分为上均匀层、跃层和下均匀层三层垂直结构，跃层上下层的温度分别为 t_1, t_2，深度分别为 h_2, h_1，并建立一个近似的函数关系：

$$\begin{cases} T = t_1, & h \leqslant h_1 \\ T = Q \cdot (h - h_1) + t_1, & h_2 > h > h_1 \\ T = t_2, & h \geqslant h_2 \end{cases} \tag{3.14}$$

(3)海表温度(sea surface temperature，SST)数据分析中，对温跃层上界的定义：温跃层的上界可定义为自海表向下(海表温度 SST 卫星数据)与表层温度差为 0.5℃所在的深度。

对比对跃层强度的定义，可以根据水下机器人的观测数据相对精确地确定跃层深度边界、厚度和跃层的强度。将观测数据进行拟合可以获得 Q。在实际的观测中，水下机器人可以获得较为详细的、实时的观测采样数据，用水下机器人以锯齿状的轨迹去穿越温跃层，可以获得温跃层的上下边界和厚度等。对于观测空间尺度，可通过改变水下机器人的姿态来实现。在一个周期中，观测平台在水平方向移动的距离 $l_{水平}$ 反比于该周期中采样数据在水平方向的梯度变化 $Q_{水平}$：

$$Q_{水平} = \frac{\Delta T}{\Delta l_{水平}} \propto \frac{1}{l_{水平}} \tag{3.15}$$

对于水下滑翔机，可以通过改变电池的位置来改变俯仰姿态，从而实现对跃层的跟踪。当然，在一个周期内，水平的移动距离并不是严格按照式(3.15)连续变化的，这种情况可以预先设定离散的观测网格，观测平台在相应的网格点上移动即可，这样可以在降低能耗的同时改变观测密度。跟踪的示意图如图 3.6 所示，跟踪深度在几十米到几百米，水平距离可以从几十到几百千米。

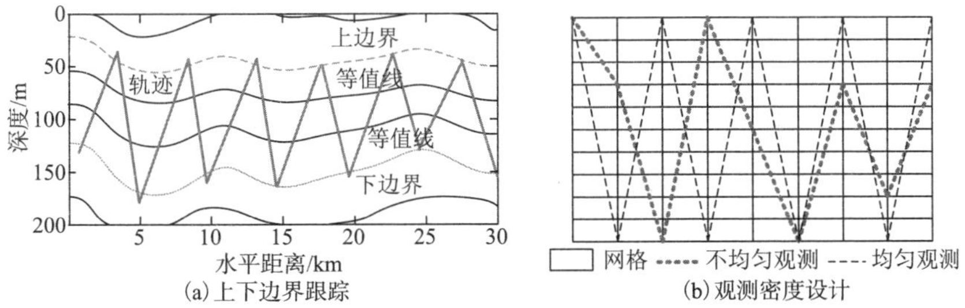

图 3.6　剖面跃层跟踪

3.2.4　上升流跟踪模型

海洋上升流是水体的搬运过程，即海水从深处向浅处的垂直运动[12]，一般分为沿岸上升流和开阔水域上升流，主要是风驱动产生的铅直湍流摩擦力和科里奥利力相平衡，可以用埃克曼理论解释，产生的表层海水（相对于深层海水）速度大，最终造成大量海水水体的搬运与流动补偿。赤道附近的上升流是开阔水域上升流。发生在沿岸地区的上升流是一种垂直向上的逆向运动洋流，风力吹送将表层海水推离海岸，致使海面略有下降，因此为达到水压的均衡，深层海水在该海域补偿上升，形成上升流，如图 3.7 所示。其他有地形引起的上升流、中尺度涡流引起的上升流。地形引起的上升流，是由于海底地形斜坡的存在，海水的水平速度与坡面冲击的过程中，将动能转换为势能，所形成的上升流，即逆坡爬升。中尺度的涡流往往伴随有上升流。中尺度涡流造成的上升流尺度在数十至数百千米，包括冷涡和暖涡。北半球的冷涡为逆时针气旋式，中央为上升流；北半球的暖涡为顺时针气旋式，中央为下沉流。

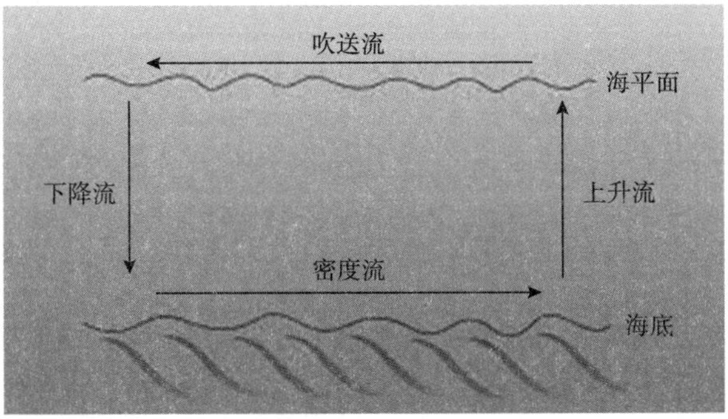

图 3.7　温度上升流形成示意图

上升流区表层流场呈水平扩散，而深层水流呈垂直上升的态势，从而可以把含有丰富营养物、盐类的水体带到表层水面，并进行光合作用，为海洋生物营造富营养物的生态系统。上升流可以把海水下层的营养盐带到中上层，以供给浮游植物摄入，高水产能力会通过食物链传递到动物链，形成较为著名的渔场，例如南美洲的秘鲁、非洲西南和我国的舟山群岛，上升流海区鱼类生产量达到大洋的数十倍，比其他海域具有更高的初级生产力。但是，过度的上升流会导致过多的营养盐并诱发浮游植物的过度增生，从而导致赤潮等灾害现象，因此 1999 年启动的全球赤潮生态学和海洋学研究（Global Ecology and Oceanography of Harmful Algal Blooms，GEOHAB）大型国际计划将“上升流系统赤潮”作为一个重要的核心研究计划开展。另外，海洋上升流对于全球碳循环的影响也是非常重要的，海洋上升流影响海区的物理过程（物理泵，温度升高，导致 CO_2 溶解释放回大气）和生物过程（生物泵，浮游植物聚集产生光合作用，从而需从大气中吸收 CO_2），上升流将深层水带至表层的过程中，随着上升流区域海水变暖，CO_2 溶解度降低，部分 CO_2 会释放回大气中，从这个角度讲，上升流海区作为大气碳源而存在。大量浮游植物通过光合作用形成更多的有机碳等，并在食物链内经过各种转化，输送到动物链，此时上升流将大气中 CO_2 吸收到海洋中，使上升流成为研究全球碳循环的关键海区。

上升流的量级比较微弱，长江入海口的上升流水体移动速度大概在 1.5×10^{-5} m/s。浙江沿岸海区的上升流分布在深度为 15～35m 的海岸带上，其上升流量级一般在 $(0.1\sim1)\times10^{-5}$ m/s。闽南-台湾浅滩上升流是指夏季闽南近岸中心在南澳岛-海门附近的一部分低温、高营养盐和低溶解氧的水体，具有高级生产力、高浮游植物量等特征[13]，其形成主要是夏季盛行的西南风驱动。台湾浅滩上升流一般指夏季台湾浅滩南部存在的闭合椭圆形低温、高盐度区域，其闭合中心温度、盐度分别为 25℃ 和 34PSU[14]。上升流的物理、化学特征主要有以下几个方面[12]：

(1) 低温、低氧。上升流为冷水上涌，有机体分解消耗氧气。

(2) 高盐度、高密度。盐度和密度的高值区，水体上升带来盐度变化。

(3) 高叶绿素浓度。上升流带来的高营养物和二氧化碳，适于浮游生物的快速生长，从而使海水上层的叶绿素浓度较高。

实际国内上升流的观测[12]主要针对长江入海口外海域进行了多学科走航式定点观测，以断面观测为主要方式，垂直方向上观测采样的频率和水深有关，在水深小于等于 20m 时为每 1m 采样一次，水深大于 20m 时为每 2m 采样一次。

上升流在物理过程上体现为大范围水体的流动，这种流动速度非常微弱，其量级一般在 10^{-5} m/s。温度、盐度变化体现为海洋标量场的值在某区域和相邻区域相比有突变，比如冷水的涌升，涌升区的温度比两侧同一水层的温度低，这类现象的定义不全是在梯度、变化剧烈程度上的区别，是其温度、盐度和周围海域在断面上的明显不同。针对温度场的垂直剖面观测，可以跟踪上升流的等值线[图 3.8(b)]，即当存在水体盐度的高值、温度的低值时，就表明不是同一水层的流动，而是来自下层的水体涌升。

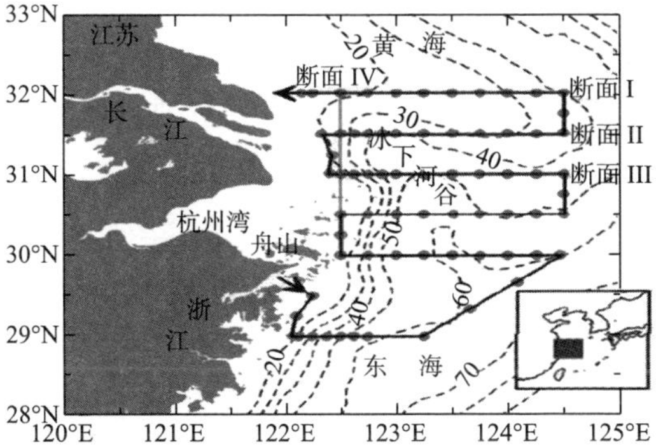

(a) 断面观测的走航观测模式(等深线单位为m)

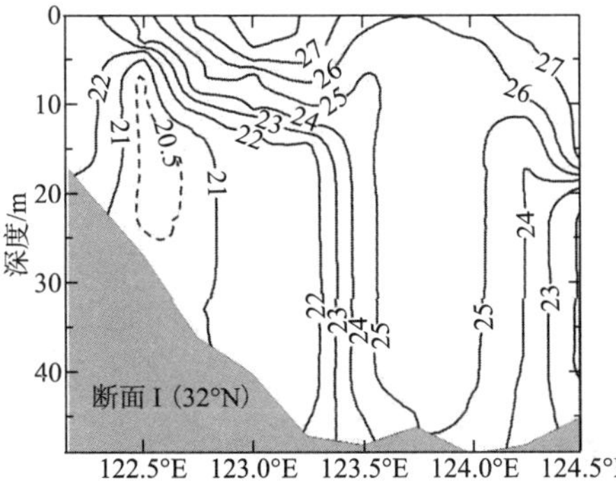

(b) 现场调查2000年8月长江口外海域温度数据(℃)

图 3.8 船载走航观测[12]

从图 3.8(b) 中可以看出上升流等值线分布的概貌图。对于图 3.8(a) 中的走航观测，可采用多水下滑翔机对某个纬度进行锯齿状轨迹观测。为提高多个纬度上数据的同步性，可以采用多观测平台从不同的起始位置进行梳状观测。

观测的水平分辨率[15-16]为10′×10′，垂直方向上为 25 层。研究表明，粤东海域上升流区强度较强，并主要位于汕头沿岸至厦门海域附近 60km 的近岸海域内，上升流中心温度在 5m 水深处为 28℃，比外海同纬度温度低 1.2～1.5℃，在 15m 水深处温度为 25℃，比外海同纬度温度低 3～5℃，但密度、盐度明显比外海高。楼琇林[17]对浙江沿岸上升流的主体温度、平均温度进行了统计分析，结果表明上升流中心处与外围水体温差越大，则上升流越强。胡明娜[18]对 2002 年 6 月的舟山群岛 SST 数据和叶绿素浓度数据的分析中，长江入海口处叶绿素浓度大于 $1mg/m^3$，而海表温度 SST 数据小于 26℃，这些都是明显的上升流特征现象。

可以根据历史观测数据的同化结果，选取合适的纬度进行观测。观测上升流在断面上的变化时，可根据不同断面的等值线，改变 AUV、水下滑翔机等观测平台的俯仰角以适应断面的标量场变化和等值线的变化，对比观测信息和观测的期望值，并结合观测平台在垂直面的运动特性进行控制。

在水平面上可以跟踪上升流形成的等值线[式(3.10)和式(3.11)]，圈定上升流区域。对上升流等值线，可以设定：

$$T_{\text{object}} = T_{\text{constant}}$$

$$T_{\text{direction}} = \nabla T^{\perp}$$

圈定上升流中心，可以设定：

$$T_{\text{object}} = \min|T|$$
$$T_{\text{direction}} = \nabla T$$

比较上升流和跃层，可知上升流区和跃层区盐度较高，但是就温度而言，上升流低，而跃层处较高。在上升流区，盐度的变化趋势和温度的变化趋势是相反的，所以在跟踪上升流中心时，可以结合 CTD 在温度 T、盐度 S 上的数据信息进行综合处理：

$$f_{\text{object}} = f(\min T, \max S) \tag{3.16}$$

式中，f_{object} 为目标中心。

3.2.5 中尺度涡跟踪

由于海洋中尺度涡在海洋能量传输、碳循环方面的重要性[19]，对其进一步的研究是海洋领域的重要课题。中尺度涡是海水长时间的旋转运动所形成，尺度从数十到数百千米，时间为数天到数月。中尺度涡根据旋转方向不同，分为气旋式和反气旋式：涡内海水做逆时针旋转运动是气旋式涡；涡内海水做顺时针旋转运动是反气旋式涡。北半球气旋涡的温度较低，为冷涡；南半球反气旋式涡的温度较高，为暖涡。中尺度涡能够将水体在尽可能保持原来性质的情况下，对其进行携带、搬运。对中尺度涡的运动进行研究，可以了解海洋中物质的混合、涡流对动量、热量和物质的输送能力，以及海洋温盐结构[20]等。

我国南海的中尺度涡很活跃。中尺度涡往往伴随明显的上升和下沉流。我国东海也有多处中尺度涡被发现，胡敦欣等[20]发现了东海北部济州岛西南的气旋式涡流结构，指出涡流的上升促使低层冷水明显涌升，通过温度要素的分布可以认识冷涡上升流结构。孙湘平等[21]预测了台湾东北海域出现在苏澳至三貂角、彭佳屿、钓鱼岛等三处冷涡的存在，Qiao 等[22]在台湾东北海区捕捉到三个冷涡，尺度在 30～100km，其中两个与孙湘平等[21]报道的相符合。许艳苹[23]研究了 2007 年 8 月和 9 月在南海西北部海域、西南部海域的两个涡流，其直径分别为 170km、200km，冷涡的中心区比边缘区温度分别低了 6.8℃、6℃，密度分别大 2.6kg/m^3、2.9kg/m^3。

中国近海涡[5]主要有东海南部暖涡、钓鱼岛北冷涡、台湾东北冷涡、东海北部冷涡、东海黑潮锋面涡旋等，其中冷涡位置靠近黑潮，暖涡贴近台湾暖流。东海南部暖涡空间尺度为 190km，停留在 50～70m 深度层上。台湾东北冷涡一年四季均存在，垂直上从表层到 75m 水深度范围，空间尺度为 50n mile×20n mile。图 3.9 给出了黑潮延伸区在区域 151°E～155°E、30°N～33°N 处的涡流信息和加利福尼亚州海岸线附近的涡流信息。

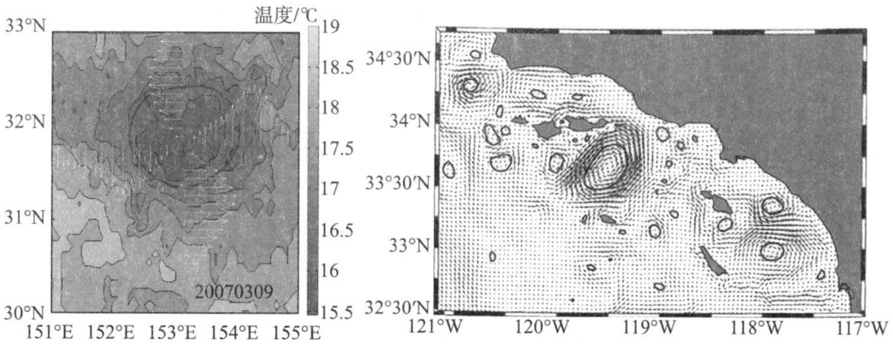

(a) 气旋涡流

(b) 加利福尼亚州海岸线附近的涡流大小和分布

图 3.9　涡流的特性（见书后彩图）

中尺度涡的形状一般为圆形或椭圆形，在传播过程中，伴随着形状的改变，对涡的自动提取比较困难。常用的方法是设定相对于海平面的某一个闭合的等高线为中尺度涡的边界线[24]。冷涡（暖涡）是中心温度低（高），四周温度高（低），平面上有多条闭合等温线构成的区域，温度场可以很好地表征这些要素[25]。在纵剖面上，冷涡为冷水涌升，与上升流相辅相成，形成冷涡-上升流系统。对于涡流边缘的检测，可以借鉴海表面 SST 数据的处理方法，难点在于涡流的范围比较大，涡流边界相对而言不是非常明显，相应的观测方式也有很大的不同。通常涡流区域温度有如下特性：

$$T(r)=T_c-(T_c-T_k)\cdot\left(1-\mathrm{e}^{\frac{r}{R}}\right) \tag{3.17}$$

式中，r 是涡流中心与边缘的距离；T_c 是涡流中心处的温度；T_k 是涡流边界的温度；$R=5R_0$，R_0 是罗斯贝变形半径（Rossby deformation radius，该半径与纬度半径有关）[26-28]。涡流区域大致范围可以根据下式判定：

$$f_T(x,y)=\begin{cases}1, & T_c<T(r)<T_k\\ 0, & \text{其他}\end{cases} \tag{3.18}$$

在对 T_c,T_k,R_0 具体化的基础上，根据上述处理方法，可以找到涡流所在的大致边界。通常认定满足式（3.18）条件下的相关海域中，75%海域为涡流区域。基于该原理，可以对涡流边界进行估计。我们先对历史数据进行分析，确定涡流大致的中心位置，随后根据式（3.17）得到涡流从中心向四周蔓延的基本关系。最后，在估计边界时，通过数据插值的方法，在距离涡流中心处取半径为 $r=0.25R,0.375R,0.5R$ 的圆上采用多水下滑翔机平台采样，并对这些数据进行插值，以获得涡流边界数据，插值方式如下所示：

$$y_{\text{bound}}=a_0+a_1r \tag{3.19}$$

式中，a_0,a_1是插值系数，可以通过对$r=0.25R,0.375R,0.5R$的采样数据拟合获得。跟踪示意图如图 3.10 所示，利用多个水下观测平台在闭合轨迹上同时进行协调观测采样，这样可获得同步性较高的数据，再通过获得的插值系数和式(3.19)估计涡流边界。在已知涡流边界的基础上，设定需要跟踪的边界并进行跟踪：

$$\begin{cases} T(r)=T_k \\ T_{\text{direction}}=\nabla T^{\perp} \\ \dfrac{\mathrm{d}T(x,y)}{\mathrm{d}x}=\dfrac{(T_c-T_k)x}{R\sqrt{x^2+y^2}}\cdot\left(1-\mathrm{e}^{\frac{\sqrt{x^2+y^2}}{R}}\right) \\ \dfrac{\mathrm{d}T(x,y)}{\mathrm{d}y}=\dfrac{(T_c-T_k)y}{R\sqrt{x^2+y^2}}\cdot\left(1-\mathrm{e}^{\frac{\sqrt{x^2+y^2}}{R}}\right) \end{cases} \tag{3.20}$$

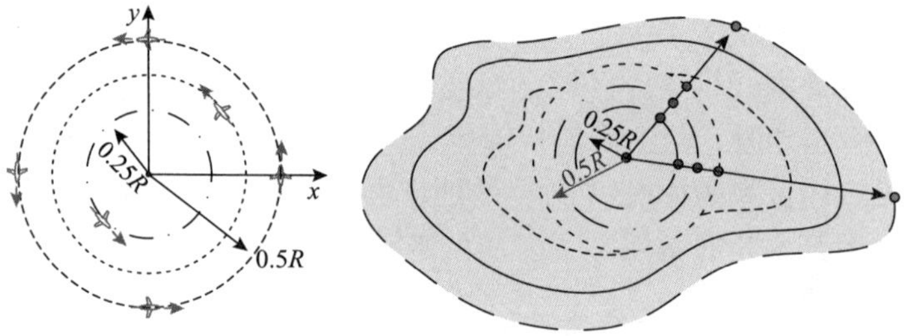

图 3.10　涡流边界预测

观测平台可以根据历史数据中的涡流信息、实际的观测数据、预测的边界位置，对涡流的边界进行检测。这种观测方式是针对边界不是特别明显且覆盖范围较大的情况。

冷水团的特性和涡流基本相似，可以采用类似的方法进行跟踪。冷水团主要发生在黄海底层的大部分区域，是被低温等温线封闭包络的水团。夏季时，冷水团的中心温度为 7～8℃。黄海冷水团共有 3 个低温中心[29]，即北黄海冷中心(38° 30′N,122° 30′E)、南黄海西侧冷中心(36° 30′N,129° 24′E)、南黄海东侧冷中心(36° 30′N,122° 15′E)。这些冷水团的温度变幅最大为 7.7℃。

3.3　特征场等值线自主跟踪观测

本节主要研究采用多海洋机器人对海洋温度场等值线进行跟踪的方法。在跟踪过程中,多海洋机器人以一定的队形进行观测,可以获得相应海域内的观测数据,为多海洋机器人路径的规划与控制提供条件。实际多 AUV 或水下滑翔机在动态观测的过程中，观测数据受到观测仪器和海洋噪声的影响，为达到跟踪目的，需要对特征场及其梯度进行估计，本节基于卡尔曼滤波(Kalman filter)方法进行估计。最后，结合数据估计结果和特征场观测目标设计多平台的队形控制和跟踪策略。

3.3.1 特征场等值线提取

定义在水平面上某位置 $\boldsymbol{p}$ 处海洋特征的真实值是 $T(\boldsymbol{p})$ 。采用单个海洋机器人很难完成对海洋特征真实值以及真实值梯度的估计，主要是受到采样设备的观测误差和实际海洋的时空变化误差的影响。观测采样过程是一个离散的过程，考虑到采样空间尺度较大，可将空间里的干扰视为有色噪声，同时海洋机器人实际采样间隔较小，并且在水下无法实现通信，只有当其浮出水面后才将整个采样周期的数据通过卫星传输到地面工作站，所以将海洋机器人一个潜浮周期内的多个采样值当成一个采样点分析。我们不考虑采样异步的问题，假设各个海洋机器人的采样数据都是同步的，即在时刻 t_k 水下机器人的位置为 $\boldsymbol{p}_{i,k} \in R^2$ ，其中 $i=1,2,\cdots,N$ 为海洋机器人的数目，对应于观测点处的海洋特征场可近似表示为一个光滑且和海洋机器人位置相关的标量函数 $T(\boldsymbol{p}_{i,k})$ 。特征跟踪的基本原理如图 3.11 所示，利用三个海洋机器人对温度场进行跟踪，通过采样信息估计观测区域内的温度值、温度梯度值。根据估计的结果和观测的目标，决定多海洋机器人群体的运动方向。当海洋机器人移动到新的位置后，进行下一轮观测采样与梯度估计。整个过程形成一个循环。假定采样平台 i 的采样值 $Z_{i,k}$ 为

$$Z_{i,k} = T\left(\boldsymbol{p}_{i,k}\right) + \mu\left(\boldsymbol{p}_{i,k}\right) + n_{i,k} \tag{3.21}$$

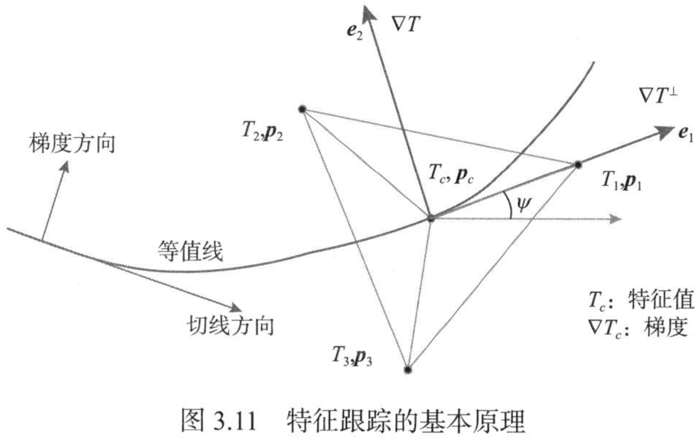

图 3.11 特征跟踪的基本原理

式中，定义 $T(\boldsymbol{p}_{i,k})$ 是在 $\boldsymbol{p}_{i,k}$ 处的标量函数；$n_{i,k} \sim N(0,\sigma^2)$ 是高斯观测噪声；$\mu(\boldsymbol{p}_{i,k})$

是与时空相关的高斯有色噪声。当采用 N 台水下滑翔机进行观测时，可得到 $N\times1$ 的观测模型为

$$
\begin{aligned}
&\boldsymbol{Z}_k=\left(Z_{1,k},Z_{2,k},Z_{N,k}\right),\boldsymbol{T}_k=\left(T\left(\boldsymbol{p}_{1,k}\right),T\left(\boldsymbol{p}_{2,k}\right),T\left(\boldsymbol{p}_{N,k}\right)\right)\\
&\boldsymbol{n}_k=\left(n_{1,k},n_{2,k},n_{N,k}\right),\boldsymbol{\mu}_k=\left(\mu\left(\boldsymbol{p}_{1,k}\right),\mu\left(\boldsymbol{p}_{2,k}\right),\mu\left(\boldsymbol{p}_{N,k}\right)\right)
\end{aligned}
\tag{3.22}
$$

$\boldsymbol{Z}_k$ 是 k 时刻的观测值。在观测空间尺度较大的情况下，假定 $\boldsymbol{n}_k,\boldsymbol{\mu}_k$ 是静态不随时间变化的噪声。在海洋和大气科学上，定义观测值为 $T(\boldsymbol{p}_{i,k})$ 与一个时空相关的噪声 $\boldsymbol{\mu}_k$ 之和，通过 $\boldsymbol{\mu}_k$ 去描述海洋现象分析值和真实值的差异。通过对多个 $T(\boldsymbol{p}_{i,k})$ 的测量值求解梯度 $\nabla T(\boldsymbol{p}_{c,k})$ 及 Hessian 矩阵 $\nabla^2 T(\boldsymbol{p}_{c,k})$，并采样插值的方法去近似描述这个标量函数值 $T(\boldsymbol{p}_{c,k})$。对于时变的标量场暂时不考虑，在这里分析定常的海洋标量场。$T(\boldsymbol{p}_{i,k})$ 可以采用泰勒展开的形式表示。取 $\boldsymbol{p}_{c,k}$ 为 t_k 时刻队形中心的位置：

$$
\boldsymbol{p}_{c,k}=\frac{1}{N}\sum_{i=1}^{N}\boldsymbol{p}_{i,k}
\tag{3.23}
$$

如果 $\boldsymbol{p}_{c,k}$ 和 $\boldsymbol{p}_{i,k}$ 比较接近，将其采用泰勒展开，对于 $i=1,2,\cdots,N$，有

$$
T_{i,k}\approx T\left(\boldsymbol{p}_{c,k}\right)+\left(\boldsymbol{p}_{i,k}-\boldsymbol{p}_{c,k}\right)^{\mathrm{T}}\nabla T\left(\boldsymbol{p}_{c,k}\right)+\frac{1}{2}\left(\boldsymbol{p}_{i,k}-\boldsymbol{p}_{c,k}\right)^{\mathrm{T}}\nabla^2 T\left(\boldsymbol{p}_{c,k}\right)\left(\boldsymbol{p}_{i,k}-\boldsymbol{p}_{c,k}\right)
\tag{3.24}
$$

在实际分析和应用中，极值、梯度值和 Hessian 矩阵的估计具有物理意义。对 $T\left(\boldsymbol{p}_{c,k}\right),\nabla T\left(\boldsymbol{p}_{c,k}\right),\nabla^2 T\left(\boldsymbol{p}_{c,k}\right)$ 的估计可以实现标量场和等值线的跟踪，取

$$
\boldsymbol{X}_k=\left(T\left(\boldsymbol{p}_{c,k}\right),\nabla T\left(\boldsymbol{p}_{c,k}\right)^{\mathrm{T}}\right)^{\mathrm{T}}
$$

并定义 $\boldsymbol{H}_k$ 为 $N\times3$ 矩阵：

$$
\boldsymbol{H}_k=\begin{bmatrix}1 & \left(\boldsymbol{p}_{1,k}-\boldsymbol{p}_{c,k}\right)^{\mathrm{T}}\\ \vdots & \vdots\\ 1 & \left(\boldsymbol{p}_{N,k}-\boldsymbol{p}_{c,k}\right)^{\mathrm{T}}\end{bmatrix}
$$

为便于统一计算，将 2×2 的 Hessian 矩阵 $\nabla^2 T(\boldsymbol{p}_{c,k})$ 的估计值 $\boldsymbol{L}$ 写成列向量的形式：

$$
\boldsymbol{L}=\left(L_{11},L_{21},L_{12},L_{22}\right)^{\mathrm{T}}
$$

并定义 $\boldsymbol{B}_k$ 为 $N\times4$ 矩阵，其第 i 行为 $\frac{1}{2}\left(\left(\boldsymbol{p}_{i,k}-\boldsymbol{p}_{c,k}\right)\otimes\left(\boldsymbol{p}_{i,k}-\boldsymbol{p}_{c,k}\right)^{\mathrm{T}}\right)$，$\otimes$ 为 Kronecker 内积。这样可以采用矩阵的形式表达二阶的 Hessian 矩阵：

$$\boldsymbol{B}_k \boldsymbol{L}_{c,k} = \frac{1}{2}\left(\boldsymbol{p}_{i,k} - \boldsymbol{p}_{c,k}\right)^{\mathrm{T}} \boldsymbol{L}_{c,k}\left(\boldsymbol{p}_{i,k} - \boldsymbol{p}_{c,k}\right)$$

将式(3.24)泰勒展开为

$$\boldsymbol{T}_k = \boldsymbol{H}_k \boldsymbol{X}_k + \boldsymbol{B}_k \vec{\nabla}^2 T\left(\boldsymbol{p}_{c,k}\right) \tag{3.25}$$

式中，$\vec{\nabla}^2 T\left(\boldsymbol{p}_{c,k}\right)$ 为将真实值 $\nabla^2 T\left(\boldsymbol{p}_{c,k}\right)$ 的矩阵形式表示成列向量形式后得到的值。$\boldsymbol{L}_{c,k}$ 是 $\vec{\nabla}^2 T\left(\boldsymbol{p}_{c,k}\right)$ 的估计值。所以可将观测方程式(3.24)写为

$$\boldsymbol{Z}_k = \boldsymbol{H}_k \boldsymbol{X}_k + \boldsymbol{B}_k \vec{\boldsymbol{L}}_{c,k} + \boldsymbol{\mu}_k + \boldsymbol{B}_k \boldsymbol{\varepsilon}_k + \boldsymbol{n}_k \tag{3.26}$$

式中，$\boldsymbol{\varepsilon}_k$ 是用 $\boldsymbol{L}_{c,k}$ 对 Hessian 矩阵 $\nabla^2 T\left(\boldsymbol{p}_{c,k}\right)$ 估计的误差。定义方差项为

$$\boldsymbol{G}_k = E\left[\boldsymbol{\mu}_k \boldsymbol{\mu}_k^{\mathrm{T}}\right], \boldsymbol{R}_k = E\left[\boldsymbol{\varepsilon}_k \boldsymbol{\varepsilon}_k^{\mathrm{T}}\right], \boldsymbol{Q}_k = E\left[\boldsymbol{n}_k \boldsymbol{n}_k^{\mathrm{T}}\right] \tag{3.27}$$

$\boldsymbol{\mu}_k$ 作为与空间相关的噪声，是有色噪声，取 $\boldsymbol{S}_k = E\left[\boldsymbol{\mu}_{k-1} \boldsymbol{\mu}_k^{\mathrm{T}}\right]$。假定当采样平台位置已知时，这些方差都是已知的。同时 $\boldsymbol{R}_k$ 作为 Hessian 的估计误差，假定这个精度也是已知的。$\boldsymbol{Q}_k$ 为实际的传感器设备的观测误差，假定也是已知的。当采样平台移动的时候，取状态为 $\boldsymbol{X}_k = \left(T\left(\boldsymbol{p}_{c,k}\right), \nabla T\left(\boldsymbol{p}_{c,k}\right)^{\mathrm{T}}\right)^{\mathrm{T}}$，根据采样信息变化的过程，可以得到所对应的状态方程为

$$\begin{cases} T\left(\boldsymbol{p}_{c,k}\right) = T\left(\boldsymbol{p}_{c,k-1}\right) + \left(\boldsymbol{p}_{c,k} - \boldsymbol{p}_{c,k-1}\right)^{\mathrm{T}} \nabla T\left(\boldsymbol{p}_{c,k-1}\right) \\ \nabla T\left(\boldsymbol{p}_{c,k}\right) = \nabla T\left(\boldsymbol{p}_{c,k-1}\right) + \boldsymbol{L}_{c,k-1}\left(\boldsymbol{p}_{c,k} - \boldsymbol{p}_{c,k-1}\right) \end{cases} \tag{3.28}$$

取 $\boldsymbol{h}_{k-1} = \left(0, E\left[\boldsymbol{L}_{c,k-1}\left(\boldsymbol{p}_{c,k} - \boldsymbol{p}_{c,k-1}\right)\right]^{\mathrm{T}}\right)^{\mathrm{T}}$，其中 $\boldsymbol{L}_{c,k-1}$ 为对中心处的估计值，同时取

$$\boldsymbol{\Phi}_{k-1} = \begin{bmatrix} 1 & \left(\boldsymbol{p}_{c,k} - \boldsymbol{p}_{c,k-1}\right)^{\mathrm{T}} \\ 0 & \boldsymbol{I}_{2\times 2} \end{bmatrix}$$

所以将式(3.28)改写为

$$\boldsymbol{X}_k = \boldsymbol{\Phi}_{k-1} \boldsymbol{X}_{k-1} + \boldsymbol{h}_{k-1} + \boldsymbol{w}_{k-1} \tag{3.29}$$

式中，$\boldsymbol{w}_{k-1}$ 为位置误差、Hessian 矩阵估计误差、泰勒展开高阶项的误差所带来的影响总和。假定 $\boldsymbol{w}_{k-1}$ 是均值为 0、方差为 $\boldsymbol{U}_{k-1}$ 的高斯白噪声，即 $\boldsymbol{w}_{k-1} \sim N(0, \boldsymbol{U}_{k-1})$。对于海洋时空变化误差造成的有色噪声 $\boldsymbol{\mu}_k$，可以看成是由白噪声驱动：

$$\boldsymbol{\mu}_k = \boldsymbol{C}_{k-1} \boldsymbol{\mu}_{k-1} + \boldsymbol{\tau}_{k-1} \tag{3.30}$$

即 $\boldsymbol{\tau}_{k-1}$ 为其中的白噪声项，其方差为 $\boldsymbol{\Theta}_k = E\left[\boldsymbol{\tau}_k \boldsymbol{\tau}_k^{\mathrm{T}}\right]$。即 $\boldsymbol{\tau}_{k-1} \sim N\left(0, \boldsymbol{\Theta}_{k-1}\right)$。

$$\begin{cases} \boldsymbol{S}_k = E\left[\boldsymbol{\mu}_k \boldsymbol{\mu}_{k-1}^{\mathrm{T}}\right] = \boldsymbol{C}_{k-1} E\left[\boldsymbol{\mu}_{k-1} \boldsymbol{\mu}_{k-1}^{\mathrm{T}}\right] = \boldsymbol{C}_{k-1} \boldsymbol{G}_{k-1} \\ \boldsymbol{G}_k = E\left[\boldsymbol{\mu}_k \boldsymbol{\mu}_k^{\mathrm{T}}\right] = \boldsymbol{C}_{k-1} \boldsymbol{G}_{k-1} \boldsymbol{C}_{k-1}^{\mathrm{T}} + \boldsymbol{\Theta}_{k-1} \end{cases} \tag{3.31}$$

于是得到

$$\begin{cases} \boldsymbol{S}_k \boldsymbol{G}_{k-1}^{-1} = \boldsymbol{C}_{k-1} \\ \boldsymbol{\Theta}_{k-1} = \boldsymbol{G}_k - \boldsymbol{C}_{k-1} \boldsymbol{G}_{k-1} \boldsymbol{C}_{k-1}^{\mathrm{T}} \end{cases} \tag{3.32}$$

式中，$\boldsymbol{G}_k = E\left[\boldsymbol{\mu}_k \boldsymbol{\mu}_k^{\mathrm{T}}\right]$；$\boldsymbol{S}_k = E\left[\boldsymbol{\mu}_k \boldsymbol{\mu}_{k-1}^{\mathrm{T}}\right]$。

基于上述的分析，可得到数据处理过程中的观测方程和状态方程如下：

$$\begin{cases} \boldsymbol{X}_k = \boldsymbol{\Phi}_{k-1} \boldsymbol{X}_{k-1} + \boldsymbol{h}_{k-1} + \boldsymbol{w}_{k-1} \\ \boldsymbol{Z}_k = \boldsymbol{H}_k \boldsymbol{X}_k + \boldsymbol{B}_k \boldsymbol{L}_{c,k} + \boldsymbol{\mu}_k + \boldsymbol{B}_k \boldsymbol{\varepsilon}_k + \boldsymbol{n}_k \\ \boldsymbol{\mu}_k = \boldsymbol{C}_{k-1} \boldsymbol{\mu}_{k-1} + \boldsymbol{\tau}_{k-1} \end{cases} \tag{3.33}$$

式中，$\boldsymbol{w}_{k-1} \sim N\left(0, \boldsymbol{U}_{k-1}\right)$；$\boldsymbol{\tau}_{k-1} \sim N\left(0, \boldsymbol{\Theta}_{k-1}\right)$；$\boldsymbol{\varepsilon}_k \sim N\left(0, \boldsymbol{R}_k\right)$；$\boldsymbol{n}_k \sim N\left(0, \boldsymbol{Q}_k\right)$。

实际滤波过程需要考虑仪器噪声和海洋时空噪声，海洋科学领域主要是采用集合卡尔曼滤波、数据插值等方法进行同化，这些方法更强调对大规模数据的同化处理能力，过程相对复杂，计算时间也较长。本节的滤波器设计需要近实时的估计梯度信息，因此海洋特征提取的过程即是基于扩展卡尔曼滤波进行线性化处理和估计的过程，滤波器设计过程如下。

(1)在假定不存在与空间相关的噪声情况下(即 $\mu_k = 0$)，对应的滤波器设计过程如下。

一步预测方程：

$$\boldsymbol{X}_{k(-)} = \boldsymbol{\Phi}_{k-1} \boldsymbol{X}_{k-1(+)} + \boldsymbol{h}_{k-1} \tag{3.34}$$

一步预测的误差方差：

$$\boldsymbol{P}_{k(-)} = \boldsymbol{\Phi}_{k-1} \boldsymbol{P}_{k-1(+)} \boldsymbol{\Phi}_{k-1}^{\mathrm{T}} + \boldsymbol{U}_{k-1} \tag{3.35}$$

滤波增益：

$$\boldsymbol{K}_k = \boldsymbol{P}_{k(-)} \boldsymbol{H}_k^{\mathrm{T}} \left(\boldsymbol{H}_k \boldsymbol{P}_{k(-)} \boldsymbol{H}_k^{\mathrm{T}} + \boldsymbol{B}_k \boldsymbol{R}_k \boldsymbol{B}_k^{\mathrm{T}} + \boldsymbol{Q}_k\right)^{-1} \tag{3.36}$$

更新状态估计：

$$\boldsymbol{X}_{k(+)} = \boldsymbol{X}_{k(-)} + \boldsymbol{K}_k \left(\boldsymbol{Z}_k - \boldsymbol{H}_k \boldsymbol{X}_{k(-)} - \boldsymbol{B}_k \boldsymbol{L}_{c,k}\right) \tag{3.37}$$

估计方差的更新：

$$\boldsymbol{P}_{k(+)}^{-1} = \boldsymbol{P}_{k(-)}^{-1} + \boldsymbol{H}_k^{\mathrm{T}} \left(\boldsymbol{B}_k \boldsymbol{R}_k \boldsymbol{B}_k^{\mathrm{T}} + \boldsymbol{Q}_k\right)^{-1} \boldsymbol{H}_k \tag{3.38}$$

$(-)$和$(+)$分别表示预测估计和更新估计。

(2)对于考虑空间相关的噪声 $\boldsymbol{\mu}_k$，有效的方法是定义一个新的量测方程，观测方程变形的方法是解决有色噪声的有效途径，可取新的测量方程量为

$$\tilde{\boldsymbol{Z}}_k = \boldsymbol{Z}_{k+1} - \boldsymbol{C}_k \boldsymbol{Z}_k \tag{3.39}$$

所得到的新测量方程为

$$\begin{aligned} \tilde{\boldsymbol{Z}}_k &= \boldsymbol{Z}_{k+1} - \boldsymbol{C}_k \boldsymbol{Z}_k \\ &= \left(\boldsymbol{H}_{k+1}\boldsymbol{\Phi}_k - \boldsymbol{C}_k \boldsymbol{H}_k\right)\boldsymbol{X}_k + \boldsymbol{H}_{k+1}\boldsymbol{h}_k + \boldsymbol{B}_{k+1}\boldsymbol{L}_{c,k+1} - \boldsymbol{C}_k \boldsymbol{B}_k \boldsymbol{L}_{c,k} \\ &\quad + \boldsymbol{H}_{k+1}\boldsymbol{w}_k + \boldsymbol{B}_{k+1}\boldsymbol{\varepsilon}_{k+1} - \boldsymbol{C}_k \boldsymbol{B}_k \boldsymbol{\varepsilon}_k + \boldsymbol{n}_{k+1} - \boldsymbol{C}_k \boldsymbol{n}_k + \boldsymbol{\tau}_k \end{aligned} \tag{3.40}$$

通过对观测方程的变形，可以将有色噪声转化为白噪声。对于 $\boldsymbol{\mu}_k$ 存在的情况，可以给出新的状态方程和测量方程：

$$\begin{cases} \boldsymbol{X}_k = \boldsymbol{\Phi}_{k-1}\boldsymbol{X}_{k-1} + \boldsymbol{h}_{k-1} + \boldsymbol{w}_{k-1} \\ \tilde{\boldsymbol{Z}}_k = \tilde{\boldsymbol{H}}_k \boldsymbol{X}_k + \boldsymbol{H}_{k+1}\boldsymbol{h}_k + \boldsymbol{B}_{k+1}\boldsymbol{L}_{c,k+1} - \boldsymbol{C}_k \boldsymbol{B}_k \boldsymbol{L}_{c,k} + \tilde{\varsigma}_k \end{cases} \tag{3.41}$$

式中，$\tilde{\varsigma}_k = \boldsymbol{H}_{k+1}\boldsymbol{w}_k + \boldsymbol{B}_{k+1}\boldsymbol{\varepsilon}_{k+1} - \boldsymbol{C}_k \boldsymbol{B}_k \boldsymbol{\varepsilon}_k + \boldsymbol{n}_{k+1} - \boldsymbol{C}_k \boldsymbol{n}_k + \boldsymbol{\tau}_k$ 为新的测量误差，观测方程变为 $\tilde{\boldsymbol{H}}_k = \boldsymbol{H}_{k+1}\boldsymbol{\Phi}_k - \boldsymbol{C}_{kk}\boldsymbol{H}_k$。已知

$$\boldsymbol{w}_{k-1} \sim N\left(0, \boldsymbol{U}_{k-1}\right), \boldsymbol{\tau}_{k-1} \sim N\left(0, \boldsymbol{\Theta}_{k-1}\right), \boldsymbol{\varepsilon}_k \sim N\left(0, \boldsymbol{R}_k\right), \boldsymbol{n}_k \sim N\left(0, \boldsymbol{Q}_k\right)$$

$$\boldsymbol{G}_k = E\left[\boldsymbol{\mu}_k \boldsymbol{\mu}_k^{\mathrm{T}}\right], \boldsymbol{S}_k = E\left[\boldsymbol{\mu}_k \boldsymbol{\mu}_{k-1}^{\mathrm{T}}\right]$$

可以分析式(3.41)中状态方程和观测方程对应的期望和方差：

$$\boldsymbol{E}\left(\tilde{\varsigma}_k\right) = \boldsymbol{E}\left(\boldsymbol{H}_{k+1}\boldsymbol{w}_k + \boldsymbol{B}_{k+1}\boldsymbol{\varepsilon}_{k+1} - \boldsymbol{C}_k \boldsymbol{B}_k \boldsymbol{\varepsilon}_k + \boldsymbol{n}_{k+1} - \boldsymbol{C}_k \boldsymbol{n}_k + \boldsymbol{\tau}_k\right) = 0$$

$$\begin{aligned} \tilde{\boldsymbol{U}}_{\varsigma k} = \boldsymbol{E}\left(\tilde{\varsigma}_k \tilde{\varsigma}_k^{\mathrm{T}}\right) &= \boldsymbol{H}_{k+1}\boldsymbol{U}_k \boldsymbol{H}_{k+1}^{\mathrm{T}} + \boldsymbol{B}_{k+1}\boldsymbol{R}_{k+1}\boldsymbol{B}_{k+1}^{\mathrm{T}} + \boldsymbol{C}_k \boldsymbol{B}_k \boldsymbol{R}_k \left(\boldsymbol{C}_k \boldsymbol{B}_k\right)^{\mathrm{T}} \\ &\quad + \boldsymbol{Q}_{k+1} + \boldsymbol{C}_k \boldsymbol{Q}_k \boldsymbol{C}_k^{\mathrm{T}} + \boldsymbol{\Theta}_k \end{aligned}$$

最后，可得到对应的方差和期望为

$$\begin{cases} \boldsymbol{w}_{k-1} \sim N\left(0, \boldsymbol{U}_{k-1}\right), \tilde{\varsigma}_k \sim N\left(0, \tilde{\boldsymbol{U}}_{\varsigma k}\right) \\ \tilde{\boldsymbol{U}}_{\varsigma k} = \boldsymbol{H}_{k+1}\boldsymbol{U}_k \boldsymbol{H}_{k+1}^{\mathrm{T}} + \boldsymbol{B}_{k+1}\boldsymbol{R}_{k+1}\boldsymbol{B}_{k+1}^{\mathrm{T}} + \boldsymbol{C}_k \boldsymbol{B}_k \boldsymbol{R}_k \left(\boldsymbol{C}_k \boldsymbol{B}_k\right)^{\mathrm{T}} + \boldsymbol{Q}_{k+1} + \boldsymbol{C}_k \boldsymbol{Q}_k \boldsymbol{C}_k^{\mathrm{T}} + \boldsymbol{\Theta}_k \end{cases} \tag{3.42}$$

观测方程变形后所带来的问题是，系统观测噪声 $\tilde{\varsigma}_k$ 和过程噪声 $\boldsymbol{w}_k$ 是相关的，因此将状态方程添加一个由观测方程组成的恒为零的项，通过求解该项的系数 $\boldsymbol{J}_k$，以消除状态噪声和观测噪声的相关性。

系统过程噪声和观测噪声的方差为

$$\begin{aligned} \boldsymbol{D}_k = \boldsymbol{E}\left(\boldsymbol{w}_k \tilde{\varsigma}_k^{\mathrm{T}}\right) &= \boldsymbol{E}\left[\boldsymbol{w}_k \left(\boldsymbol{H}_{k+1}\boldsymbol{w}_k + \boldsymbol{B}_{k+1}\boldsymbol{\varepsilon}_{k+1} - \boldsymbol{C}_k \boldsymbol{B}_k \boldsymbol{\varepsilon}_k + \boldsymbol{n}_{k+1} - \boldsymbol{C}_k \boldsymbol{n}_k + \boldsymbol{\tau}_k\right)^{\mathrm{T}}\right] \\ &= \boldsymbol{E}\left(\boldsymbol{w}_k \boldsymbol{w}_k^{\mathrm{T}}\right)\boldsymbol{H}_{k+1}^{\mathrm{T}} = \boldsymbol{U}_k \boldsymbol{H}_{k+1}^{\mathrm{T}} \end{aligned} \tag{3.43}$$

式(3.41)～式(3.43)给出了观测噪声和过程噪声均为白噪声情况下，观测噪声和过程噪声相关的状态方程，此时对应的卡尔曼滤波器如下。

一步预测方程：

$$\begin{cases} \boldsymbol{J}_k = \boldsymbol{D}_k \tilde{\boldsymbol{U}}_{\varsigma k}^{-1}, \tilde{\boldsymbol{H}}_k = \boldsymbol{H}_{k+1}\boldsymbol{\Phi}_k - \boldsymbol{C}_k \boldsymbol{H}_k \\ \boldsymbol{X}_{k(-)} = \boldsymbol{\Phi}_{k-1}\boldsymbol{X}_{k-1(+)} + \boldsymbol{h}_{k-1} \\ \qquad + \boldsymbol{J}_{k-1}\left[\tilde{\boldsymbol{Z}}_{k-1} - \left(\tilde{\boldsymbol{H}}_{k-1}\boldsymbol{X}_{k-1(+)} + \boldsymbol{H}_k \boldsymbol{h}_{k-1} + \boldsymbol{B}_k \boldsymbol{L}_{c,k} - \boldsymbol{C}_{k-1}\boldsymbol{B}_{k-1}\boldsymbol{L}_{c,k-1}\right)\right] \end{cases} \tag{3.44}$$

一步预测的误差方差：

$$\boldsymbol{P}_{k(-)} = \left(\boldsymbol{\Phi}_{k-1} - \boldsymbol{J}_{k-1}\tilde{\boldsymbol{H}}_{k-1}\right)\boldsymbol{P}_{k-1(+)}\left(\boldsymbol{\Phi}_{k-1} - \boldsymbol{J}_{k-1}\tilde{\boldsymbol{H}}_{k-1}\right)^{\mathrm{T}} + \boldsymbol{U}_{k-1} - \boldsymbol{J}_{k-1}\boldsymbol{D}_{k-1}^{\mathrm{T}} \tag{3.45}$$

滤波增益：

$$\boldsymbol{K}_k = \boldsymbol{P}_{k(-)}\tilde{\boldsymbol{H}}_k^{\mathrm{T}}\left(\tilde{\boldsymbol{H}}_k \boldsymbol{P}_{k(-)}\tilde{\boldsymbol{H}}_k^{\mathrm{T}} + \tilde{\boldsymbol{U}}_{\varsigma k}\right)^{-1} \tag{3.46}$$

更新状态估计：

$$\boldsymbol{X}_{k(+)} = \boldsymbol{X}_{k(-)} + \boldsymbol{K}_k\left[\tilde{\boldsymbol{Z}}_k - \left(\tilde{\boldsymbol{H}}_k \boldsymbol{X}_{k(-)} + \boldsymbol{H}_{k+1}\boldsymbol{h}_k + \boldsymbol{B}_{k+1}\boldsymbol{L}_{c,k+1} - \boldsymbol{C}_k \boldsymbol{B}_k \boldsymbol{L}_{c,k}\right)\right] \tag{3.47}$$

估计方差的更新：

$$\boldsymbol{P}_{k(+)}^{-1} = \boldsymbol{P}_{k(-)}^{-1} + \tilde{\boldsymbol{H}}_k^{\mathrm{T}}\tilde{\boldsymbol{U}}_{\varsigma k}^{-1}\tilde{\boldsymbol{H}}_k \tag{3.48}$$

式中，$(-)$和$(+)$分别表示预测估计和更新估计。

3.3.2 基于多水下滑翔机的温度特征场跟踪

对温度场的跟踪研究集中在对温度场的极值和温度场的等温线的跟踪。沿梯度方向跟踪温度的极值，沿温度的切线方向对等温线进行跟踪。此时各台水下滑翔机与中心的距离为 a_k，三台水下滑翔机与中心连线之间呈 120°角，第一台水下滑翔机切线方向与 x 轴正向所成的角度为 ψ。$\boldsymbol{e}_1$ 为切线方向，$\boldsymbol{e}_2$ 为梯度方向。实际海洋现象是一个渐变过程，因此获取观测区域最大的温度差可以提高梯度估计的可信度。为获得这个最大的温度差，我们设定其中两台水下滑翔机连线与温度场的切线方向垂直，如图 3.12 所示。多水下滑翔机旋转同样需要根据估计的温度场信息。当跟踪的等值线是曲线时，多水下滑翔机移动平台会旋转，这样 $\boldsymbol{e}_1$ 一直会和等值线的切线方向重合。从图 3.12 中可以看出各个观测平台的相对位置关系：

(1) $\boldsymbol{p}_{1,k} - \boldsymbol{p}_{c,k}, \boldsymbol{p}_{2,k} - \boldsymbol{p}_{c,k}, \boldsymbol{p}_{3,k} - \boldsymbol{p}_{c,k}$ 互成 120°角，$\left\|\boldsymbol{p}_{1,k} - \boldsymbol{p}_{c,k}\right\| = \left\|\boldsymbol{p}_{2,k} - \boldsymbol{p}_{c,k}\right\| = \left\|\boldsymbol{p}_{3,k} - \boldsymbol{p}_{c,k}\right\| = a_k$。

(2) e_1 和向量 $\left\| p_{1,k} - p_{c,k} \right\|$ 一致，即 $e_1 = \dfrac{p_{1,k} - p_{c,k}}{\left\| p_{1,k} - p_{c,k} \right\|}$， e_2 和 e_1 垂直。

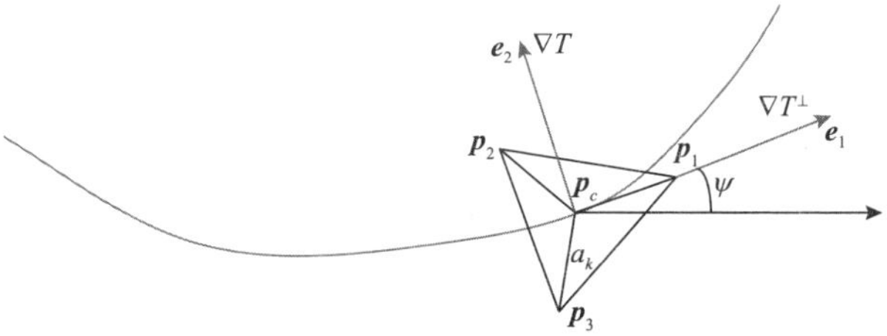

图 3.12　温度场跟踪策略

观测矩阵是一个变化的矩阵，表达式如下：

$$
\boldsymbol{H}_k = \begin{bmatrix} 1 & a_k \cos\psi & a_k \sin\psi \\ 1 & -\dfrac{a_k}{2}\left(\cos\psi + \sqrt{3}\sin\psi\right) & \dfrac{a_k}{2}\left(\sqrt{3}\cos\psi - \sin\psi\right) \\ 1 & \dfrac{a_k}{2}\left(\sqrt{3}\sin\psi - \cos\psi\right) & -\dfrac{a_k}{2}\left(\sqrt{3}\cos\psi + \sin\psi\right) \end{bmatrix}
$$

$$
\boldsymbol{B}_k = \frac{1}{2}a_k^2 \left[\begin{matrix} \cos^2\psi & \cos\psi\sin\psi \\ \left(\dfrac{\cos\psi + \sqrt{3}\sin\psi}{2}\right)^2 & \dfrac{-\left(\sin 2\psi + \sqrt{3}\cos 2\psi\right)}{4} \\ \left(\dfrac{\sqrt{3}\sin\psi - \cos\psi}{2}\right)^2 & \dfrac{-\left(\sin 2\psi - \sqrt{3}\cos 2\psi\right)}{4} \end{matrix} \right.
$$

$$
\left. \begin{matrix} \cos\psi\sin\psi & \sin^2\psi \\ \dfrac{-\left(\sin 2\psi + \sqrt{3}\cos 2\psi\right)}{4} & \left(\dfrac{\sqrt{3}\cos\psi - \sin\psi}{2}\right)^2 \\ \dfrac{-\left(\sin 2\psi - \sqrt{3}\cos 2\psi\right)}{4} & \left(\dfrac{\sqrt{3}\cos\psi + \sin\psi}{2}\right)_2 \end{matrix} \right]
$$

1. 多水下滑翔机队形控制律设计

队形控制分为各水下滑翔机观测平台的控制和队形中心的跟踪控制，将这两个过程分开来设计分析。在队形控制中，保证如下关系：

$$
e_1 = \frac{p_{1,k} - p_{c,k}}{\left\| p_{1,k} - p_{c,k} \right\|} \tag{3.49}
$$

即保证其中一台水下滑翔机和队形中心连线的方向与被跟踪的特征曲线的切线是重合的，这里可假定为第一台水下滑翔机。各台水下滑翔机与队形中心的期望位置关系如下：

$$\begin{cases} \vec{\boldsymbol{p}}_{c1,k}^{d} = \boldsymbol{p}_{1,k} - \boldsymbol{p}_{c,k} = a_k\left(\cos\psi, \sin\psi\right)^{\mathrm{T}} \\ \vec{\boldsymbol{p}}_{c2,k}^{d} = \boldsymbol{p}_{2,k} - \boldsymbol{p}_{c,k} = a_k\left(\cos\left(\psi + \dfrac{2}{3}\pi\right), \sin\left(\psi + \dfrac{2}{3}\pi\right)\right)^{\mathrm{T}} \\ \vec{\boldsymbol{p}}_{c3,k}^{d} = \boldsymbol{p}_{3,k} - \boldsymbol{p}_{c,k} = a_k\left(\cos\left(\psi - \dfrac{2}{3}\pi\right), \sin\left(\psi - \dfrac{2}{3}\pi\right)\right)^{\mathrm{T}} \end{cases} \tag{3.50}$$

对于各台水下滑翔机（$i=1,2,3$），$\vec{\boldsymbol{p}}_{ci,k}$ 控制量取为

$$\ddot{\boldsymbol{p}}_{i,k} - \ddot{\boldsymbol{p}}_{c,k} = \boldsymbol{u}_i = -K_2\left(\vec{\boldsymbol{p}}_{ci,k} - \vec{\boldsymbol{p}}_{ci,k}^{d}\right) - K_3\left(\dot{\vec{\boldsymbol{p}}}_{ci,k} - \dot{\vec{\boldsymbol{p}}}_{ci,k}^{d}\right) \tag{3.51}$$

式中，$K_2, K_3 \leqslant 0$；通过设计控制律 $\boldsymbol{u}_i, i=1,2,\cdots,N$，满足当 $t \to \infty, \vec{\boldsymbol{p}}_{c1,k} \to \vec{\boldsymbol{p}}_{c1,k}^{d}$；$\vec{\boldsymbol{p}}_{c1,k}^{d}$ 为期望队形的表达式。实际需要获得的是各台水下滑翔机加速度 $\ddot{\boldsymbol{p}}_{i,k}$ 的控制量，各台水下滑翔机的控制量为

$$\ddot{\boldsymbol{p}}_{i,k} = \boldsymbol{u}_i + \ddot{\boldsymbol{p}}_{c,k} \tag{3.52}$$

这样就可以求解出 $\ddot{\boldsymbol{p}}_{i,k}$。$\boldsymbol{e}_2$ 和 $\boldsymbol{e}_1$ 方向的改变，可以使水下滑翔机运动方向和切线方向相重合，便于队形控制的设计。

2. 队形中心跟踪控制律设计

上面给出了各跟随观测平台的控制律设计。这里基于人工势场的方法设计相应的队形中心跟踪策略设计，使水下滑翔机队形中心跟踪某个已经确定的等值线轨迹。如图 3.13 所示，定义队形中心的位置和加速度分别为 $\boldsymbol{p}_c$ 和 $\ddot{\boldsymbol{p}}_c = \boldsymbol{f}_c$。将队形中心的跟踪策略分解为速度和速度方向的控制，速度的大小取决于观测平台的能力。

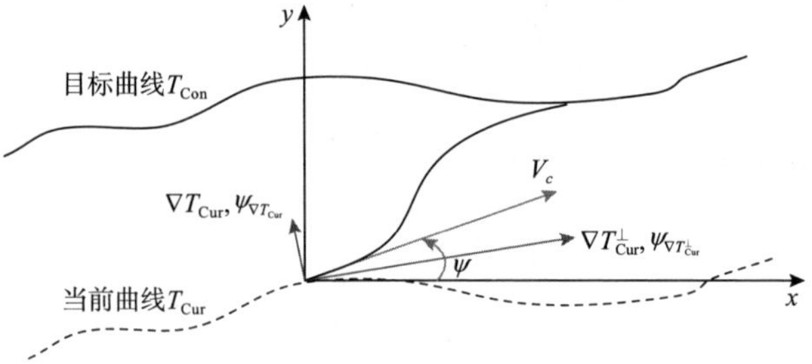

图 3.13　队形中心的控制律分析

针对标量场T，跟踪对应的曲线为$T_{\text{Con}}=\text{Cosntant}$，当前队形中心所在点的标量场值为$T_{\text{Cur}}=\text{Current}$，当前队形中心的位置为$\boldsymbol{p}_c=\left(p_{cx},p_{cy}\right)^{\text{T}}$，对应的速度为$\boldsymbol{V}_c=\left(v_{cx},v_{cy}\right)^{\text{T}}$。将速度分解为

$$\boldsymbol{V}_c=\begin{bmatrix}V_{cx}\\V_{cy}\end{bmatrix}=\begin{bmatrix}V\cos\psi\\V\sin\psi\end{bmatrix}\tag{3.53}$$

对上式求导数，可以求得速度项的导数为

$$\dot{\boldsymbol{V}}_c=\begin{bmatrix}\dot{V}_{cx}\\\dot{V}_{cy}\end{bmatrix}=\dot{V}\begin{bmatrix}\cos\psi\\\sin\psi\end{bmatrix}+\dot{\psi}V\begin{bmatrix}-\sin\psi\\\cos\psi\end{bmatrix}\tag{3.54}$$

跟踪目标为$V=\text{constant}$，$T_{\text{Con}}=T_{\text{Cur}}$，队形中心的航向角度为$\psi$，设计控制律为

$$\dot{V}=-K_1(V-V_{\text{constant}})\tag{3.55}$$

航向角ψ与当前的标量场的值有关。$\nabla T_{\text{Cur}},\nabla T_{\text{Cur}}^{\perp}$分别为梯度方向$\boldsymbol{e}_2$和切线方向$\boldsymbol{e}_1$，即$\nabla T_{\text{Cur}}\cdot\nabla T_{\text{Cur}}^{\perp}=0$，方向控制量的大小为梯度方向和切线方向的加权。

取梯度方向的控制量为

$$\psi_{\nabla T_{\text{Cur}}}=\arctan\left(T_{\text{Con}}-T_{\text{Cur}}\right)\frac{\nabla T_{\text{Cur}}}{\left\|\nabla T_{\text{Cur}}\right\|}$$

当$T_{\text{Con}}-T_{\text{Cur}}=0$时，$\psi_{\nabla T_{\text{Cur}}}=0$。

取切线方向的控制量为

$$\psi_{\nabla T_{\text{Cur}}^{\perp}}=\arctan\left(\frac{1}{\left\|T_{\text{Con}}-T_{\text{Cur}}\right\|}\right)\frac{\nabla T_{\text{Cur}}^{\perp}}{\left\|\nabla T_{\text{Cur}}^{\perp}\right\|}$$

当$T_{\text{Con}}-T_{\text{Cur}}=0$时，$\psi_{\nabla T_{\text{Cur}}}=\frac{\pi}{2}\frac{\nabla T_{\text{Cur}}^{\perp}}{\left\|\nabla T_{\text{Cur}}^{\perp}\right\|}$。

实际期望的航向角为梯度方向和切线方向的加权，取权重为w，所以，

$$\psi_d=\angle\left(\frac{w\psi_{\nabla T_{\text{Cur}}^{\perp}}+(1-w)\psi_{\nabla T_{\text{Cur}}}}{\left\|w\psi_{\nabla T_{\text{Cur}}^{\perp}}+(1-w)\psi_{\nabla T_{\text{Cur}}}\right\|}\right)$$

设计航向角度的控制律为

$$\dot{\psi}=-K_2\sin\left(\psi-\psi_d\right),\ \left(\psi-\psi_d\right)\in(-\pi,\pi]\tag{3.56}$$

联立式(3.55)和式(3.56)对速度和角度的控制，可以得到队形中心的控制律为

$$\dot{\boldsymbol{V}}_c=\begin{bmatrix}\dot{V}_{cx}\\ \dot{V}_{cy}\end{bmatrix}=\dot{V}\begin{bmatrix}\cos\psi\\ \sin\psi\end{bmatrix}+\dot{\psi}V\begin{bmatrix}-\sin\psi\\ \cos\psi\end{bmatrix}=-K_1(V-V_{\text{constant}})\cdot\begin{bmatrix}\cos\psi\\ \sin\psi\end{bmatrix}$$
$$-K_2V\left(\psi-\angle\frac{w\psi_{\nabla T_{\text{Cur}}^{\perp}}+(1-w)\psi_{\nabla T_{\text{Cur}}}}{\left\|w\psi_{\nabla T_{\text{Cur}}^{\perp}}+(1-w)\psi_{\nabla T_{\text{Cur}}}\right\|}\right)\cdot\begin{bmatrix}-\sin\psi\\ \cos\psi\end{bmatrix} \tag{3.57}$$

3.3.3 仿真实验

1. 生成标量场仿真实验

本节进行了对给定的标量场的等值线跟踪实验和海洋温度场等值线跟踪实验。给定一个已知的标量场：$T=\dfrac{(x^2-25)^2}{500}+\dfrac{y^2}{8}$，跟踪的等值线为 $T_{\text{Con}}=3.6$，观测噪声和状态噪声为真实值 5%，各个观测平台与队形中心的距离 a_k 为 0.8m，队形中心的速度为 0.2m/s，仿真结果如图 3.14 所示。

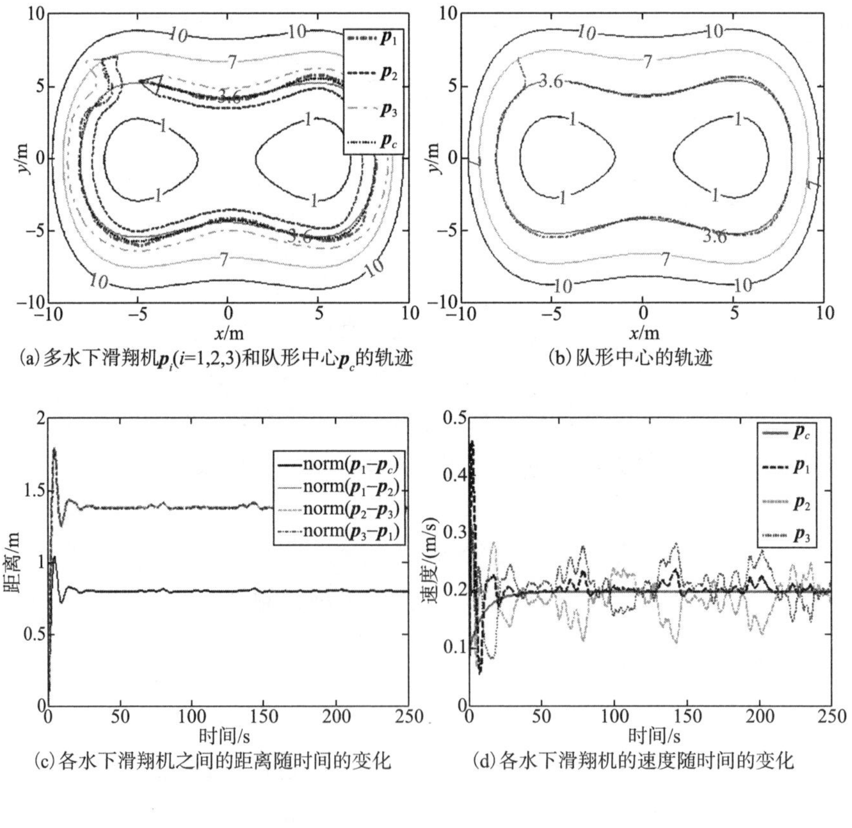

(a) 多水下滑翔机 $\boldsymbol{p}_i$(i=1,2,3)和队形中心 $\boldsymbol{p}_c$ 的轨迹　(b) 队形中心的轨迹

(c) 各水下滑翔机之间的距离随时间的变化　(d) 各水下滑翔机的速度随时间的变化

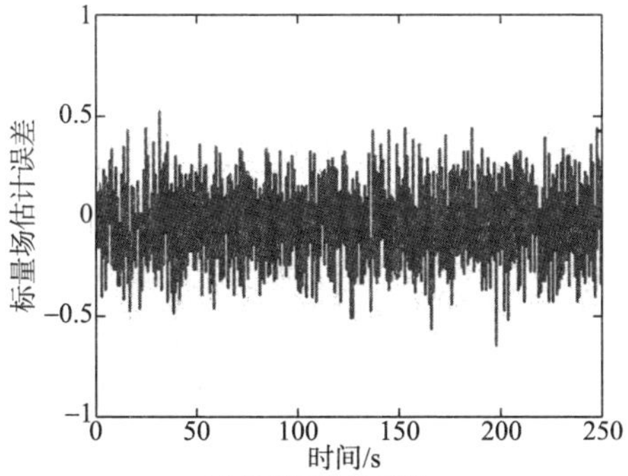

(e)标量场估计误差

图 3.14　多水下滑翔机对给定标量场的跟踪(见书后彩图)

由图 3.14 可知，三台水下滑翔机很好地跟踪了相应的等值线，并使 $\overrightarrow{\boldsymbol{p}_c\boldsymbol{p}_1}$ 和等值线切线方向重合。在整个跟踪的过程中，各台水下滑翔机的速度不相同。这主要是由于水下滑翔机 3 的路径和水下滑翔机 1 的路径分别在封闭等值线的外侧和内侧，相应的水下滑翔机 3 的平均速度最大，水下滑翔机 1 的平均速度最小，水下滑翔机 2 的轨迹和等值线最接近，所以水下滑翔机 2 的速度和队形中心的速度最接近。

2. 实际温度场仿真实验

将上述海洋特征场跟踪方法用于对我国南海海洋温度特征场数据跟踪。实际的采样数据是一个相对稀疏的采样矩阵，相邻采样点之间对应一个采样值，构成一个在二维空间位置上均匀一致的采样矩阵。由于温度特征场的采样数据相对稀疏，所以每相邻距离步长作为一个单位长度，将离散采样点的数据进行插值，以获得连续的海洋温度标量场。这里采用面积加权的方法进行插值，对于任意位置的连续特征场 T，可以寻找与其采样位置最近的 4 个离散的采样值 $T_i, i=1,2,3,4$，如图 3.15 所示。通过面积加权，求取 T_i 所围成的区域内任意一点的采样值 T：

$$T=\frac{T_1\left(S_{24}+S_{34}\right)+T_2\left(S_{13}+S_{34}\right)+T_3\left(S_{12}+S_{24}\right)+T_4\left(S_{12}+S_{13}\right)}{2\left(S_{24}+S_{34}+S_{12}+S_{13}\right)} \tag{3.58}$$

式中，S 为相应三角形的面积。在队形控制的设计中，可以方便地获取 T_i, T 的位置，从而可以方便地求出各个三角形的面积，并计算相应的权重。对于已知三边为 l,m,n 的情况，可得三角形的面积为

$$S_{12}=\sqrt{k(k-l)(k-m)(k-n)},\quad k=\frac{l+m+n}{2}$$

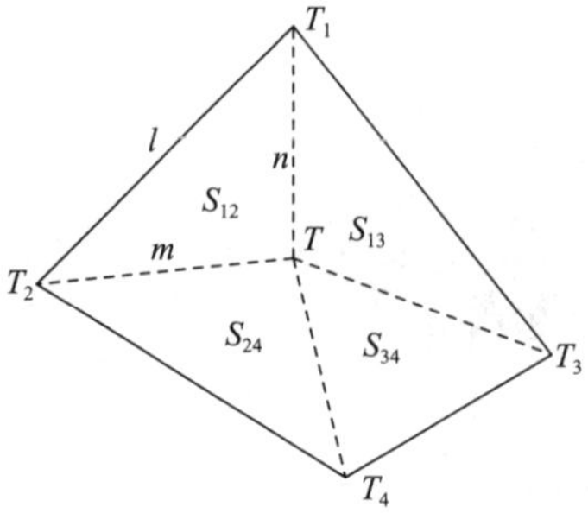

图 3.15　面积加权实现离散采样数据的连续化

在将离散采样信息连续化的基础上，对海洋温度等值线进行跟踪，跟踪温度场为 25℃的等值线，跟踪结果如图 3.16 所示。

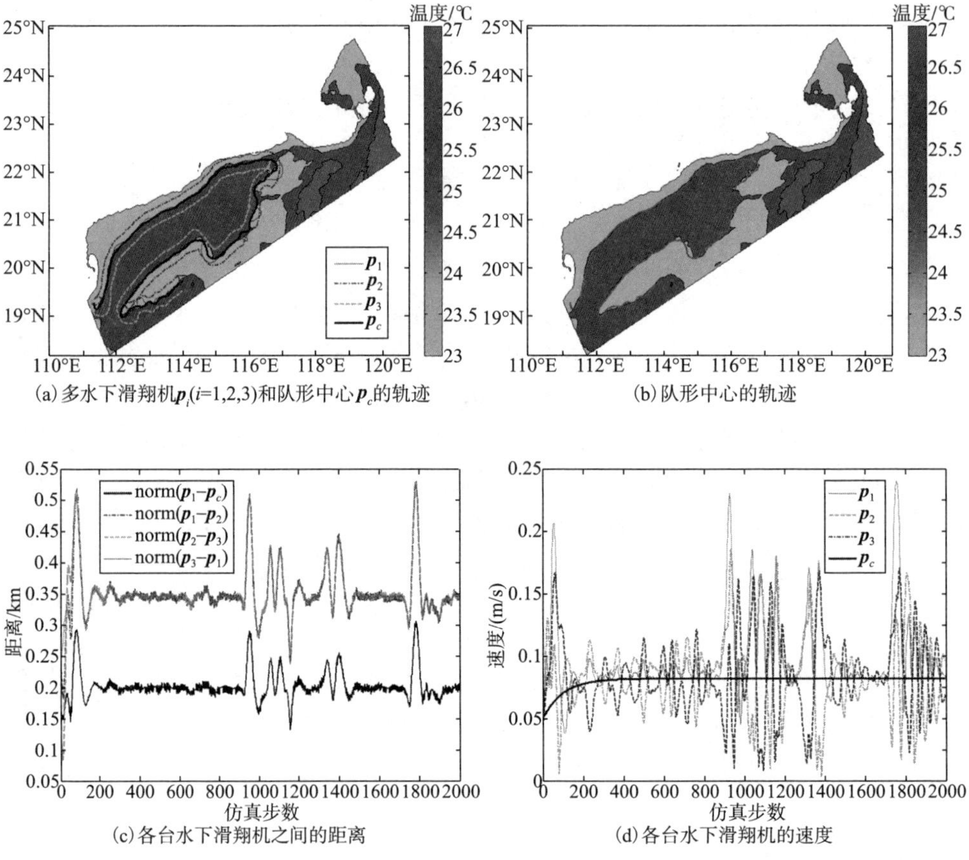

(a) 多水下滑翔机 p_i(i=1,2,3)和队形中心 p_c 的轨迹

(b) 队形中心的轨迹

(c) 各台水下滑翔机之间的距离

(d) 各台水下滑翔机的速度

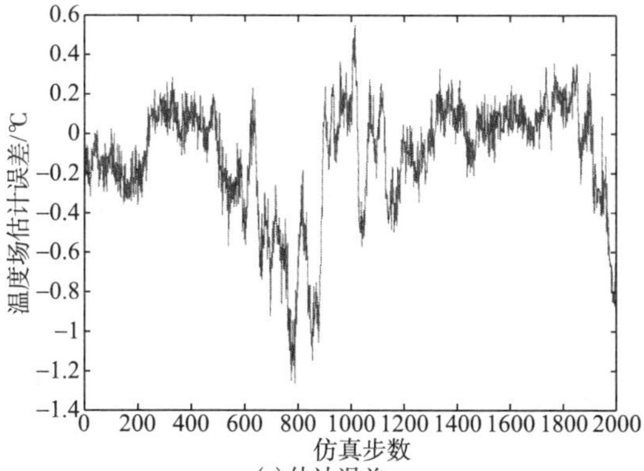

(e) 估计误差

图 3.16 海洋温度场跟踪结果(见书后彩图)

三台水下滑翔机的轨迹如图 3.16(a)所示，各台水下滑翔机之间的距离如图 3.16(c)所示，队形中心的轨迹和温度场跟踪的估计误差如图 3.16(b)、(e)所示。通过仿真可知，当特征场曲率较大时，如图 3.16(a)中 $\boldsymbol{p}_3$ 的轨迹不太平滑，并可能出现路径重复、观测冗余的问题，需要设计合适的队形尺寸，以减小观测过程中的冗余。队形中心的轨迹[图 3.16(b)]在特征场曲率大的时候，也有一定的误差，相应的队形中心处温度场也会产生一定的误差。但从整体上看，水下滑翔机群集运动很好地跟踪了等温线，适当改变各台水下滑翔机之间的距离会改善跟踪的结果。通过对同化后的温度场进行跟踪，可得出以下结论。

(1) 观测轨迹所对应路径的长度不同。采用水下滑翔机进行大范围、长时间的观测，应注意观测路径的长度和水下滑翔机工作时间、续航能力之间的关系。在对同化数据预规划的基础上，对路径长度进行计算，并选择合适的观测点，通过队形旋转将路径长的水下滑翔机和路径短的水下滑翔机的位置互换。

(2) 水下滑翔机跟踪速度的设定。通过仿真可以发现，水下滑翔机的路径长度不一样，对应的速度也不一样。通常我们只关注队形中心的速度，并将其设置为常量，但是对不确定的海洋温度场等值线进行跟踪时，队形的旋转、队形尺寸的大小和温度场等值线的曲率会影响各台水下滑翔机的速度。最终的结果是，队形中心的速度是常值，但各台水下滑翔机的速度并不是一样的，有可能超出了水下滑翔机的最大速度。实际的跟踪过程需要考虑到水下滑翔机的实际工作能力。

(3) 各台水下滑翔机之间距离的设定。如果各台水下滑翔机之间的距离过小，在同一时刻获得的采样数据基本无差异，这样对于梯度估计意义就不大，也无法表征一定范围内的海洋特征的梯度。另外，在海洋特征变化比较明显的地方，例如等值线曲率较大的地方，可能出现水下滑翔机的冗余观测。因此应在对海洋特征场的变化范围、变化剧烈程度深入了解的基础上，设定多水下滑翔机之间的观测距离。

3.4 中尺度涡自主跟踪观测

海洋中尺度涡系统是一个时变系统，想要得到其详细的变化特征，必须对其进行跟踪观测采样。涡旋体系内特定剖面下的物理量观测数据(例如：温度、盐度、溶解氧等)，能够有效反应涡旋的动态变化过程。为了完成涡旋体系内固定剖面的观测，应完成涡旋中心坐标系内的路径跟踪。

3.4.1 中尺度涡动态特征提取

为了最终实现对海洋中尺度涡的自动跟踪采样，首先应该发展中尺度涡动态特征识别技术。基于海平面异常(sea level anomaly，SLA)数据，可以实现对中尺度涡动态特征的检测算法。主要内容是制定一个判别相邻两组 SLA 数据中的涡旋是否为同一涡旋在不同时刻的状态的标准，即判别下一时刻 SLA 数据中是否存在涡旋是由上一时刻确定的被检测涡旋演化而来的。通过确定这种进化关系，可以得到被检测涡旋的一系列动态信息，例如：面积变化速率、中心移动情况以及其他情况。算法的计算量不大，从而可以应用到实时涡旋跟踪的环境中。值得注意的是，此算法不仅仅局限于应用 SLA 数据，其他海表高度(sea surface height，SSH)等大部分反应海洋高度的数据也可以使用。

1. 中尺度涡卫星高度表示

Penven 等[30]提出了一种涡旋自动检测的方法。但是他们将涡旋区域简单地作为一个圆形区域对待，这样的方式忽略了涡旋形状的信息。同时在他们的算法中使用了汉宁滤波器，这就使初生期的涡旋很难被发现，因为这个时候的涡旋区域还很小，特征表现还不是很明显。在他们的算法中没有考虑涡旋的移动速度对动态特征识别的影响，所以当多个涡旋距离很近的时候，很容易发生进化关系检测的错误。虽然 Chaigneau 等[31]将 Penven 等[30]的算法进行了改进，将涡旋动力能量(eddy kinetic energy，EKE)加入到进化关系判别的标准中，但是他们没有针对算法的确定进行改进。

基于 Isern-Fontanet 等[32-33]的算法，Chelton 等[34-35]提出了一种涡旋自主检测的算法。但是他们只针对这种方法进行了简单的说明，没有给出具体的算法和表达式。同时算法中也缺少对于中尺度涡进行关系判别的说明。在 MGET 工具箱中[36]，涡旋之间的进化关系主要是依靠两组海面测高数据中涡旋区域的重复情况进行判别的。这种方法没有考虑涡旋形状的变化等信息。如果两个涡旋距离很近，也会造成进化关系判别的错误。

对于涡旋区域的判别，有很多方法可以做到。Beron-Vera 等[37]提出一种客观的(即坐标系独立的)方法，可以用于涡旋边界的识别。Isern-Fontanet 等[32]提出一种根据高度信息进行涡旋中心区域检测的方法。OW(Okubo-Weiss)参数可以用来进行 SLA 数据中涡旋区域的检测，Isern-Fontanet 等[38]给出了 OW 参数计算的过程，以及过程中所需的速度场的计算公式。SLA 数据中满足 OW 涡旋主导区域判别标准的点称为 OW 点，不满足的则称为非 OW 点。

本节将使用 OW 参数作为中尺度区域识别的标准，Isern-Fontanet 等给出了如下所示的 OW 参数计算公式[38]。

二维流场的计算公式如下：

$$u=-\frac{g}{f}\frac{\partial h'}{\partial y},v=\frac{g}{f}\frac{\partial h'}{\partial x} \tag{3.59}$$

OW 参数的计算公式如下：

$$\begin{cases} W=s_n^2+s_s^2-\omega^2 \\ s_n=\dfrac{\partial u}{\partial x}-\dfrac{\partial v}{\partial y},s_s=\dfrac{\partial v}{\partial x}+\dfrac{\partial u}{\partial y},\omega=\dfrac{\partial v}{\partial x}-\dfrac{\partial u}{\partial y} \end{cases} \tag{3.60}$$

式(3.59)中，g 代表重力加速度；f 为科里奥利参数；h' 代表海面高度异常值；得到的结果中 u,v 分别为纬度方向和经度方向的速度。式(3.60)中，W 代表 OW 参数，根据其值的不同，可以将流场分为涡旋主导区域($W<-W_0$)、变形主导区域($W>W_0$)和背景场($|W|\leqslant -W_0$)。其中，$W_0=0.2\sigma_W$，σ_W 为所有点的 OW 参数值的标准差。有时为了简便，研究者将 W_0 设定为常数[39]：$W_0=-2\times10^{-12}\,\mathrm{s}^{-2}$。

2. 中尺度涡区域识别

获得 OW 点之后，需要对搜索区域内的 OW 点进行聚类分析。在利用本书提出的聚类方式进行涡旋区域识别之前有一些预处理操作需要进行：在涡旋区域内有一些点不满足 OW 判据，从而被判定为非 OW 点，而这样的点如果完全被 OW 点包围，可以认为其是噪声点，这里需要将这些点同样标记为 OW 点。

假定在消除噪声点和模糊连接以后，期望搜索的区域内存在 n 个 OW 点，这里使用“1”表示这些点。通过选取 SSH 数据极值点为初始中心，利用 k-均值(k-means)聚类算法，将其聚类为 k 个集合，用 $\boldsymbol{S}=\{\boldsymbol{S}_1,\boldsymbol{S}_2,\cdots,\boldsymbol{S}_i,\cdots,\boldsymbol{S}_k\},i=1,2,\cdots,k$ 表示。如图 3.17(a)所示，其中“1”表示的点即为 OW 点，非 OW 点使用“0”表示。图 3.17(b)为聚类以后的示意图，其中“1”“2”“3”表示聚类后的集合编号，具有同样编号的点被认为是属于同一个点集合，即属于同一个涡旋区域。

1	1	1	0	0	0	0	0	
1	1	1	0	1	1	0	0	
1	1	1	0	1	1	0	0	
1	1	1	0	0	0		1	0
1	1	1	0	0	0		1	0
1	1	1	0	0	0		1	0
1	1	1	0	0		1	1	0
1	1	1	0	0		0	0	0

(a)

1	1	1	0	0	0	0	0	
1	1	1	0	2	2	0	0	
1	1	1	0	2	2	0	0	
1	1	1	0	0	0		3	0
1	1	1	0	0	0		3	0
1	1	1	0	0	0		3	0
1	1	1	0	0		3	3	0
1	1	1	0	0		0	0	0

(b)

图 3.17　OW 点聚类示意图

在 OW 点聚类之后，异常点必须去除才能得到光滑的边界曲线。使用支持支持向量机(support vector machine，SVM)方法可以有效去除异常点，并且提取光滑的边界曲线。由于涡旋区域形状的多变性，在 SVM 计算中选用高斯径向基函数(Gaussian radial basis function，GRBF)，如式(3.61)所示：

$$\kappa\left(\boldsymbol{x}_i,\boldsymbol{x}_j\right)=\exp\left(-\gamma\left\|\boldsymbol{x}_i-\boldsymbol{x}_j\right\|^2\right),\quad \gamma>0 \tag{3.61}$$

式中，$\gamma=\dfrac{1}{2\sigma^2}$ 是一个可以自由设定的参数，这里设定 $\sigma=1$。

通过 SVM 方法，可以得到边界曲线。有了曲线上各个点的坐标，可以计算对应涡旋区域的中心位置及其他信息。涡旋区域中心的定义一般有两种：①区域内 SSH 数据的极值点；②聚类以后区域的重心。

本节提出的中尺度涡识别方法具体如图 3.18 所示，分为三步：涡旋区域标记、涡旋区域聚类、涡旋区域边界确定。具体含义如下。

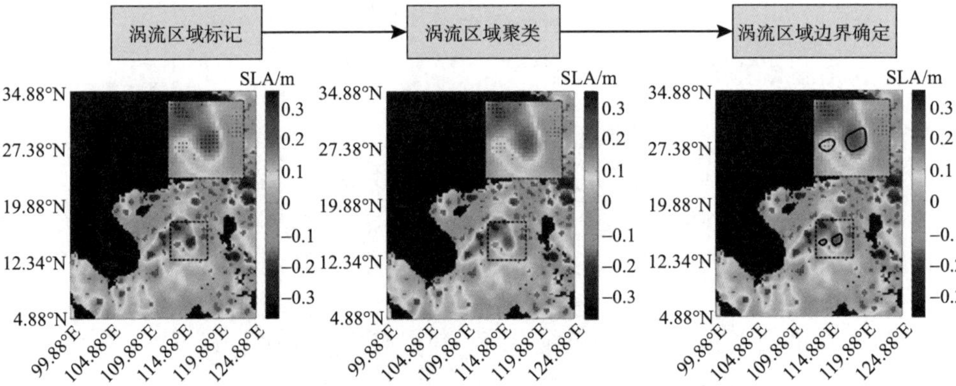

图 3.18　根据 SLA 进行涡旋区域识别流程示意图

(1)涡旋区域标记。利用 OW 参数，通过最新的卫星数据，得到涡旋的最新位置，分辨出符合涡旋条件的位置块。

(2)涡旋区域聚类。利用各点之间聚类关系，最后对各个区域进行标记以对各个涡旋区域进行区分。

(3)涡旋区域边界确定。使用 SVM 方法进行涡旋区域的边界提取。

3. 中尺度涡中心位置估计与描述

由于涡旋的运动本质上是水体的运动，所以将涡旋的运动简化为惯性体的运动在物理上是可行的。将中尺度涡的位置和速度变量组合到一个向量中，如式(3.62)所示。惯性体运动常用的状态转移方程和观测方程如式(3.63)所示。

$$\boldsymbol{X}_t=\left(\boldsymbol{m}_t^{\mathrm{T}},\boldsymbol{v}_t^{\mathrm{T}}\right)^{\mathrm{T}},\boldsymbol{m}_t=\left(m_t^x,m_t^y\right)^{\mathrm{T}},\boldsymbol{v}_t=\left(v_t^x,v_t^y\right)^{\mathrm{T}} \tag{3.62}$$

$$\begin{cases}\boldsymbol{X}_{t+1}=\boldsymbol{A}\boldsymbol{X}_t+\boldsymbol{B}\boldsymbol{U}_t+\boldsymbol{W}_t\\ \boldsymbol{Y}_t=\boldsymbol{C}\boldsymbol{X}_t+\boldsymbol{V}_t\end{cases} \tag{3.63}$$

卡尔曼滤波是对线性最小均方误差滤波的另一种处理方法，实际是维纳滤波的一种递推算法。它的工作原理主要是利用协方差矩阵和系统观测方程的相关参数计算卡尔曼增益，然后通过卡尔曼增益值对状态向量预测值进行修正，从而得到状态向量的最终估计值。在得到新的卫星观测数据之前，我们可以利用卡尔曼滤波器预测感兴趣的涡旋中心的运动情况。本节定义卡尔曼滤波器中的状态向量是二维位置向量 $\boldsymbol{m}_t$ 和二维速度向量 $\boldsymbol{v}_t$ 组成的复合向量。卡尔曼递推公式如式(3.64)所示，其中 $\boldsymbol{K}$ 为卡尔曼增益，$\boldsymbol{X}$ 为状态向量，$\boldsymbol{P}$ 为协方差矩阵，下角标 $t|t-1$ 代表其值为预测值，下角标 $t|t$ 代表其值为估计值。

$$\begin{cases}\boldsymbol{X}_{t|t}=\boldsymbol{X}_{t|t-1}+\boldsymbol{K}_t\left(\boldsymbol{Y}_t-C\boldsymbol{X}_{t|t-1}\right)\\ \boldsymbol{K}_t=\boldsymbol{P}_{t|t-1}\boldsymbol{C}^{\mathrm{T}}\left(\boldsymbol{C}\boldsymbol{P}_{t|t-1}\boldsymbol{C}^{\mathrm{T}}+\boldsymbol{R}\right)^{-1}\\ \boldsymbol{P}_{t|t}=\left(\boldsymbol{I}-\boldsymbol{K}_t\boldsymbol{C}\right)\boldsymbol{P}_{t|t-1}\\ \boldsymbol{X}_{t+1|t}=\boldsymbol{A}\boldsymbol{X}_{t|t}+\boldsymbol{B}\boldsymbol{U}_t\\ \boldsymbol{P}_{t+1|t}=\boldsymbol{A}\boldsymbol{P}_{t|t}\boldsymbol{A}^{\mathrm{T}}+\boldsymbol{Q}\\ \boldsymbol{Q}=E\left(\boldsymbol{W}_t^{\mathrm{T}}\boldsymbol{W}_t\right),\boldsymbol{R}=E\left(\boldsymbol{V}_t^{\mathrm{T}}\boldsymbol{V}_t\right)\end{cases} \tag{3.64}$$

通过式(3.64)可以得到状态预测向量 $\boldsymbol{X}_{t+1|t}$，提取其前两位，可以得到涡旋中心位置预测向量 $\boldsymbol{m}_{t+1|t}$。卡尔曼预测方式中，状态转移公式(3.63)中的输入项 $\boldsymbol{U}$ 设定为 0，即认为涡旋中心有保持匀速运动的趋势，这样的假设符合一般惯性体系的运动性质。协方差矩阵的初始值 $\boldsymbol{P}_{1|0}$ 设定为单位矩阵。卡尔曼预测方式的其他参数依照式(3.65)进行设置。$\boldsymbol{Q}$ 矩阵的取值根据历史数据统计计算得到，假设涡

旋中心在 1/4° ×1/4° 网格内均匀分布，由均匀分布的方差公式计算得到 $\boldsymbol{R}$ 矩阵。

$$\begin{cases} \boldsymbol{A}=\begin{bmatrix} 1 & 0 & 1 & 0 \\ 0 & 1 & 0 & 1 \\ 0 & 0 & 1 & 0 \\ 0 & 0 & 0 & 1 \end{bmatrix} \\ \boldsymbol{B}=\boldsymbol{C}=\boldsymbol{I}_{4\times 4} \\ \boldsymbol{R}=\boldsymbol{I}_{4\times 4}\times\dfrac{\left(\dfrac{1}{4}\right)^2}{12} \\ \boldsymbol{Q}=\begin{bmatrix} 0.0052 & 0 & 1 & 0 \\ 0 & 0.0037 & 0 & 1 \\ 0 & 0 & 0.0052 & 0 \\ 0 & 0 & 0 & 0.0037 \end{bmatrix} \end{cases} \tag{3.65}$$

4. 中尺度涡动态演化识别

涡旋区域中心的移动速度不能通过单一的卫星数据得到，我们需要根据前后两天的连续卫星数据，从中提取同一个涡旋区域中心的位置，从而根据中心的移动情况得到涡旋中心的移动速度信息。这个过程中最主要的问题就是怎么从卫星图像序列中确定涡旋的动态变化过程，从而将离散的涡旋连接成一个动态的连续的演化过程。本节采用复合判别参数的方式对不同时刻的中尺度涡进行匹配。将涡旋演化过程中的状态变化量分为两种：涡旋中心的移动和涡旋边界的形状变化(面积、边界长度等)。

将预测中心位置周围一定半径内的圆形区域作为待搜索区域，从而在此区域内搜索经过一段时间演化以后的研究者感兴趣的涡旋区域。圆形区域的半径大小是一个可以自由设定的数值，可以根据预测中心位置的方差大小设定这个值的大小。值得说明的是：如果半径设置得很小，有可能不能在搜索区域内得到有效的 OW 点，这时搜索区域需要在一定程度上扩大，可以根据涡旋中心运动速率的大小进行半径的增大，也可以根据中心预测位置的标准差进行。通常，在搜索区域半径设定合适的情况下，通过使用聚类和 SVM 方法，在搜索区域内可以得到多个 OW 点的集合及其对应的区域中心和边界曲线。如果在搜索区域内找到 k 个涡旋区域，使用由卡尔曼公式(3.64)得到的 $\boldsymbol{m}_{t+1,i}, i=1,2,\cdots,k$ 表示预测涡旋中心。得到中心以后，使用 $\varepsilon_d^i=\mathrm{e}^{\left|\boldsymbol{m}_{t+1|t}-\boldsymbol{m}_{t+1,i}\right|/L_m}$ 表示涡旋中心与预测涡旋中心之间的距离对应的中心距离参数，其中 L_m 表示预测得到的涡旋中心的移动距离。

除了区域中心位置距离以外，涡旋区域的面积变化和形状变化也作为演化判别的重要参数。得到区域边界曲线以后，将每个涡旋区域与上一时刻确定的感兴趣的涡旋区域的中心进行重合。假设$v(s)=\left(x(s),y(s)\right),s\in[0,1]$表示边界曲线。在不引起歧义的情况下，以下的段落将使用v表示$v(s)$，即可以使用$v_t,v_{t+1,i}$表示t时刻确定的感兴趣的涡旋区域的边界和在$t+1$时刻的 SLA 数据中发现的第i个涡旋区域。通过平移操作，可以将两个区域的中心移动到同一个位置，将两个中心都平移到坐标原点的方式可以很容易地达到这样的目的。平移v_t后，得到的新的边界曲线表达式为$v(s)'_t=\left(x(s)-m_t^x,y(s)-m_t^y\right),s\in[0,1]$；平移$v_{t+1,i}$后，得到的新的边界曲线表达式为$v(s)'_{t+1,i}=\left(x(s)-m_{t+1,i}^x,y(s)-m_{t+1,i}^y\right),s\in[0,1]$。计算面积参数，即计算平移后的两个区域的不重合的面积的大小，如图 3.19 中标记有“P”的部分。具体的计算方式有很多种，只是简单的数学运算，这里不进行详细介绍。使用$\mathfrak{R}$表示以上求取不重合面积的过程，则由面积项决定的消费参数可以由公式$\varepsilon_a^i=\mathfrak{R}\left(v_t,v_{t+1,i}\right)$表示。

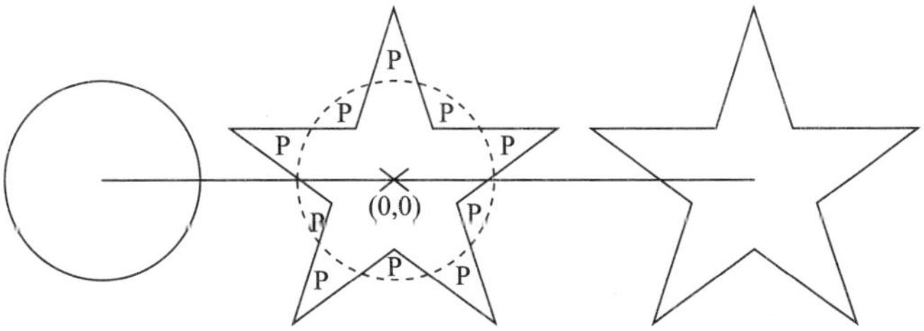

图 3.19　不重合面积计算示意图

边界曲线的长度和扭曲程度可以用来量化曲线的形状特征。这两个参数在 Snakes 方法中[40]已经有成功的应用，但是，对这两个参数的应用方法需要在 Snakes 方法的基础上进行改进。因为长度和扭曲程度是两个不同的特征，将这两个参数分别进行比较，可以更加全面地反映曲线形状的差别。由这两个参数决定的消费参数可以由以下公式计算得到：

$$\varepsilon_s^i=\omega_1(s)\left|\int_0^1\left|v_{s,t+1,i}\right|^2\mathrm{d}s-\int_0^1\left|v_{s,t}\right|^2\mathrm{d}s\right|+\omega_2(s)\left|\int_0^1\left|v_{ss,t+1,i}\right|^2\mathrm{d}s-\int_0^1\left|v_{ss,t}\right|^2\mathrm{d}s\right|$$

最终，将涡旋区域中心移动项、涡旋面积项、涡旋边界曲线形状项的作用进行综合可以得到演化关系判别公式：

$$\varepsilon_i=\omega_D\varepsilon_d^i+\omega_A\varepsilon_a^i+\omega_S\varepsilon_s^i \tag{3.66}$$

式中，ε_d^i代表涡旋中心移动项的影响；ε_a^i代表涡旋面积变化项的影响；ε_s^i代表涡旋边界曲线形状变化项的影响；ω_D、ω_A、ω_S是对应项的系数，用于调整各项在综合演化判别公式中的作用大小。本节提出的复合参数判别标准对参数进行了无量纲化处理，复合参数各部分的影响依靠系数进行调整。

通过计算演化判别式(3.66)将搜索区域内综合消费参数最小的涡旋区域确定为本次 SLA 数据中的感兴趣涡旋区域，即认为上一时刻确定的感兴趣的涡旋区域在本次 SLA 数据采集时演化为此涡旋区域，其过程如下所示：

$$\begin{cases} \boldsymbol{I}_{t+1}=\arg\min_{i}\varepsilon_i, \quad i=1,2,\cdots,k \\ v_{t+1}=v_{t+1,I_{t+1}} \end{cases} \tag{3.67}$$

中尺度涡演化关系确定以后，根据其演化过程可以很容易得到涡旋中心位置的移动速度和涡旋面积变化情况等涡旋动态特征信息。

3.4.2 基于水下滑翔机的中尺度涡跟踪

1. 跟踪策略

对于海洋中尺度涡的观测，海洋学家主要关心的是在以涡旋中心为原点的坐标系(简称：涡旋中心坐标系)内移动观测平台的采样路径，而不是在大地坐标系内的采样路径。根据海洋学家和水下滑翔机操作者的建议，我们总结了涡旋中心坐标系内的水下滑翔机采样路径需要遵循的三个原则：

(1)尽量保持直线，从而能够得到一个完整剖面上的涡旋内部结构，提高数据的有效性。

(2)尽量穿过涡旋中心，涡旋中心区域是海洋科学家最感兴趣的区域。

(3)水下滑翔机与采样路径之间距离尽量小，从而减少水下滑翔机追赶预定采样路径的时间。

鉴于科学家对采样路径的要求，本节建立了一种动态规划采样路径的算法，从而使水下滑翔机能够在以上三点约束的情况下，尽快完成横穿涡旋结构的采样。在一次涡旋采样任务的起始阶段，为了得到水下滑翔机的期望移动方向，设置 $\boldsymbol{R}_t^{p_l}=\dfrac{-\boldsymbol{P}_g}{\|\boldsymbol{P}_g\|}$，其中 $\boldsymbol{P}_g=\left(P_{gx},P_{gy}\right)$ 表示涡旋中心坐标系内水下滑翔机的位置向量。我们使用数学公式将以上三个预定采样路径需要遵循的性质进行融合，转化为式(3.68)所示的代价函数：

$$\boldsymbol{f}_{\mathrm{Cost}}=f_{\mathrm{c1}}\left(\angle(\boldsymbol{R}_t^{p_l},\boldsymbol{R}_t^{p_n})\right)+f_{\mathrm{c2}}\left(\mathrm{Dist(Cen)}\right)+f_{\mathrm{c3}}\left(\mathrm{Dist(Gli)}\right) \tag{3.68}$$

式中，$\boldsymbol{R}_t^{p_n}$ 表示预定规划路径的切线向量；$\angle(\boldsymbol{R}_t^{p_l},\boldsymbol{R}_t^{p_n})$ 表示两向量之间较小的夹

角，其取值范围为$[0,\pi]$；Dist(Cen)表示预定采样路径与涡旋中心之间的距离；Dist(Gli)表示预定采样路径与水下滑翔机之间的距离。在完成了部分采样路径的跟踪以后，$\boldsymbol{R}_t^{p_l}$表示已完成采样路径的主方向向量(主方向通过主成分分析方法得到)。各变量的示意图如图 3.20 所示，黑色直线的延长线代表$\boldsymbol{R}_t^{p_l}$的方向，蓝色线的平行线代表$\boldsymbol{R}_t^{p_n}$的方向。

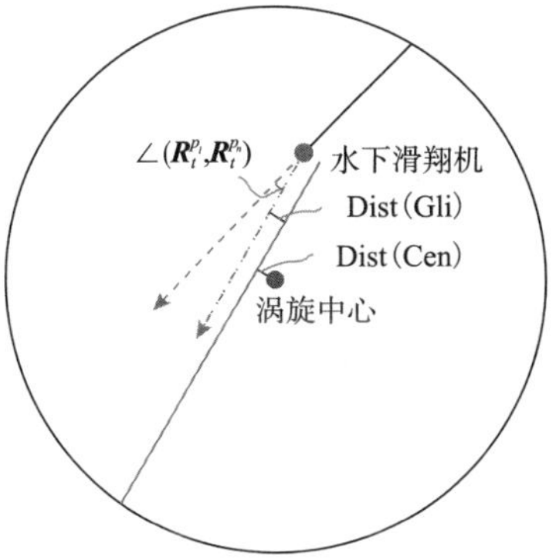

图 3.20　涡旋中心坐标系内的路径规划(见书后彩图)

为了能够简化代价方程的求解过程，使用最少的独立参数表示一条有方向的预定直线采样路径，本节使用方向角$\theta^{p_n}\in[0,2\pi)$代表$\boldsymbol{R}_t^{p_n}$的方向角，使用有向距离参数$\alpha\in[-r_e,r_e]$来描述原点与直线之间的有符号距离。在θ^{p_n}确定后，预定采样路径的切线向量和法线向量如式(3.69)所示，$L_d=\alpha\times\boldsymbol{R}_n^{p_n}$可以表示原点与直线之间的距离向量，其具体含义如图 3.21 所示。

$$
\begin{aligned}
\boldsymbol{R}_t^{p_n}&=(\cos\theta^{p_n},\sin\theta^{p_n})\\
\boldsymbol{R}_n^{p_n}&=(-\sin\theta^{p_n},\cos\theta^{p_n})
\end{aligned}
\tag{3.69}
$$

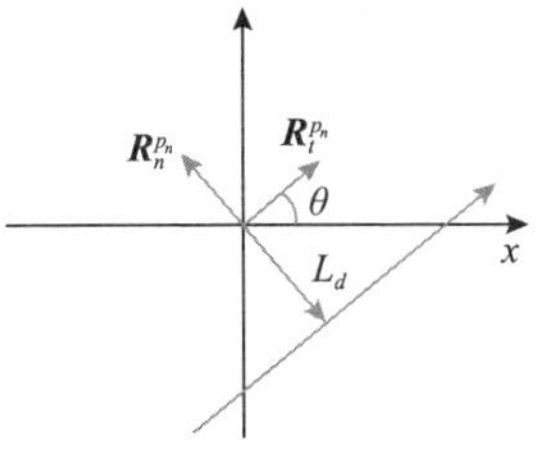

图 3.21　涡旋观测路径参数示意图

根据图 3.21 中的定义，我们得到如下所示的方程：

$$\begin{cases}\angle(\boldsymbol{R}_t^{p_l},\boldsymbol{R}_t^{p_n})=\arccos\left[\cos(\theta^{p_l})\cos(\theta^{p_n})+\sin(\theta^{p_l})\sin(\theta^{p_n})\right]\\ \text{Dist(Cen)}=|\alpha|\\ \text{Dist(Gli)}=|\left[P_{gx}\times(-\sin\theta^{p_n})+P_{gy}\times\cos\theta^{p_n}\right]-\alpha|\end{cases}\tag{3.70}$$

将式(3.70)代入式(3.68)中，同时将函数形式特定为平方形式，加入相关归一化参数和权值参数以后，我们得到式(3.71)，其为连续可微函数，微分方程可表示为式(3.72)。其中需要优化的参数为α和θ^{p_n}，而r_e, L_a为固定参数，分别代表观测涡旋区域的半径和直径长度，$\theta^{p_l}\in[0,2\pi)$表示$\boldsymbol{R}_t^{p_l}$的方向角，$\gamma_1,\gamma_2,\gamma_3$可以根据研究者的需求进行调节。可以使用很多标准的求解方式得到参数α和θ^{p_n}的最优解，例如拟牛顿法或穷举法。

$$\begin{aligned}\boldsymbol{f}_{\text{Cost}}=&\frac{\gamma_1}{r_e^2}\times\alpha^2+\frac{\gamma_2}{\pi^2}\times\{\arccos[\cos(\theta^{p_l})\cos(\theta^{p_n})+\sin(\theta^{p_l})\sin(\theta^{p_n})]\}^2\\&+\frac{\gamma_3}{L_a^2}\times\{[P_{gx}(0)\times(-\sin\theta^{p_n})+P_{gy}(0)\times\cos\theta^{p_n}]-\alpha\}^2\end{aligned}\tag{3.71}$$

$$\begin{cases}\dfrac{\partial\boldsymbol{f}_{\text{Cost}}}{\partial\alpha}=\dfrac{2\gamma_1}{L_a^2}\times\alpha-\dfrac{2\times\gamma_3}{r_e^2}\times\{[P_{gx}(0)\times(-\sin\theta^{p_n})+P_{gy}(0)\times\cos\theta^{p_n}]-\alpha\}\\ \dfrac{\partial\boldsymbol{f}_{\text{Cost}}}{\partial\theta^{p_n}}=\dfrac{2\gamma_2}{\pi^2}\times\arccos(\boldsymbol{M})\times\dfrac{-\boldsymbol{N}}{\sqrt{1-\boldsymbol{M}^2}}-\dfrac{2\gamma_3}{r_e^2}\times[P_{gx}(0)\times(-\sin\theta^{p_n})\\ \qquad+P_{gy}(0)\times\cos\theta^{p_n}-\alpha]\times[P_{gx}(0)\times\cos\theta^{p_n}+P_{gy}(0)\times\sin\theta^{p_n}]\\ \boldsymbol{M}=\cos(\theta^{p_l})\cos(\theta^{p_n})+\sin(\theta^{p_l})\sin(\theta^{p_n})\\ \boldsymbol{N}=\cos(\theta^{p_l})[-\sin(\theta^{p_n})]+\sin(\theta^{p_l})\cos(\theta^{p_n})\end{cases}\tag{3.72}$$

本节求解最优化θ^{p_n}和α的算法过程中，首先将$\theta^{p_n}=0,0.001,0.002,\cdots,2\pi$和$\alpha=-r_e,-r_e+1,\cdots,r_e$所有参数组合代入式(3.71)中，得到相应代价函数取值。选取使代价函数取值最小的θ^{p_n}和α组合为初始参数，然后使用最速下降法或者拟牛顿法等算法计算最终满足精度要求的优化参数。

因为涡旋是一个时刻变化的动态系统，涡旋中心总是不间断地进行平移运动，所以需要将涡旋中心坐标系内的跟踪路径转化到大地坐标系内。直接利用四边形法则，将水下滑翔机的速度向量与涡心的移动速度进行合成，得到最终水下滑翔机在大地坐标系的路径。在某些情况下可能引起水下滑翔机不必要的后退，例如当涡旋中心移动速度的方向与预定规划采样路径的方向相反时很容易出现这种现象。

针对涡旋中心坐标系内的路径跟踪问题，本节提出一种基于追赶和沿行两种行为的大地坐标系内的路径规划策略。本策略考虑了涡旋中心的预测速度，可以有效提高水下滑翔机完成涡旋系统穿越采样的效率。由于正常情况下水下滑翔机在采样过程中，浮力调节量、俯仰角等参数都会保持常数，所以在控制策略制定过程中假设水下滑翔机的移动速率为常值 v_v。

首先，制定追赶行为的误差阈值 ϵ ，然后计算涡旋中心坐标系内水下滑翔机与采样预定路径的距离 D_g。如果 $D_g \geqslant \epsilon$ ，则水下滑翔机偏离路径较远，需要启动追赶行为。然后，在水下滑翔机到达采样路径附近以后，水下滑翔机在保持与采样路径距离不增大的情况下向采样路径的目标点移动，这个过程称为沿行行为。

追赶行为下的水下滑翔机的期望航向依照式(3.73)计算得到：

$$\begin{cases} \psi_c = \angle\left(\dfrac{w_d \boldsymbol{\Phi}_t + (1-w_d)\boldsymbol{\Phi}_n}{\left\| w_d \boldsymbol{\Phi}_t + (1-w_d)\boldsymbol{\Phi}_n \right\|}\right) \\ \boldsymbol{\Phi}_t = \arctan\left(\dfrac{1}{\left\|D_g\right\|}\right)\boldsymbol{R}_t \\ \boldsymbol{\Phi}_n = \arctan\left(\left\|D_g\right\|\right)\boldsymbol{R}_n \end{cases} \tag{3.73}$$

式中，w_d 为权值参数，控制转向行为的强度；$\boldsymbol{\Phi}_t$ 代表切线方向的控制量；$\boldsymbol{\Phi}_n$ 代表法线方向的控制量；ψ_c 代表追踪输出的航向控制量。追踪阶段如图 3.22 所示，其中 $\boldsymbol{V}_e$ 和 $\boldsymbol{V}_g$ 分别表示大地坐标系内涡旋中心的移动速度和水下滑翔机的速度，$\boldsymbol{V}_r$ 表示涡旋中心坐标系内的水下滑翔机的速度。

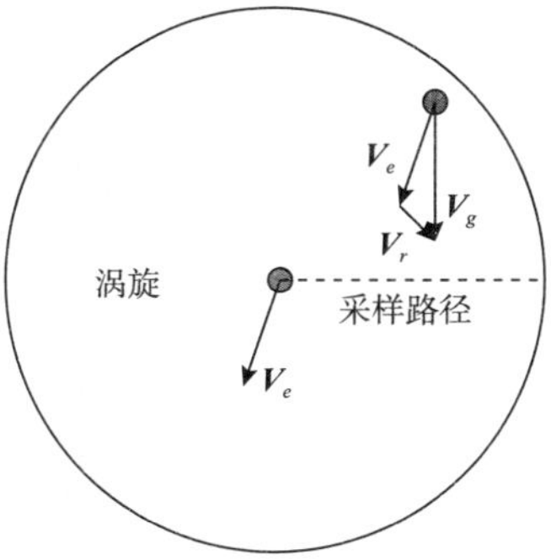

图 3.22　追赶行为示意图

沿行行为的期望航向需要使 $\boldsymbol{R}_n$ 方向上水下滑翔机的移动速率与涡旋中心的移动速率相同，从而使水下滑翔机保持在采样路径上。水下滑翔机期望航向的计算公式如下：

$$\begin{cases} \psi_k = \underset{\theta_{v_g}}{\operatorname{argmax}} \boldsymbol{V}_g \cdot \boldsymbol{R}_t \\ \| \boldsymbol{V}_g \| = v_v \\ \boldsymbol{V}_g \cdot \boldsymbol{R}_n = \boldsymbol{V}_e \cdot \boldsymbol{R}_n \end{cases} \tag{3.74}$$

式中，v_v 为水下滑翔机的平均运行速率。沿行阶段的示意图如图 3.23 所示，其中 θ_{v_g} 表示水下滑翔机航向角与采样路径之间的夹角，$\boldsymbol{V}_{cf}$ 为大地坐标系下涡旋中心的移动速度。

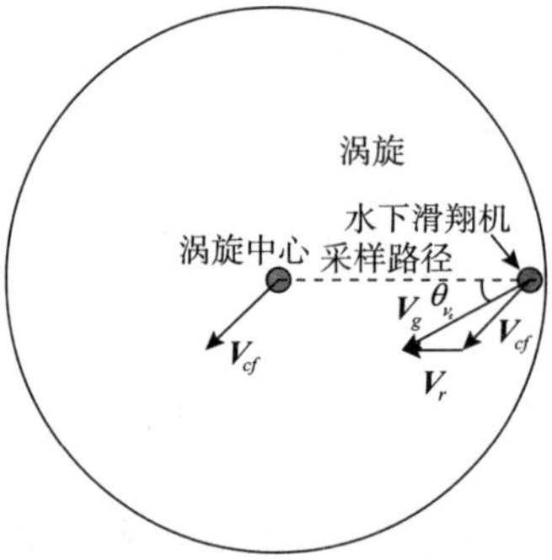

图 3.23　沿行行为示意图

本节在得到追赶阶段和沿行阶段的优化航向后，假设水下滑翔机的航行速率是恒定的，计算得到追赶时间，从而得到大地坐标系下水下滑翔机的追赶路径结束点，将水下滑翔机当前位置和追赶路径结束点连线作为追赶路径。然后利用卫星数据更新周期减去追赶时间得到保持阶段时间，依照沿行阶段的航向角，可以得到沿行路径的终点，将追赶路径转折点和沿行路径终点的连线作为沿行路径。将追赶路径和沿行路径起始点坐标下载到水下滑翔机中，利用大地坐标系内水下滑翔机自主循迹的功能可以实现水下滑翔机的自主运动，而不需要在水下滑翔机每次上浮的时候人工设置航向等相关参数。大地坐标系内路径规划(geodetic coordinate path plan，GCPP)算法的伪代码如算法 3.1 所示。

算法 3.1　大地坐标系内路径规划算法

输入：$M_e, v^p, \theta, \alpha, \boldsymbol{P}_g(0), T_c, v_v$

输出：$\mathbf{PM}_g$ //GCPP 初始位置矩阵

Function GCPP（$M_e, v^p, \theta, \alpha, \boldsymbol{P}_g(0), T_c, v_v$）

　　$\psi_c \leftarrow \text{ChasingHead}\left(M_e, v^p, \theta\right)$

　　$\text{CT} \leftarrow \text{ChasingTime}\left(\psi_c, M_e, v^p, \theta, \alpha, \boldsymbol{P}_g(0), v_v\right)$

$\text{CP} \leftarrow \text{ChasedPosition}\left(\text{CT}, \boldsymbol{P}_g(0), v_v\right)$

If $\text{CT} \leqslant T_c$ then

$\text{PM}_g = \text{Assemble}\left(\boldsymbol{P}_g(0), \text{CP}\right)$

Else

$\psi_k \leftarrow \text{KeepingHead}\left(v^p, \theta, \alpha, v_v\right)$

$\text{KT} \leftarrow T_c - \text{CT}$

$\text{KP} \leftarrow \text{KeepingPosition}\left(\text{KT}, \psi_k, \text{CP}, v_v\right)$

$\mathbf{PM}_g = \text{assemble}\left(\boldsymbol{P}_g(0), \text{CP}, \text{KP}\right)$

End if

Return $\mathbf{PM}_g$

End Function

算法 3.1 中，T_c 是卫星数据更新的周期；v_v 代表水下滑翔机的平均运行速率；ChasingHead 表示追赶航向角优化计算的过程；ChasingTime 为计算追赶时间 CT 的过程；ChasedPosition 表示计算追赶阶段结束点 CP 的过程；Assemble 表示将两个列向量排列成一个矩阵的过程，其中每一列代表规划路径上的一个路径点；KeepingHead 表示沿行阶段航向优化计算的过程；KeepingPosition 为计算保持阶段终点 KP 的过程。最终得到如图 3.24 所示的规划路径。蓝色圆点表示水下滑翔机当前位置，三角为初始位置，两个黑色矩形为规划得到的路径转折点和终点。水下滑翔机当前位置及两个黑色矩形点形成的两条轨迹即为规划得到的水下滑翔机轨迹，其中水下滑翔机与第一个路径点之间为追赶阶段路径，第一个路行与第二路径点之间为沿行阶段路径。

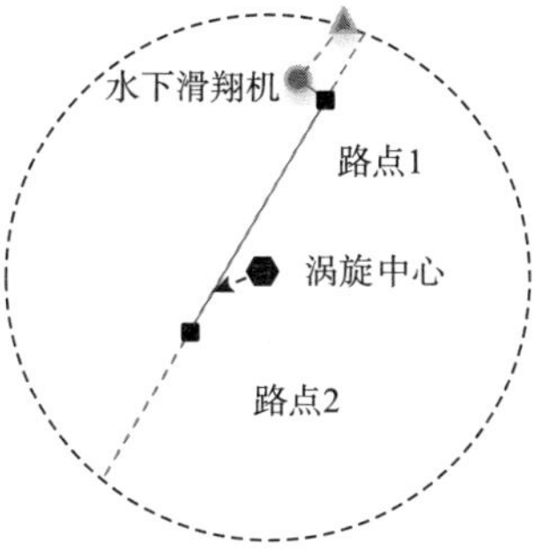

图 3.24　大地坐标系内路径规划示意图(见书后彩图)

得到大地坐标系的路径以后，水下滑翔机在大地坐标系内进行路径跟踪控制，过程中需要进行水下滑翔机的精确航向控制，接下来针对大地坐标系内的航向控制进行研究。

2. 航向控制

大地坐标系内路径确定以后，水下滑翔机需要根据规划后的路径进行大地坐标系内的寻迹航行。在理想状态下，水下滑翔机的航向即为当前位置到目标位置的矢量方向。但是由于所处环境和水下滑翔机自身的原因，其航向会存在误差。造成误差的原因有三：侧向水流影响、水下滑翔机安装误差和柔性机翼的影响、电子罗盘的航向误差。

如果采用基于模型的航向推算方法，则需要以下条件：准确的水下滑翔机模型、严格的装配标准、精确的电子罗盘航向。这三点目前在工程上不容易达到，而且即便以上条件都可以满足，计算量也是非常可观的，不易在水下滑翔机载体控制系统上实现，因此需要设计一种计算量较小的简便有效的航向推算方法。

本节航向推算方法的基本思路是：将造成水下滑翔机航向误差的所有影响因素均看成"广义流"的影响。与真实的平均海流不同，"广义流"还与水下滑翔机自身的载体和传感器误差有关。根据设定理想航迹和实际航迹之间的矢量误差可以估计广义流的矢量。再结合航行速度的估计和理想航迹，可以实现对航向的设定。航向推算方法的流程框图如图 3.25 所示。

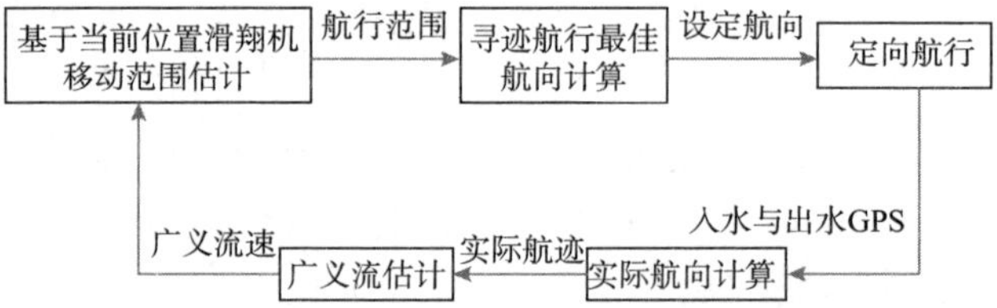

图 3.25　大地坐标系内航向推算流程

航向规划中定义第 k 次下潜的相应参数：俯仰角 θ_k，航向角 δ_k，下潜深度 h_k，实际水平面位置移动向量 $\boldsymbol{D}_k$，并依照水下滑翔机动力学模型计算得到下潜攻角 α_k。实际水平位置移动向量和理论移动向量之间的差用 $\Delta\boldsymbol{d}_k$ 表示，计算遵循式(3.75)：

$$\Delta\boldsymbol{d}_k = \boldsymbol{D}_k - 2\cdot\tan(\theta_k + \alpha_k)\cdot h_k\angle\delta_k \tag{3.75}$$

根据式(3.76)可以计算得到第 k 次下潜的广义流 $\boldsymbol{v}_{gc,k}$：

$$\boldsymbol{v}_{gc,k} = \frac{\Delta\boldsymbol{d}_k}{t_k} \tag{3.76}$$

由于海洋流场的缓变性和载体平台的安装误差等状态的稳定性，第$k+1$次下潜过程中广义流可以通过历史数据进行近似预测。本节通过一定窗口长度的加权公式(3.77)对广义流进行近似预测。其中窗口长度为正自然数，其值的大小决定了历史数据的个数。加权参数a_i决定了每个历史数据对预测值的影响程度，其值的选取可以在线进行，但是需要满足如式(3.78)所示关系。对于权值的选取应该考虑流场变化的速率与水下滑翔机每个下潜周期的时间长度。

$$\boldsymbol{v}_{gc,(k+1)} = \frac{\sum_{i=0}^{w} a_i \boldsymbol{v}_{gc,(k+1)}}{\sum_{i=0}^{w} a_i} \tag{3.77}$$

$$a_i > \sum_{j=i+1}^{w} a_j,\quad i = 0,1,2,\cdots,w-1 \tag{3.78}$$

如图 3.26 所示，假设$\overrightarrow{P_1P_2}$为大地坐标系内水下滑翔机需要跟踪的轨迹，P_0为第k次下潜周期结束以后水下滑翔机的位置。通过水下滑翔机的动力学模型可以根据第$k+1$次水下滑翔机的下潜参数(俯仰角、深度、浮力驱动排油体积等)对下潜时间t_{k+1}和水平方向的速度$\boldsymbol{v}_{0(k+1)}$进行计算。

在考虑广义流$\boldsymbol{v}_{gc,(k+1)}$的影响下，水下滑翔机下一周期可到达的区域为图 3.26 中的虚线圆 L1 所示的区域。L1 的圆心P_0'与半径R的计算遵循下式：

$$\begin{aligned} \overrightarrow{P_0P_0'} &= \boldsymbol{v}_{gc,(k+1)} t_{k+1} \\ R &= \boldsymbol{v}_{0,(k+1)} t_{k+1} \end{aligned} \tag{3.79}$$

假设H为P_0'与预定轨迹$\overrightarrow{P_1P_2}$之间的距离。如果$H<R$，则 L1 与$\overrightarrow{P_1P_2}$有两个交点，如图 3.26 中的P_3和P_4。距离目标点较近的P_3与P_0'之间的连线形成的航向角$\angle\overrightarrow{P_0'P_3}$作为$k+1$周期的航向角。如果$H \geqslant R$，则 L1 与$\overrightarrow{P_1P_2}$有一个交点或者没有交点，这种情况下水下滑翔机沿着垂直于$\overrightarrow{P_1P_2}$的航向角运动，向其靠近。

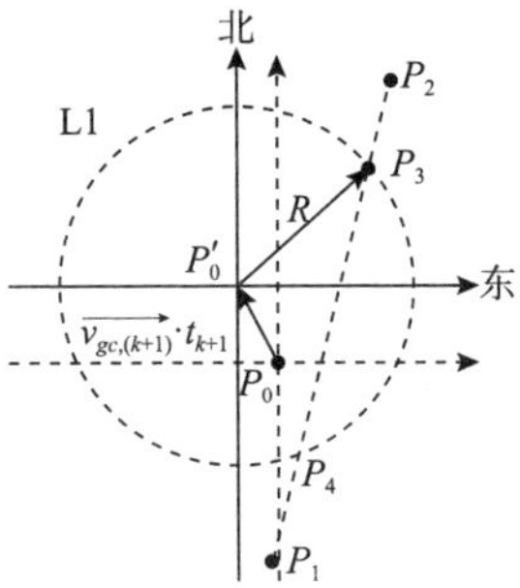

图 3.26　寻迹航行最优航向计算

3.4.3 仿真实验

南海某时刻出现某涡旋，我们首先对其进行了一段时间的观察，并进行了单水下滑翔机跟踪观测仿真实验。水下滑翔机的初始位置位于涡旋中心的正东方向100km 处，涡旋中心的整体运动趋势为自西向东。水下滑翔机的速度设置为1.26km/h，每个下潜周期的时间长度为 3.3h，卫星数据的更新周期为 24h。

图 3.27 为固定采样路径下的涡旋跟踪观测仿真结果，水下滑翔机沿采样路径往复运动。水下滑翔机未完成第三次穿越中心的跟踪采样。

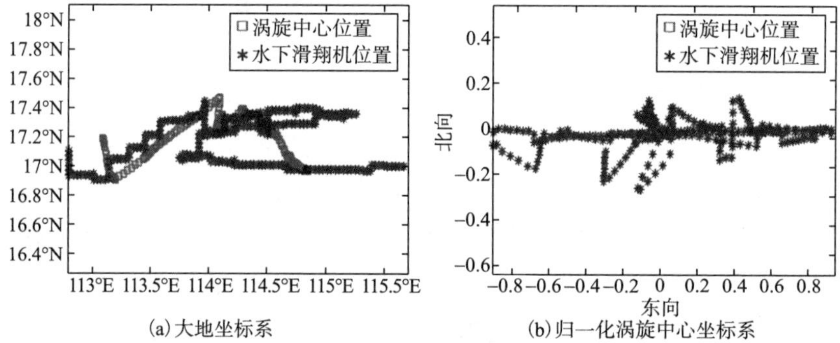

图 3.27 固定采样路径下的涡旋跟踪观测仿真结果

图 3.28 给出了依照式(3.71)和式(3.72)优化采样路径，进行采样路径的动态规划后，水下滑翔机跟踪观测涡旋的情况。可以看出，水下滑翔机共完成了对涡旋中心的四次穿越观测，在相同的时间内比固定采样路径情况下多完成了 1.5 次的穿越采样。经过分析，我们认为固定采样路径情况下，穿越次数减少的主要原因是水下滑翔机浪费了很多时间在追赶行为上，从而影响了穿越中心的能力。而

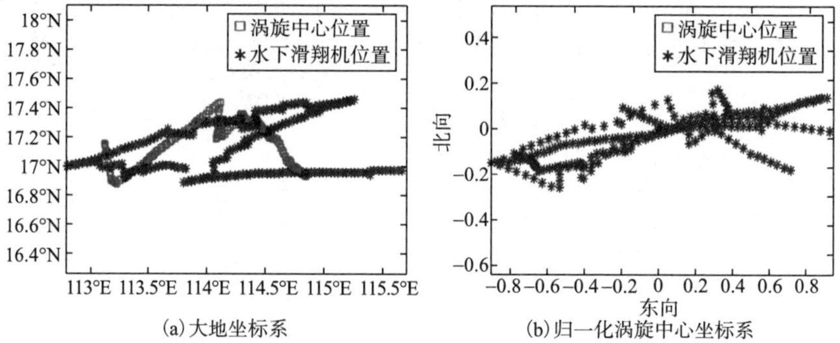

图 3.28 动态规划路径下的涡旋跟踪观测仿真结果

动态规划采样路径，考虑了通过动态规划路径的方式，从而减少了水下滑翔机追赶行为需要的时间。

参 考 文 献

[1] 刘传玉. 中国东部近海温度锋面的分布特征和变化规律[D]. 青岛: 中国科学院海洋研究所, 2009.

[2] Wang D, Liu Y, Qi Y, et al. Seasonal variability of thermal fronts in the northern South China Sea from satellite data[J]. Geophysical Research Letters, 2001, 28(20): 3963-3966.

[3] 汤毓祥, 郑义芳. 关于黄、东海海洋锋的研究[J]. 海洋通报, 1990, 9(5): 89-96.

[4] 郑义芳, 丁良模, 谭铎. 黄海南部及东海海洋锋的特征[J]. 海洋科学进展, 1985, 3(1): 12-20.

[5] 刘清宇. 海洋中尺度现象下的声传播研究[D]. 哈尔滨: 哈尔滨工程大学, 2006.

[6] Hewson T D. Objective fronts[J]. Meteorological Applications: A Journal of Forecasting, Practical Applications, Training Techniques and Modelling, 1998, 5(1): 37-65.

[7] Bachmayer R, Leonard N E. Vehicle networks for gradient descent in a sampled environment[C]//The 41st IEEE Conference on Decision and Control, 2002, 1: 112-117.

[8] 周燕遐. 南海海洋温度跃层统计分析[D]. 青岛: 中国海洋大学, 2002.

[9] 蒋文文. 海洋环境信息数据格式分析与数据再加工的研究[D]. 青岛: 中国海洋大学, 2009.

[10] Phaneuf M D. Experiments with the Remus AUV[D]. Monterey: Naval Postgraduate School, 2004.

[11] 张媛, 吴德星, 林霄沛. 东海夏季跃层深度计算方法的比较[J]. 中国海洋大学学报(自然科学版), 2006, 36(z1): 1-7.

[12] 吕新刚. 黄东海上升流机制数值研究[D]. 青岛: 中国科学院海洋研究所, 2010.

[13] 黄荣祥. 台湾海峡南部的温、盐结构与夏季上升流: 闽南-台湾浅滩渔场上升流区生态系研究[M]. 北京: 科学出版社, 1991.

[14] 何发祥. 台湾海峡南部夏季上升流与暖涡: 闽南-台湾浅滩渔场上升流区生态系统研究[M]. 北京: 科学出版社. 1991.

[15] 经志友, 齐义泉, 华祖林. 闽浙沿岸上升流及其季节变化的数值研究[J]. 河海大学学报(自然科学版), 2007, 35(4): 464-470.

[16] 经志友, 齐义泉, 华祖林. 南海北部陆架区夏季上升流数值研究[J]. 热带海洋学报, 2008, 27(3): 1-8.

[17] 楼琇林. 浙江沿岸上升流遥感观测及其与赤潮灾害关系研究[D]. 青岛: 中国海洋大学, 2010.

[18] 胡明娜. 舟山及邻近海域沿岸上升流的遥感观测与分析[D]. 青岛: 中国海洋大学, 2007.

[19] Zhang Z, Wang W, Qiu B. Oceanic mass transport by mesoscale eddies[J]. Science, 2014, 345(6194): 322-324.

[20] 胡敦欣, 丁宗信, 熊庆成. 东海北部一个气旋型涡旋的初步分析[J]. 科学通报, 1980(1): 31-33.

[21] 孙湘平, 修树孟. 台湾东北海域冷涡的分析[J]. 海洋通报, 1997, 16(2): 1-10.

[22] Qiao F L, Zheng Q, Ge R, et al. Cruise observations of a cold core ring and β-spiral on the East China Sea continental shelf[J]. Geophysical Research Letters, 2005, 32(2): 1-10.

[23] 许艳苹. 南海西部冷涡区域上层海洋营养盐的动力学[D]. 厦门: 厦门大学, 2009.

[24] Hwang C, Kao R, Wu C R. The kinematics of mesoscale eddies from TOPEX/Poseidon altimetry over the subtropical counter current[M]//Satellite Altimetry for Geodesy, Geophysics and Oceanography. Heidelberg: Springer, 2003: 183-190.

[25] 孙湘平, 修树孟. 台湾东北海域冷水块的特征[J]. 海洋科学进展, 2002, 20(1): 1-10.

[26] Chaudhuri A, Gangopadhyay A, Balasubramanian R, et al. Automated oceanographic feature detection from high

resolution satellite images[C]//The Seventh IASTED International Conference on Computer Graphics and Imaging, 2004: 217-223.

[27] Balasubramanian R, Tandon A, John B, et al. Detecting and tracking of mesoscale oceanic features in the Miami isopycnic circulation ocean model[C]//IASTED VIIP, 2003: 169-174.

[28] Cayula J F, Cornillon P. Edge detection algorithm for SST images[J]. Journal of Atmospheric and Oceanic Technology, 1992, 9(1): 67-80.

[29] 温婷婷. 黄东海营养盐分布特征以及台湾东北部冷涡上升流的初步研究[D]. 青岛: 中国海洋大学, 2010.

[30] Penven P, Echevin V, Pasapera J, et al. Average circulation, seasonal cycle, and mesoscale dynamics of the Peru Current System: A modeling approach[J]. Journal of Geophysical Research: Oceans, 2005, 110(C10): 1-21.

[31] Chaigneau A, Gizolme A, Grados C. Mesoscale eddies off Peru in altimeter records: Identification algorithms and eddy spatio-temporal patterns[J]. Progress in Oceanography, 2008, 79(2): 106-119.

[32] Isern-Fontanet J, García-Ladona E, Font J. Identification of marine eddies from altimetric maps[J]. Journal of Atmospheric and Oceanic Technology, 2003, 20(5): 772-778.

[33] Isern-Fontanet J, García-Ladona E, Font J. Vortices of the Mediterranean Sea: An altimetric perspective[J]. Journal of Physical Oceanography, 2006, 36(1): 87-103.

[34] Chelton D B, Schlax M G, Samelson R M, et al. Global observations of large oceanic eddies[J]. Geophysical Research Letters, 2007, 34(15): 1-5.

[35] Chelton D B, Schlax M G, Samelson R M. Global observations of nonlinear mesoscale eddies[J]. Progress in Oceanography, 2011, 91(2): 167-216.

[36] Roberts J J, Best B D, Dunn D C, et al. Marine geospatial ecology tools: An integrated framework for ecological geoprocessing with ArcGIS, Python, R, MATLAB, and C++[J]. Environmental Modelling & Software, 2010, 25(10): 1197-1207.

[37] Beron-Vera F J, Olascoaga M J, Goni G J. Oceanic mesoscale eddies as revealed by Lagrangian coherent structures[J]. Geophysical Research Letters, 2008, 35(12): 1-7.

[38] Isern-Fontanet J, Font J, García-Ladona E, et al. Spatial structure of anticyclonic eddies in the Algerian basin (Mediterranean Sea) analyzed using the Okubo-Weiss parameter[J]. Deep Sea Research Part II: Topical Studies in Oceanography, 2004, 51(25/26): 3009-3028.

[39] de Souza J M A C, de Boyer Montegut C, Le Traon P Y. Comparison between three implementations of automatic identification algorithms for the quantification and characterization of mesoscale eddies in the South Atlantic Ocean[J]. Ocean Science, 2011, 7(3): 317-334.

[40] Kass M, Witkin A, Terzopoulos D. Snakes: Active contour models[J]. International Journal of Computer Vision, 1988, 1(4): 321-331.

4 海流环境中海洋机器人路径规划

4.1 概述

海洋机器人在海洋中执行任务，总会受到海流的影响。尤其一些自身速度较慢的海洋机器人更是如此。例如，水下滑翔机采用浮力驱动，滑翔速度慢，航迹对海流非常敏感。为了保证完成海洋机器人对指定点的采样或者作业任务，对海洋机器人进行路径规划时，必须考虑海流的因素。本章重点介绍海洋机器人如何在海流环境中以最优的路径从起始点到达目标点。

海洋机器人路径规划问题一直是研究的热点，有各种各样的方法。传统的AUV路径规划是从安全的角度出发，目标是在AUV执行任务的过程中，避开已知的障碍物或者危险的区域[1-3]。当前，AUV路径规划研究的目标除了避障之外，还要考虑在有海流的情况下AUV完成任务的质量(最短时间、最小能耗或者二者的折中)。Alvarez 等[4]利用动态规划的方法，获得了在不同的空间尺度流场中以能耗为优化准则的AUV的最优路径。Garau 等[5]将A*算法中的障碍转化成“流场中不能够到达的网格节点”。在 Garau 等研究的基础上，文献[6]的作者建立了连接起始点和目标点的快速搜索随机树(rapidly-exploring random trees)，使用极其简化的能耗模型，采用A*算法搜索出了能耗较优的路径。他们的方法均假设海流是静态的，而在实际中，海流是随着时间变化的。Kruger 等[7]针对快速变化的双向流设计了优化算法，使得AUV能够充分利用海流方向往返运动，从而节省能耗。Rhoads 等[8]研究了二维时变流场的AUV路径规划问题，目标是实现时间最短。他们重点考虑了当流速大于AUV速度时的控制率，为了实现该情况下的最优，他们通过解动态哈密顿-雅可比-贝尔曼方程并且联合了反馈控制率来实现全局时间最优和闭环路径，还使用极值场算法来处理这个问题，该算法可以实现逐步求精。Lolla 等[9]通过建立偏微分方程，用水平集方法对时变流场中的AUV进行了路径规划，其目的是实现时间最优。对很多海洋机器人来说，没有装备测流传感器，无法获得海流信息。Thompson 等[10]根据海洋预报模型得到海流数据，利用波阵面扩展算法设计了在时变海流情况下的水下滑翔机路径规划策略。

本章描述海洋机器人在较强海流下的路径规划问题，定义目标函数，并建立海流模型，再分别介绍 Wavefront 算法、A*算法和水平集方法在动态海流环境下对海洋机器人进行路径规划的方法。

4.2 问题描述

4.2.1 问题建立

通常情况下，认为海洋机器人的运行速度大小是常值，方向可控。二维平面中，流速 $v=(u,v)$，u 为东西向(东向为正)，v 为南北向(北向为正)。在本章仅考虑二维情形，假设其水平速度为 $\boldsymbol{v}_r$，流速为 $\boldsymbol{v}_c$，可以通过下式中的 k 值来判断海洋机器人速度和流速的比较状态：

$$k=\frac{\boldsymbol{v}_r}{\max \boldsymbol{v}_c} \tag{4.1}$$

当 $k \gg 1$ 时，海流对海洋机器人的影响甚微，轨迹规划可以忽略海流的存在；当 $k<0.5$ 时，由于海洋机器人的速度太慢，在海洋环境中基本上处于随波逐流的状态，失去了路径规划的意义；当 $0.5 \leqslant k \leqslant 1$ 时，虽然海流对海洋机器人的轨迹有明显的影响，但海洋机器人可以克服、利用海流，从而规划出一条最优的路径。

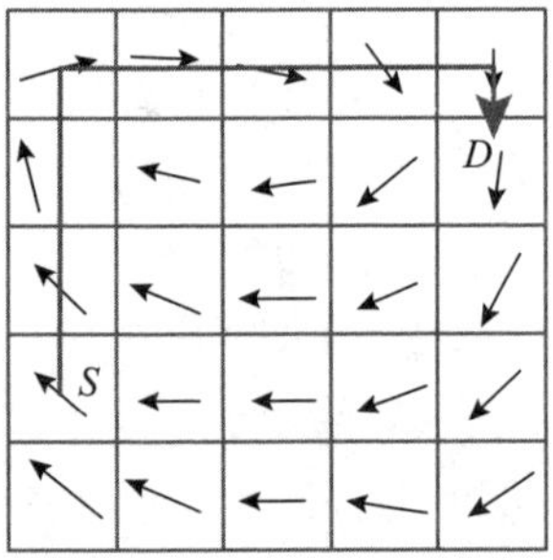

图 4.1　路径规划示意图

假设一个二维离散的海洋环境定义在 $n \times p$ 个规则的网格上，Δx、Δy 分别为 x 方向和 y 方向的空间分辨率，空间中任意点 $x=(h,k)$ 为其中的一个网格，$0 \leqslant h \leqslant n$，$0 \leqslant k \leqslant p$。一条从起始点 S 到目标点 D 的路径 P 定义为有序点的集合 $\Gamma=S,\cdots,x_{i-1},x_i,\cdots,D$ 中相邻两点之间的连线，如图 4.1 所示。假设海洋机器人的水平速度为 $\boldsymbol{v}_r$，海流的速度为 $\boldsymbol{v}_c(x,y,t)$，我们进行路径规划的目标为海洋机器人以最短的时间到达目的地，数学表示为

$$T=\min \sum_{i=1}^{m} t_i \tag{4.2}$$

式中，$t_i=\dfrac{\boldsymbol{s}_i}{\boldsymbol{v}_i}$ 为走完路径 P 中任一段路径需要消耗的时间，$\boldsymbol{s}_i$ 为第 i 个网格到第 $i+1$ 个网格的位移，$\boldsymbol{v}_i$ 为第 i 个网格到第 $i+1$ 个网格之间海洋机器人和海流的合速度。

4.2.2 环境流场构建

1. 海洋数值模式生成流场

海洋数值模式可以为海洋机器人的路径规划提供大范围、长时间的全局海流信息。典型的海洋数值模式是利用一组偏微分方程来表示预测海域内的动量、热量、盐度的平衡关系，通过给定表面风压和压力，对这些偏微分方程进行前向积分可以获得水平面和垂直面的随着时间变化的海流、温度和盐度等信息[11]。当前比较常用的海洋数值模式有区域海洋模式系统(regional ocean model system，ROMS)、哈佛海洋预报系统(Harvard ocean prediction system，HOPS)和普林斯顿海洋模式(Princeton ocean model，POM)等，这些海洋数值模式能够在数千米到上百千米的空间尺度上提供数小时到几十小时对海洋状态参数的预报。海洋数值模式通常输出深度上分层的流场数据，典型的深度分层有[0m, 5m, 10m, 15m, 20m, 30m, ⋯, 100m, 150m, ⋯, 700m, 800m, ⋯, 1600m, 1800m, ⋯, 4200m, 4500m, 5000m]。在应用时，可以直接使用分层的数据，也可以将其处理成深度平均流场(简称深平均流)。深平均流刻画了流场对海洋机器人下潜观测的总体影响。假定海洋机器人下潜时垂直速度恒定，则某一层流场对海洋机器人的影响与该层的厚度成正比。恒定垂直速度假设下深平均流的计算方法为：记深度 $h=(h_1,h_2,\cdots,h_n)$，n 为所关心深度 $h_{\max}$（比如 1000m、2000m 等）对应的层数，记流速 v（或 u）为 $v=(v_1,v_2,\cdots,v_n)$，则深平均流 $v_a=\frac{1}{h_{\max}}\sum_{i=1}^{n}h_iv_i$。

2. 模型生成流场

用流函数描述周期性变化的双曲流[12]模型(图 4.2)，其定义如下：

$$\psi(x,y,t)=A\sin\left[\pi f(x,t)\right]\sin(\pi y) \tag{4.3}$$

式中，

$$\begin{aligned} f(x,t)&=a(t)x^2+b(t)x \\ a(t)&=\epsilon\sin(\omega t) \\ b(t)&=1-2\epsilon\sin(\omega t) \end{aligned} \tag{4.4}$$

流速在东西向的分量 u 和南北向的分量 v 可写为

$$u=-\frac{\partial\psi}{\partial y}=-\pi A\sin\left[\pi f(x)\right]\cos(\pi y) \tag{4.5}$$

$$v=\frac{\partial\psi}{\partial x}=\pi A\cos\left[\pi f(x)\right]\sin(\pi y)\frac{\mathrm{d}f}{\mathrm{d}x} \tag{4.6}$$

其中，A 决定速度的大小，$\frac{\omega}{2\pi}$ 是振动频率，ϵ 为左右振荡的幅度。

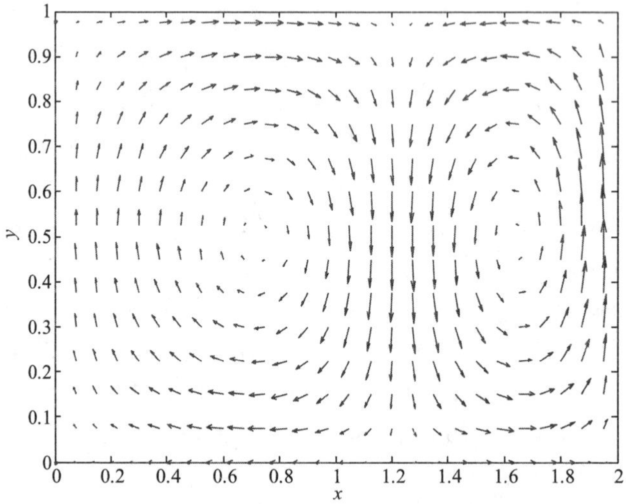

图 4.2　双曲流

(1)双曲流的空间定义域为$[0,2]\times[0,1]$，这是一个归一化的定义。因此，水下滑翔机的速度也采用无量纲的值，根据式(4.1)定义一个与流速对应的相对值，这样定义的结果不影响实际海洋环境中的路径规划结果。

(2)虽然可以给出流速场的解析值，即能给出环境场中任意点的值，但为了与海洋数值模式输出结果一致，在仿真实验中均采用离散的流速值。

3. 基于实测海流的局部流场构建

有效利用海洋机器人在运行过程中获得的实测海流数据的方式有两种：第一种是将实测数据同化进海洋数值模式中；第二种是利用海洋机器人运行过程中的历史数据[13]，对海洋机器人所在区域的流场进行估计和重构。第一种方式计算量较大，不适合对海洋机器人进行实时控制，且对局部区域中运动的海洋机器人来说，没有必要频繁更新全局的流场。第二种方式基于实测数据构建海洋机器人运动的局部区域内的流场，可以支撑对海洋机器人的动态控制。

本节使用客观分析(objective analysis，OA)对局部流场进行构建。客观分析有很多具体的方法，其中高斯-马尔可夫(Gauss-Markov)方法适用于样本稀疏的情形。将流场分解成北、东坐标系下的两个分量 u 和 v，二者可视为相互独立的标量场，对每个分量分别进行估计后再合成完整的流场。标量场的 Gauss-Markov 估计方法如下[14]：

$$\hat{\eta}(\boldsymbol{r})=\overline{\eta}(\boldsymbol{r})+\sum_{k=1}^{D}\zeta_k(\boldsymbol{r})[\eta_k-\overline{\eta}(\boldsymbol{r}_k)] \tag{4.7}$$

式中，$\hat{\eta}(\boldsymbol{r})$ 为位置 $\boldsymbol{r}$ 处所估计出的流场；$\overline{\eta}(\boldsymbol{r})$ 为所用观测值的平均值，其形式为 $\overline{\eta}(\boldsymbol{r})=E(\eta(\boldsymbol{r}))$；$D=\left\lceil\dfrac{12h}{T_h}\right\rceil$，$\lceil\bullet\rceil$ 表示向下取整；$\zeta_k(\boldsymbol{r})$ 为系数，其作用在于最小化 $\hat{\eta}(\boldsymbol{r})$ 的不确定性，其最优形式为

$$\zeta_k(\boldsymbol{r})=\sum_{l=1}^{D}B(\boldsymbol{r},\boldsymbol{r}_l)(\boldsymbol{C}^{-1})_{kl} \tag{4.8}$$

其中，$B(\boldsymbol{r},\boldsymbol{r}_l)=E[[\eta(\boldsymbol{r})-\overline{\eta}(\boldsymbol{r})][\eta_l(\boldsymbol{r})-\overline{\eta}_l(\boldsymbol{r})]^{\mathrm{T}}]$，$\boldsymbol{C}^{-1}$ 为观测值 $\boldsymbol{\eta}_k$ 的协方差矩阵的逆矩阵，其大小为 $D\times D$。当测量值噪声为白噪声时，$\boldsymbol{C}_{kl}=n\delta_{kl}+B(\boldsymbol{r}_k,\boldsymbol{r}_l),\delta_{kl}$ 为狄拉克函数，n 为噪声方差。除了对应位置的流场之外，还需要计算出 $\hat{\eta}(\boldsymbol{r})$ 与实际值 $\eta(\boldsymbol{r})$ 的误差。为此，需要计算出两者的平方误差，从而确定估计值 $\hat{\eta}(\boldsymbol{r})$ 的可信程度。文献[14]定义平方误差的形式为

$$\begin{aligned}A(\boldsymbol{r},\boldsymbol{r}')&\triangleq E[[\eta(\boldsymbol{r})-\hat{\eta}(\boldsymbol{r})][\eta(\boldsymbol{r})-\hat{\eta}(\boldsymbol{r})]^{\mathrm{T}}]\\&=B(\boldsymbol{r},\boldsymbol{r}')-\sum_{k,l=1}^{D}B(\boldsymbol{r},\boldsymbol{r}_k)(\boldsymbol{C}^{-1})_{kl}B(\boldsymbol{r}_l,\boldsymbol{r}')\end{aligned} \tag{4.9}$$

式(4.9)表征了真实值 $\eta(\boldsymbol{r})$ 与 $\hat{\eta}(\boldsymbol{r})$ 估计值的方差，其中协方差函数 B 的形式为[15]

$$B(\boldsymbol{r},\boldsymbol{r}')=\sigma_0\mathrm{e}^{-\frac{\|\boldsymbol{r}-\boldsymbol{r}'\|}{\sigma}} \tag{4.10}$$

式中，σ_0,σ 是调节参数；$\|\boldsymbol{r}-\boldsymbol{r}'\|$ 是空间两点 $\boldsymbol{r},\boldsymbol{r}'$ 的距离。

4.3 全局流场下海洋机器人路径规划

4.3.1 Wavefront 算法路径规划

传统的 Wavefront 算法[16]分为两个部分：首先，从起始点向相邻节点扩展，直至扩展到目标点，在扩展的过程中，记录每个被扩展节点的状态(代价)；然后，从目标点开始，利用爬山法找到最优路径。在这里，我们做两个方面的改变：一方面，总是让代价最小的节点向前扩展；另一方面，每个节点指定唯一的父节点。这样，既能够减小节点的扩展数量，又有利于反向构造最优路径。

Wavefront 算法的扩展过程如图 4.3 所示，图中黑色节点表示起始点，红色节点表示目标点，蓝色节点表示当前节点的邻节点，绿色节点表示从当前节点能够

转移到的邻节点，粉色节点表示当前代价最低的节点，“→”的出发端表示父节点，指向端表示子节点。我们对图 4.3 所示的扩展过程作如下解释：

(1) A→B（A 表示父节点，B 表示子节点）表示为 $P(A,B)$，每个节点可以有多个子节点，但只能有一个父节点。

(2) $T(A,B)$ 表示从节点 A 到节点 B 消耗的时间，$T(B)$ 表示从起始点到节点 B 总的消耗时间。

(3) 若原来 B 的父节点为 A，即 $P(A,B)$，如果有 $T(B)>T(C)+T(C,B)$，则 B 的父节点改变为 C，即 $P(C,B)$，并且从起始点到 B 点的消耗的时间改变为 $T(B)=T(C)+T(C,B)$。

(4) 每次总是从 $\min T(x)$ 的节点向前扩展，直至到达目标点。

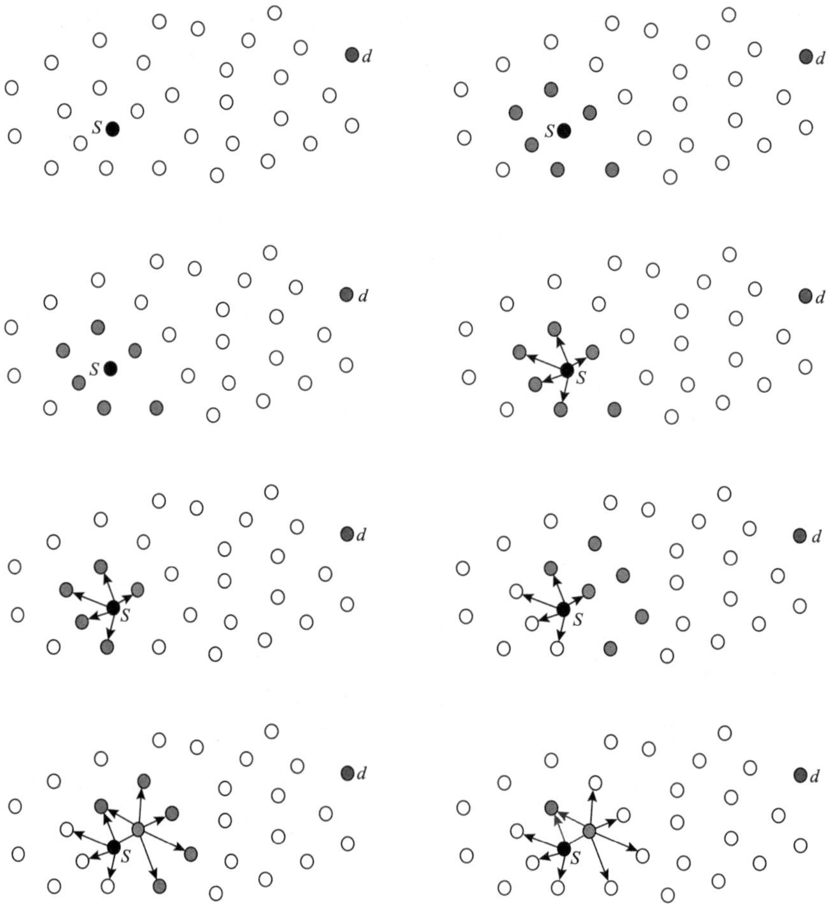

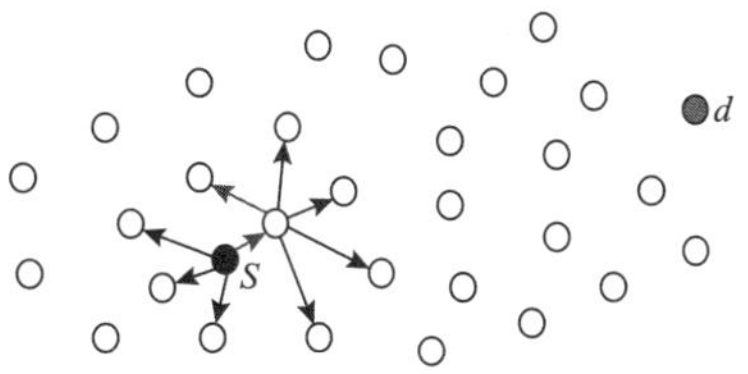

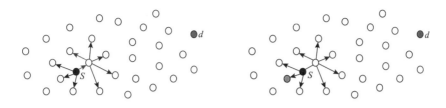

图 4.3 Wavefront 算法扩展过程(见书后彩图)

当从起始点扩展到目标点后，我们需要从目标点反向构造最优路径：从目标点开始，反向寻找自己的父节点，直至到达起始点(图 4.4)。

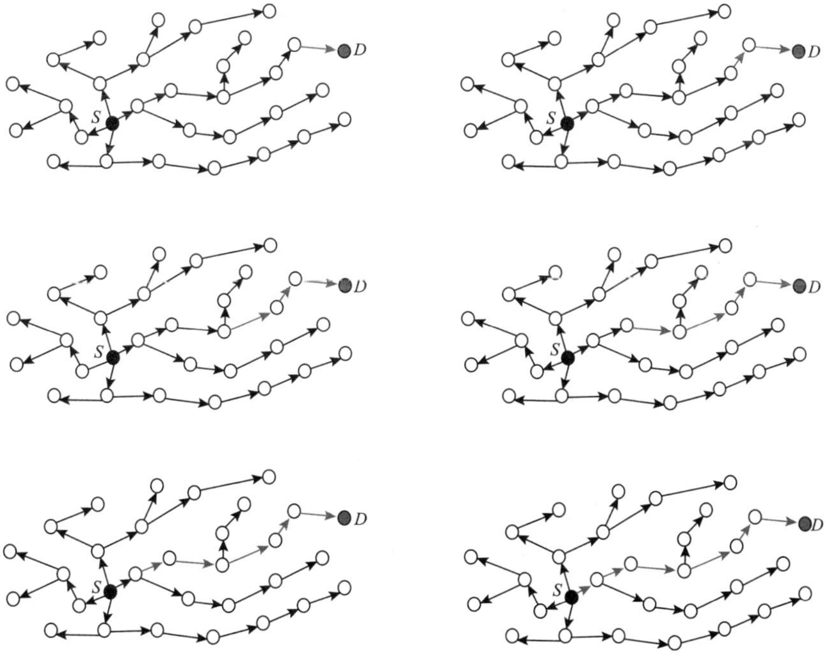

图 4.4 最优路径构造过程

利用 Wavefront 进行路径规划，只要从起始点到目标点的路径存在，得到的路径就一定是最优的。但是由于 Wavefront 无启发式搜索，搜索的过程中扩展的节点较多，因此搜索时间较长。

4.3.2 A*算法路径规划

A*算法[17]与 Wavefront 算法的不同之处在于评价函数中加入了启发函数，而启发函数体现了当前节点与目标点的关系，因此能够更加快速地朝着目标方向进行搜索。

A*算法的评价函数定义如下：

$$f(n)=T(n)+h(n) \tag{4.11}$$

式中，$T(n)$为起始点到当前节点的代价；$h(n)$为当前节点到目标点代价的估计值，有

$$h(n)=\frac{s(d,n)}{v_{\max}} \tag{4.12}$$

其中，$s(d,n)$为当前节点到目标点的欧几里得距离，$v_{\max}$为水下滑翔机对地速度的最大值。当$h(n)\leqslant h^*(n)$［$h^*(n)$为当前节点到目标点代价的真实值］时，$h(n)$称作可采纳启发函数，在这种情况下，只要从起始点到目标点的路径存在，那么A*算法就一定能搜索到全局最优解。

与Wavefront算法相比，由于A*算法的评价函数中包含了当前节点与目标点的关系，只要启发函数是可采纳启发，那么在节点的扩展过程中，只需要朝着当前评价函数最小的节点扩展而无须扩展当前节点所有的相邻节点，就能够搜索到全局最优解，从而提升搜索效率。

4.3.3 基于水平集的路径规划方法

1. 水平集方法

水平集(level set)方法[18]是用于跟踪封闭界线(面)演化的数值方法，其采用曲线的隐式表达方式，将曲线(面)隐藏在值函数中，选取值函数的某一个等值线(面)作为要追踪的曲线(面)，从而将界面的演化问题转化为值的演化问题。封闭曲线(面)的梯度方向总是存在，避免了诸如粒子跟踪等显示表达式在非连续处因梯度不存在导致的跟踪失败。

记值函数为ϕ，常用的值函数为“符号距离函数”，以下在二维空间内进行描述，即要追踪的是二维曲线。记要跟踪的曲线为$\partial\omega$，也称为锋面，距离函数$d(\boldsymbol{r})$为空间内点$\boldsymbol{r}$到曲线$\partial\omega$的最短距离，数学表述为$d(\boldsymbol{r})=\min\limits_{\boldsymbol{r}_i}|\boldsymbol{r}-\boldsymbol{r}_i|$，其中$\boldsymbol{r}_i$为$\partial\omega$上所有点的集合。符号距离函数作如下定义：

$$\phi(\boldsymbol{r})=\begin{cases}d(\boldsymbol{r}), & \text{如果}\boldsymbol{r}\text{在}\partial\omega\text{内部}\\ -d(\boldsymbol{r}), & \text{如果}\boldsymbol{r}\text{在}\partial\omega\text{外部}\end{cases} \tag{4.13}$$

封闭曲线的内部定义为沿着曲线逆时针行走时左边所指的方向。对于$\partial\omega$上的所有点$\boldsymbol{r}_i$，有$\phi(\boldsymbol{r}_i)=0$。符号距离函数连续光滑，可以避免等值线上出现梯度值

很大的点，方便后续分析和计算。$\phi(\boldsymbol{r},t)$随时间不断演化过程中，某条等值线$\phi=c$对应着要跟踪的曲线，一般地，取$c=0$。因此，$\partial\omega(t)=\{\boldsymbol{r}\mid\phi(\boldsymbol{r},t)=0\}$，也称为零水平集。

对于路径$\gamma(t)$，ϕ沿着路径γ的变化满足

$$\frac{\mathrm{d}}{\mathrm{d}t}\phi(\boldsymbol{r},t)=\frac{\partial\phi}{\partial t}+\nabla\phi\cdot\frac{\mathrm{d}\boldsymbol{r}}{\mathrm{d}t}$$

$\phi(\boldsymbol{r},t)$在演化的每一个时刻都存在锋面，γ产生于这些锋面中，所以沿着$\gamma(t)$，$\phi(\boldsymbol{r},t)$的值是一个常量，于是有$\frac{\mathrm{d}}{\mathrm{d}t}\phi(\boldsymbol{r},t)=0$，则有

$$\frac{\partial\phi}{\partial t}+\nabla\phi\cdot\frac{\mathrm{d}\boldsymbol{r}}{\mathrm{d}t}=0$$

取控制参量$\boldsymbol{u}$为单位法向矢量，即$\boldsymbol{u}=\frac{\nabla\phi}{|\nabla\phi|}$，得到哈密顿-雅可比方程

$$\frac{\partial\phi(\boldsymbol{r},t)}{\partial t}+v_g\left|\nabla\phi(\boldsymbol{r},t)\right|+\boldsymbol{F}(\boldsymbol{r},t)\cdot\nabla\phi(\boldsymbol{r},t)=0 \tag{4.14}$$

基于水平集的路径规划方法分为前向数值演化和逆向生成路径两个阶段。前向数值演化阶段ϕ从起始点开始按照式(4.14)进行演化，终止于曲线第一次经过目标点时。如果将$\phi(\boldsymbol{r},t)$的零水平集看成海洋机器人在t时刻能够到达的集合，则式(4.14)中$\phi(\boldsymbol{r},t)$的演化过程可以看成海洋机器人可到达集合随时间的变化，其中海洋机器人在海流的影响下以恒定的速度v_g向梯度最大的方向运动。逆向生成路径阶段从目标点开始根据前向数值演化时生成的零水平集一步步逆推至起始点，形成完整的路径。

1) 前向数值演化

设前向数值演化阶段开始于 0 时刻，终止于t^*时刻，则对于零水平集有$\phi(\boldsymbol{r}_b,0)=0$和$\phi(\boldsymbol{r}_d,t^*)=0$。从式(4.14)中可以看出，演化过程中需要计算零水平集曲线的梯度，单独的点没有梯度。因此初始时刻需要在起始点周围构建出一条极小的封闭曲线，所包含的面积趋近于 0，但曲线上每一点的法向量都存在。实际中，曲线通常采用以$\boldsymbol{r}_b$为中心的圆。于是，式(4.14)演化的初始条件可写为

$$\phi(\boldsymbol{r},0)=\|\boldsymbol{r}-\boldsymbol{r}_b\|_2-\varepsilon \tag{4.15}$$

式中，$\|\bullet\|_2$代表二范数，即欧几里得距离；ε是构建的极小封闭圆的半径。为防止极端情况下终点无法到达的情况，设置算法运行的超时时间为$\hat{t}$。则前向数值演化终止条件为：$\phi(\boldsymbol{r}_d,t)=0$或$t>\hat{t}$（即演化超时）。

对于有障碍的环境，在算法前向数值演化过程中将障碍区域处 v_g 和 $\boldsymbol{F}$ 都设置为 0，即在障碍区域内曲线没有向前运动的动力。

2) 逆向生成路径

假定起始状态时起始点处有无数的粒子，无数是指在前向数值演化过程中任意时刻的锋面上任意一点都有一个粒子沿着当前位置的梯度方向前进，则最终到达终点的粒子必定在这无数粒子之中。逆向生成路径的思路类似于粒子追踪过程，也就是将到达终点的这个粒子的路径提取出来。逆向生成路径的模型写为

$$\frac{\mathrm{d}\boldsymbol{r}}{\mathrm{d}t} = -v_g \frac{\nabla\phi}{|\nabla\phi|} - \boldsymbol{F}(\boldsymbol{r},t) \tag{4.16}$$

粒子的初始位置位于目标点 $\boldsymbol{r}_d$，追踪过程终止于粒子到达起始点。其中粒子走过的路径即为算法找到的时间最优路径。

2. 数值实现方法

为说明数值方法，重写式(4.14)如下：

$$\phi(t^n) + v_g \cdot |\nabla\phi(t^n)| + \boldsymbol{F} \cdot \nabla\phi(t^n) = 0$$

式中，$\phi(t^n)$ 表示 ϕ 在 $t^n = n \cdot \Delta t$ 时刻的值，记 $\phi(t^n)$ 为 ϕ^n，Δt 是计算过程中采用的时间步长。在计算机计算过程中，考虑对以下三项进行离散化：

$$\phi^n \tag{4.17}$$

$$v_g \cdot |\nabla\phi^n| \tag{4.18}$$

$$\boldsymbol{F} \cdot \nabla\phi^n \tag{4.19}$$

以步长 Δt 离散化式(4.17)：

$$\frac{\phi^{n+1} - \phi^n}{\Delta t} \tag{4.20}$$

式中，$\phi^{n+1} = \phi(t^{n+1})$，$t^{n+1} = t^n + \Delta t$。对于时间维度上的离散近似，应当选取合适的 Δt，选择过大的 Δt 会导致离散近似的精度降低，太小的 Δt 会导致计算量激增。在流场中[式(4.20)]，Δt 的选择应当满足 Courant-Friedreichs-Lewy(CFL)条件，CFL 条件要求数值的演化速度要比物理的演化速度快。从数学上来看，$\Delta\boldsymbol{x} / \Delta t$ 应当至少快于 $\boldsymbol{F}$，即 $\Delta\boldsymbol{x} / \Delta t > |\boldsymbol{F}|$。重新整理为

$$\Delta t < \frac{\Delta\boldsymbol{x}}{\max|\boldsymbol{F}|}$$

式中，$\max|\boldsymbol{F}|$ 是当前时刻区域内最大流速。通过选择一个 CFL 常数 α，将不等式写为等式：

$$\Delta t = \alpha / \max\left(\frac{|u|}{\Delta x} + \frac{|v|}{\Delta y}\right)$$

近似最优选择为 $\alpha = 0.9$，常用的保守选择为 $\alpha = 0.5$，在离散化近似式(4.18)和式(4.19)时，我们选择 $\alpha = 0.5$。

式(4.18)中 $\nabla\phi^n$ 表示 ϕ 在 t^n 时刻的梯度，在二维笛卡儿坐标系中，$\nabla\phi = \left(\phi_x, \phi_y\right)$，则

$$|\nabla\phi| = \sqrt{\phi_x^2 + \phi_y^2} \tag{4.21}$$

式(4.19)可以扩写为

$$\boldsymbol{F} \cdot \nabla\phi^n = u \cdot \phi_x + v \cdot \phi_y \tag{4.22}$$

为决定 ϕ_x 和 ϕ_y，首先定义四个差分算子：

$$\phi_x^+ = \frac{\phi(i+1, j) - \phi(i, j)}{\Delta x}$$

$$\phi_x^- = \frac{\phi(i, j) - \phi(i-1, j)}{\Delta x}$$

$$\phi_y^+ = \frac{\phi(i, j+1) - \phi(i, j)}{\Delta y}$$

$$\phi_y^- = \frac{\phi(i, j) - \phi(i, j-1)}{\Delta y}$$

在空间中具体点上选择 ϕ_x 和 ϕ_y 为以上哪种算子时，考虑迎风机制(upwind scheme)。在标准笛卡儿坐标中，如果零水平集上某一点沿着 x^+ 方向演化，应当使用 ϕ_x^- 算子来表示 ϕ_x，因为 $\phi(i-1, j)$ 的值在上一次计算中已经被更新过。如果沿着 x^- 方向演化，则应当使用 ϕ_x^+ 算子来表示 ϕ_x，因为 $\phi(i+1, j)$ 的值在上一次计算中被更新过。

在近似式(4.19)时，ϕ_x 和 ϕ_y 选择方法为

$$\phi_x(\text{或}\phi_y) = \begin{cases} \phi_x^+(\text{或}\phi_y^+), & u(\text{或}v) < 0 \\ \phi_x^-(\text{或}\phi_y^-), & u(\text{或}v) > 0 \end{cases}$$

根据四个算子，定义下面两个梯度：

$$\begin{cases}\nabla^+ = [\max(\phi_x^-,0)+\min(\phi_x^+,0)+\max(\phi_y^-,0) \\ \qquad +\min(\phi_y^+,0)]^{1/2} \\ \nabla^- = [\max(\phi_x^+,0)+\min(\phi_x^-,0)+\max(\phi_y^+,0) \\ \qquad +\min(\phi_y^-,0)]^{1/2}\end{cases} \tag{4.23}$$

代入式(4.20)可得

$$\begin{aligned}\frac{\phi_{i,j}^{t+\Delta t}-\phi_{i,j}^{t}}{\Delta t} = &-\left(\max(V_{ij},0)\nabla^+ + \min(V_{ij},0)\nabla^-\right) \\ &-\left(\max(u_{ij}^{t+\Delta t},0)\phi_x^- + \min(u_{ij}^{t+\Delta t},0)\phi_x^+\right) \\ &-\left(\max(v_{ij}^{t+\Delta t},0)\phi_y^- + \min(v_{ij}^{t+\Delta t},0)\phi_y^+\right)\end{aligned} \tag{4.24}$$

下面介绍逆向追踪方法改进。基于网格搜索的路径规划算法都会面临在强流中找不到邻节点的问题，从而导致路径搜索失败。图 4.5 中给出了不同的海洋机器人速度与流速比 v/v_f 情况下，海洋机器人能够运动的角度范围，图中黑色箭头为海洋机器人运动方向和流场方向，扇形区域表示能够运动的范围。可以看出，当流速超过海洋机器人运动速度时，四邻节点的搜索方法将可能找不到邻节点。

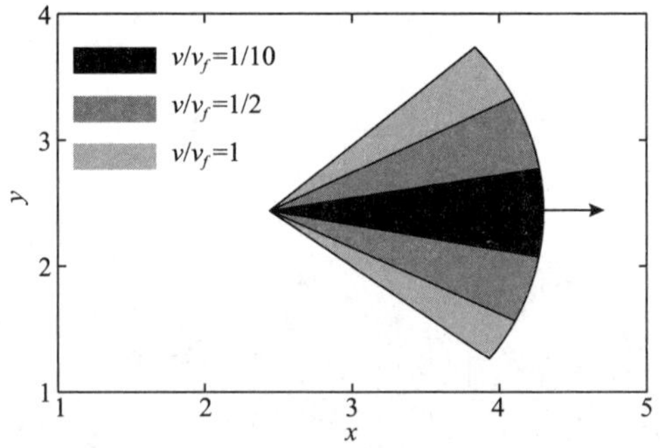

图 4.5　海洋机器人在不同相对速度的流场中能够移动的范围

基于水平集的路径规划方法在理论上可以不受网格约束，保证得到的路径可行。但是在离散近似计算中，由于算法的误差累积，在起始点和流场突变处会产生明显误差，原因主要有以下几点：①在近起始点处，零水平集包含的网格数较少，用于计算逆向梯度的点数就较少，导致梯度不平滑；②按式(4.16)逆向寻找路径点 γ^{n+1} 到 γ^n 时，应该使用 $\Delta\phi^n$ 对应的法向和流场进行计算，但由于指向点 γ^{n+1} 的 ϕ^n 的法向不确定，因此使用的是 $\Delta\phi^{n+1}$，导致有一定的误差，特别是在流场激变时；③数值方法精度不够，导致演化本身存在一定的误差，即在无流场情况下，

由 ϕ^n 演化得到的 ϕ^{n+1} 反向演化一步得到的 $\phi^{n'}$ 与 ϕ^n 不完全相同，造成误差。

在强流场中，海洋机器人能够运动的范围有限，在起始点处累积的误差可能会导致路径点偏离运动范围，造成路径不可行。

计算 ϕ^{n+1} 时，选定一个合适的 Δt，则 ϕ^{n+1} 的表达式可写为

$$\phi^{n+1} = \phi^n + \Delta t \cdot \boldsymbol{\Psi}^n$$

式中，$\boldsymbol{\Psi}^n = -v_g \cdot \left|\nabla \phi^n\right| - \boldsymbol{F} \cdot \nabla \phi^n$。考虑 ϕ^{n+2}，写为

$$\phi^{n+2} = \phi^{n+1} + \Delta t \cdot \boldsymbol{\Psi}^{n+1}$$

则 ϕ^{n+1} 可表示为 ϕ^n 和 ϕ^{n+2} 的线性组合：

$$\phi^{n+1} = 0.5\phi^n + 0.5\phi^{n+2}$$

计算 $|\nabla \phi|$ 时，采用本质无振荡(essential non-oscillatory，ENO)线性插值法进行 ϕ 的高阶近似。ϕ 在点 i 处的第 0 阶差商为

$$D_i^0 = \phi_i$$

ϕ 的一阶差商为

$$D_{i+1/2}^1 \phi = \frac{D_{i+1}^0 \phi - D_i^0 \phi}{\Delta x}$$

$(D^- \phi)_i = D_{i-1/2}^1 \phi$，$(D^+ \phi)_i = D_{i+1/2}^1 \phi$。$\phi$ 的二阶差商为

$$D_i^2 \phi = \frac{D_{i+1/2}^1 \phi - D_{i-1/2}^1 \phi}{2\Delta x}$$

取 $\phi_x = D_i^2 \phi$，y 方向上做相同处理，即可得高阶近似精度。

4.3.4 仿真结果与分析

1. Wavefront 算法和 A*算法仿真结果与分析

我们采用双曲流模型，其中 $A = 0.1,\ \omega = 0.2\pi,\ \epsilon = 0.25$。空间分辨率 $\Delta x = \Delta y = 0.01$，每个网格中海流的大小和方向均相同。时间步长 $\Delta t = 0.1$，也就是说每增加 0.1 个时间单位，流速更新一次。AUV 的速度大小 $v_r = 0.2$，在整个流场中，AUV 的速度与流速的比值范围为 $0.45 < \frac{v_c}{v_r} < 0.7$。

路径规划的起始点为 $s(10,20)$，目标点为 $d(80,30)$，假设在路径规划起初，后面需要的海流信息已经全部已知，分别用 Wavefront 算法和 A*算法分别路径规

划，结果如图 4.6 所示。

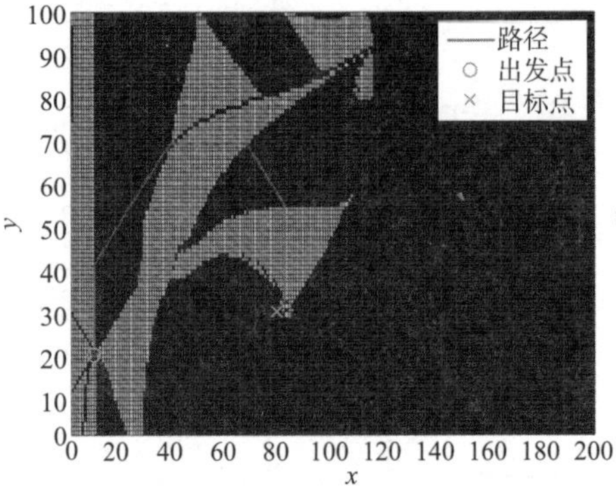

(a) Wavefront算法

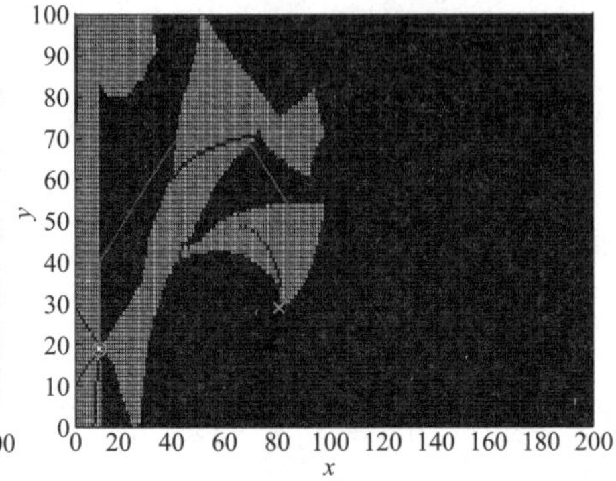

(b) A*算法

图 4.6　路径规划结果(见书后彩图)

图 4.6 中，黄绿色的网格表示在算法搜索过程中其父节点发生过改变，棕色网格表示父节点没有发生过改变，二者共同表示在算法搜索过程中扩展到的节点。从图中可以看出，A*算法搜索过程扩展的节点个数明显少于 Wavefront 算法。A*算法的启发函数是可采纳的，和 Wavefront 算法搜索到的路径完全一样，都是最优的。但是，由于 A*算法具有启发性，能够以较快的搜索速度收敛到目标点，扩展的节点相对较少，因此，搜索速度较快。在本仿真实例中，A*算法的搜索速度是 Wavefront 算法的 3 倍。

2. 基于水平集方法的仿真结果与分析

本节首先设定几种特殊分布的流场，验证基于水平集的路径规划算法和改进的数值方法。考虑二维配置空间，空间的两个坐标轴 x、y 范围都在[−1,1]内，空间内网格数为 $m\times n$ 个，两个方向分别按 i 和 j 来索引。流场 $\boldsymbol{F}$ 在这些网格上取值，其中第 (i,j) 个网格点上的外力速度为 $\boldsymbol{F}_f(i,j)$。在仿真实验中，海洋机器人的速度 v_g 保持恒定，设定为 $v_g=0.3$。在 4.3.4 节的仿真实验设定中，坐标轴和海洋机器人速度都采用无量纲数值，不影响实验结果。

逆向寻找路径过程从目标点开始，模拟海洋机器人反方向运动，同时要消除流场的影响。由于逆向时 ϕ 的法向与前向数值演化时不同，在每一步都会产生一定程度的误差，累积误差在起始点和流场突变处表现明显。为体现改进的数值方法的效果，图 4.7 中设计了三种仿真实验场景。

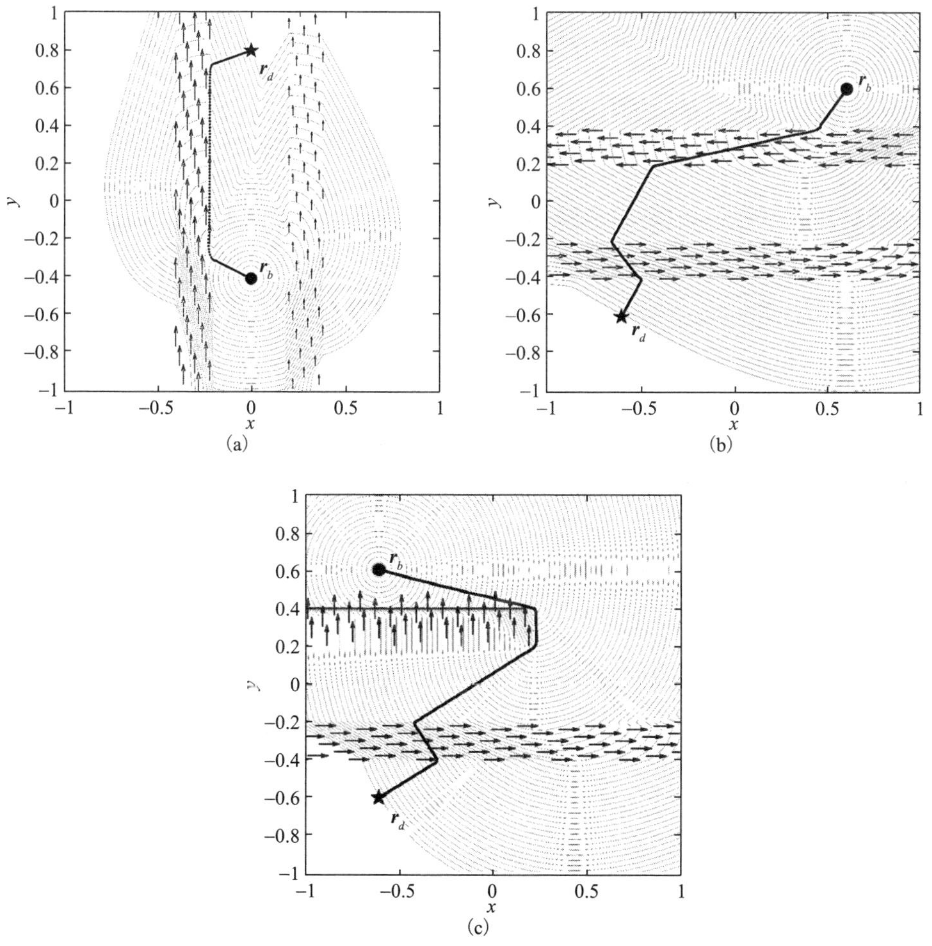

图 4.7　不同设定环境下路径规划仿真结果

图 4.7(a) 中模拟了海洋机器人利用流场来加速运动、减少时间的实验，并能够以合理的角度切入和离开流场。设置起始点和目标点分别为 (0,−0.4) 和 (0,0.8)，海洋机器人的速度设置为 0.3。环境流场为 y 方向的两股射流，流速与海洋机器人速度相当。理论上在没有流场的空间中，两点之间的时间最优路径为一条直线。

图 4.7(b) 中模拟海洋机器人穿越两条方向相反的射流带的场景。设置起始点和目标点分别为 (0.6,0.6) 和 (−0.6,−0.6)，海洋机器人的速度设置为 0.3。环境流场中设置了沿 x 方向、方向相反的两股射流，流速与海洋机器人速度相同。

图 4.7(c) 中模拟了海洋机器人绕过一条激流带并穿越另外一条射流带的场景。设置起始点和目标点分别为 (−0.6,0.6) 和 (−0.6,−0.6)，海洋机器人的速度设置为 0.3。环境流场中设置了沿 x 方向的两股长短不同的射流带。位于上方的射流带流

速是海洋机器人速度的 1.5 倍，方向沿 y 轴正向。位于下方的射流带流速与海洋机器人速度相同，方向沿 x 轴正向。

由于海洋机器人从起始点开始运动，特别是在目标点距离起始点很远、海洋机器人在运动过程中要不断迭代更新的情况下，起始点附近的路径显得尤其重要。改进数值方法后，得到的路径明显优于改进之前，除了在流场突变处由于法向不稳定造成波动，几乎与理论上时间最优路径相同。

图 4.8 中，设置空间中存在着横跨 x 轴的射流带，流速沿 x 正向，模拟海洋机器人穿过不同流速的射流带时的场景。图中不同颜色的曲线代表了海洋机器人穿越不同流速射流带时的路径。可以看出，在较小的流场中，穿过射流带的路径与 x 轴的夹角较大，表示海洋机器人可以更容易地穿越速度场。而在较大的流场中，该角度变小，表示海洋机器人在较大的流场中可以移动的角度范围变小，因此需要以更大的角度进入和驶出射流带。

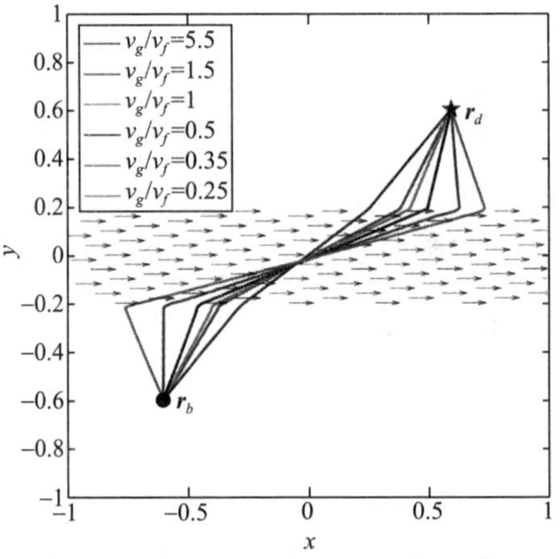

图 4.8　海洋机器人穿越不同速度射流带时的路径（见书后彩图）

4.4　基于共享流场的海洋机器人动态路径规划

对于大规模或高精度的海洋观测，通常会采用能够相互协作的海洋机器人群体来执行任务，协作体现在时间和空间覆盖上[19]。环境流场对海洋机器人的运动影响较大，对平均流很大并且空间差异性也很大的强流场区域来说路径规划尤其重要。对于海洋机器人群体，每一个海洋机器人都应当优先将这些重要区域的信息传递给其他机器人。现有一组海洋机器人 $G_1, G_2, \cdots, G_K$ 被布置在海洋中的不同位置。在本节中，我们只考虑规划者的路径，对路径产生影响的主要外界因素是环境海流。我们假设每个机器人能够感知自己周围一片区域的流场信息，这片区域称为感知区。感知区内的流场可以通过 4.2.2 节中的方法来构建。除了流场的重构值，客观分析还可以给出重构的不确定性。为保证感知区数据的有效性，实际重构的区域要大于感知区，感知区即选取为重构不确定性小于一定值的区域。

将区域离散成 $m\times n$ 个网格点，索引记号为 (i,j)。在这片区域内的流场可以用两个 $m\times n$ 的矩阵来表示，即 $\boldsymbol{U}=\{u_{ij}\}_{m\times n}$ 和 $\boldsymbol{V}=\{v_{ij}\}_{m\times n}$，其中 u_{ij} 表示 (i,j) 点上东/西向的流速，v_{ij} 表示南/北向的流速，该区域内的流场记为 $\boldsymbol{F}=(\boldsymbol{U},\boldsymbol{V})$。

现考虑海洋机器人 G_1 需要规划出一条从起始点 $\boldsymbol{r}_b$ 到目标点 $\boldsymbol{r}_d$ 的时间最优路径，图 4.9 给出了示意图。由于机器人的速度有限，因此在规划时有必要避开强流场区域。图中粗线条围成的区域为海洋机器人 G_1 的感知区。为避开进入不可穿越区，仅拥有自己感知区内的信息是不够的，G_1 需要与其他机器人进行数据交互来获得它们感知区内的流场信息。海洋环境中，通信受限是多海洋机器人信息共享的一个主要约束。海洋机器人之间的通信主要有两种方式，一是卫星通信，二是水声通信。借助于水下位置推算和延时控制等技术，通过卫星通信的信息交互能够形成一定的协作，但程度还很弱。对时效性要求很高或者协同程度要求很高的应用，仅仅使用卫星通信不能满足要求。得益于水声技术的快速发展，利用水声通信进行信息交互是海洋机器人实现信息交互的有效途径之一。现阶段，海洋机器人之间基于水声通信的信息交互量受到物理水声信道的约束，机器人之间交互的信息量还很小。

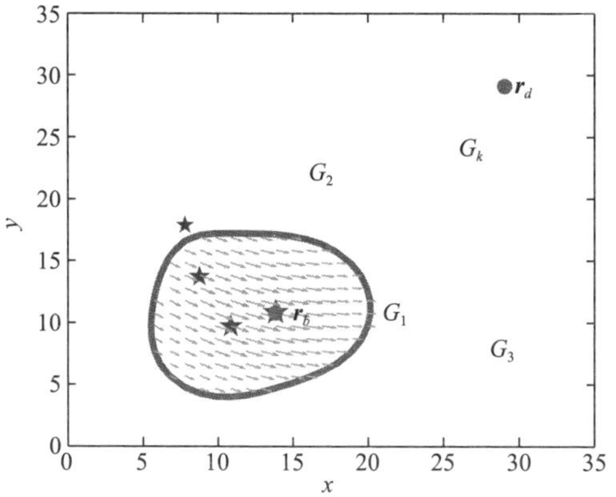

图 4.9　问题描述示意图

因此，本节提出了一种新的信息处理方法，保留最重要信息的同时能够打破通信链路质量对传输数据量的限制。每一台海洋机器人使用支持向量数据描述(support vector data description，SVDD)方法找到能够描述强流场区域边界的一组支持向量集，这些支持向量同区域的可穿越性参数一起通过通信链路传送给其他机器人。基于此，我们进一步提出了在信息保真度和通信链路质量之间寻求平衡的一系列优化措施。

4.4.1 共享数据提取与压缩

由于水声信道中可传输的数据量受到限制，本节介绍提取每个海洋机器人待传数据中最重要的信息，用以在海洋机器人之间进行交互。首先，对某海洋机器人感知区内的流场进行可穿越性分析，分析其中海流的强度和粗糙度的总体情况。然后，将感知区内海流强度超过一定值的流场区域的边界用少量的位置点(也叫支持向量)来表示。可穿越性参数和支持向量是需要传递给其他海洋机器人的信息，信息量不能超过由通信链路决定的上限 n_p^* 。

以海洋机器人 G_2 来说明问题，假设在它的感知区内存在一片区域 Ω_2 ，该区域内平均流速很大，则 Ω_2 是其他海洋机器人非常感兴趣的信息，因为它可能会影响海洋机器人的运动。要将这些信息全部通过信道传送出去是很困难的，必须要根据信道的质量来对数据做压缩。数据压缩算法采用 SVDD 方法，将处于 Ω_2 边界上并且能够描述整个区域的点提取出来发送给其他海洋机器人。当海洋机器人 G_1 接收到来自 G_2 的信息，G_1 能够近似重构出强流场区域 Ω_2 。在路径规划算法中，决策者利用某区域的可穿越分析参数将有助于其在路径规划时决定是应该利用该区域还是应该避开该区域。

1. 流场的可穿越性

移动海洋机器人地形分析中，有三个常用的可穿越性分析参数：高度、坡度和粗糙度。类似的，我们定义流场中可穿越性分析的两个参数：平均流和粗糙度。

首先，我们定义区域 Ω_2 内的平均流为

$$\overline{\boldsymbol{f}}_{\Omega_2}=(\overline{u}_{\Omega_2},\overline{v}_{\Omega_2})=(\frac{1}{N_{\Omega_2}}\sum_{i,j\in\Omega_2}u_{ij},\frac{1}{N_{\Omega_2}}\sum_{i,j\in\Omega_2}v_{ij})$$

式中，$u_{ij}\left(\text{或}v_{ij}\right)$ 为 $u(\text{或}v)$ 在点 (i,j) 处的海流值；N_{Ω_2} 是区域 Ω_2 内网格点的数量。平均流融合了地形的高度和坡度的概念。其次，定义流场的粗糙度为海流两个维度标准差的最大值：

$$r_f=\max\left(\sqrt{\frac{1}{N_\Omega}\sum_{i,j\in\Omega}(u_{ij}-\overline{u}_\Omega)^2},\sqrt{\frac{1}{N_\Omega}\sum_{i,j\in\Omega}(v_{ij}-\overline{v}_\Omega)^2}\right)$$

平均流表示了该区域内流场的强度和方向，大多数路径规划方法生成的路径

都要让海洋机器人能够利用强流场来加速，而不是顶流前行。流场的粗糙度表示了流场的不确定性，高粗糙度表示该区域内流场的大小和方向会在更小的尺度上产生变化，这会导致海洋机器人的路径在该区域内变得不可预测。路径规划方法在粗糙度较大的强流场中会产生不可行的路径。

海洋机器人研究中[20-21]可穿越性评估所用的阈值方法同样适用于流场中。为粗糙度设定一个阈值，用以指示海洋机器人能否安全穿越某流场，如果该区域的粗糙度 r_f 超过了这个阈值，海洋机器人应当避免进入该区域。将流场强度的阈值设置为海洋机器人速度的一定比例，通过比较流场强度是否会对海洋机器人路径规划产生影响来决定流场阈值。平均流速大于该阈值的区域的信息将被发送给其他海洋机器人辅助其规划路径。

2. 强流场区域边界

当平均流场强度阈值确定之后，海洋机器人感知区内超过该阈值的强流场区域即可确定，SVDD 方法用于找到强流场区域的边界信息，其他海洋机器人利用该信息可以恢复强流场区域。

1) SVDD

假设想要从一组数据集中提取一些特定的数据，这些需要提取的特定数据称为目标数据，数据集中的其他数据称为奇异数据。在本节中，目标数据为强流场(即流速超过一定阈值)区域所在的网格点位置，奇异数据为区域中其他网格点位置。

用 SVDD 方法[22]寻找一个最小超球体，应包含尽量多的目标数据和尽量少的奇异数据。假设训练数据中目标点记为 $\{\boldsymbol{x}_i, i=1,2,\cdots,N\}$，包含 $\{x_i\}$ 的中心为 $\boldsymbol{a}$、半径为 R 的最优超球体可以通过下列最优化方程得到[20]：

$$\min_{R,\boldsymbol{a},\xi_i} F(R,\boldsymbol{a},\xi_i) = R^2 + C\sum_{i=1}^{N}\xi_i \tag{4.25}$$

约束条件为

$$\|\boldsymbol{x}_i - \boldsymbol{a}\|^2 \leqslant R^2 + \xi_i \tag{4.26}$$

式中，$\xi_i \leqslant 0$ 是决策松弛因子，允许一小部分目标点位于超球体之外；参数 C 是控制超球体体积和不被球体接受的目标数据点数量之间平衡的权重。

为了解这个约束优化问题，应用拉格朗日乘子法构建拉格朗日函数：

$$L(R,\boldsymbol{a},\alpha_i,\xi_i,\gamma_i) = R^2 + C\sum_i \xi_i - \sum_i \alpha_i\{R^2 + \xi_i - (\|\boldsymbol{x}_i\|^2 - 2\boldsymbol{a}\cdot\boldsymbol{x}_i + \|\boldsymbol{a}_i\|^2)\} - \sum_i \gamma_i\xi_i \tag{4.27}$$

式中，$\alpha_i \leqslant 0$ 和 $\gamma_i \leqslant 0$ 是拉格朗日乘子。对 $R,\boldsymbol{a},\xi_i$ 求偏导并令求导结果等于 0，得到

$$\frac{\partial L}{\partial R}=0 \Rightarrow \sum_i \alpha_i=1 \tag{4.28}$$

$$\frac{\partial L}{\partial \boldsymbol{a}}=0 \Rightarrow \boldsymbol{a}=\sum_i \alpha_i \boldsymbol{x}_i \tag{4.29}$$

$$\frac{\partial L}{\partial \xi_i}=0 \Rightarrow C-\alpha_i-\gamma_i=0 \tag{4.30}$$

将条件方程(4.28)～方程(4.30)代入拉格朗日函数(4.27)，有

$$\hat{L}=\sum_i \alpha_i(\boldsymbol{x}_i \cdot \boldsymbol{x}_i)-\sum_{i,j} \alpha_i \alpha_j(\boldsymbol{x}_i \cdot \boldsymbol{x}_j) \tag{4.31}$$

然后该优化方程可以转化为其对偶问题：

$$\max_{\alpha_i} \hat{L}(\alpha_i) \tag{4.32}$$

即求解 $\hat{L}$ 对 α_i 最大化。

对 α_i 最大化方程(4.31)给出解 $\alpha_i^*, i=1,2,\cdots,N$。结果中，多数的 α_i^* 变为 0。参数 $\alpha_i^*>0$ 对应的目标点 $\boldsymbol{x}_i$ 被称为支持向量。

定义集合 $S=\{\boldsymbol{x}_i \mid \alpha_i^* \neq 0\}$ 为描述数据集边界的少量数据点，描述球体的中心可以表示为一系列支持向量的线性组合，数学表达为

$$\boldsymbol{a}^*=\sum_s \alpha_s^* \boldsymbol{x}_s，\ 其中 \boldsymbol{x}_s \in S \tag{4.33}$$

描述球体的半径可以表示为任意一个支持向量到中心的距离：

$$R^{*2}=\left\|\boldsymbol{x}_s-\boldsymbol{a}^*\right\|^2$$

对于测试数据点 $\boldsymbol{z}$，如果该点到描述球体中心 $\boldsymbol{a}$ 的距离小于半径 R^*，即认为该点属于当前描述，数学判据为

$$\left\|\boldsymbol{z}-\boldsymbol{a}^*\right\|^2=(\boldsymbol{z} \cdot \boldsymbol{z})-2\sum_s \alpha_s^*(\boldsymbol{z} \cdot \boldsymbol{x}_s)+\sum_{s,k} \alpha_s^* \alpha_k^*(\boldsymbol{x}_s \cdot \boldsymbol{x}_k) \leqslant R^{*2} \tag{4.34}$$

式中，s 和 k 为集合 S 中支持向量的索引号。

基本的 SVDD 方法可以通过用高斯核函数 $K_G(\boldsymbol{x}_i,\boldsymbol{x}_j)=\exp(\frac{-\left\|\boldsymbol{x}_i-\boldsymbol{x}_j\right\|^2}{\sigma^2})$ 取代原来的内积函数 $(\boldsymbol{x}_i \cdot \boldsymbol{x}_j)$ 来扩展[22]，将高斯核函数代入方程(4.31)可得拉格朗日函数

$$\hat{L}=1-\sum_i \alpha_i^2-\sum_{i \neq j} \alpha_i \alpha_j K_G(\boldsymbol{x}_i,\boldsymbol{x}_j) \tag{4.35}$$

最大化拉格朗日函数 $\hat{L}$ 得到参数 $\alpha_s^* \neq 0$ 对应的支持向量所组成的集合 S。描述

球体的中心则可以表示为式(4.33)。

半径 R^* 可以通过任一支持向量 $\boldsymbol{x}_t \in S$ 计算得到

$$R^{*2} = 1 - 2\sum_{s} \alpha_s^* K_G(\boldsymbol{x}_s, \boldsymbol{x}_t) + \sum_{s,k} \alpha_s^* \alpha_k^* K_G(\boldsymbol{x}_s, \boldsymbol{x}_k) \tag{4.36}$$

式中，$\boldsymbol{x}_s, \boldsymbol{x}_k \in S$。测试点 $\boldsymbol{z}$ 如果满足下式，则认为这个点属于该描述：

$$K_G(\boldsymbol{z}, \boldsymbol{z}) - 2\sum_{s} \alpha_s^* K_G(\boldsymbol{z}, \boldsymbol{x}_s) + \sum_{s,k} \alpha_s^* \alpha_k^* K_G(\boldsymbol{x}_s, \boldsymbol{x}_k) \leqslant R^{*2} \tag{4.37}$$

支持向量的数量可以通过调节两个参数实现：方程(4.25)中的权重 C 和高斯核函数 K_G 中的宽度 σ。参数 C 在实际应用中对结果影响不大，所以后文将通过调节 σ 来改变支持向量的数量。为了检验 σ 的选择如何影响支持向量，先假设一个非常小的 σ。当 $i \neq j$ 时，有

$$K_G(\boldsymbol{x}_i, \boldsymbol{x}_j) = \exp\left(\frac{-\left\|\boldsymbol{x}_i - \boldsymbol{x}_j\right\|^2}{\sigma^2}\right) \simeq 0$$

此时方程(4.35)变为 $\hat{L} = 1 - \sum_{i} \alpha_i^2$，当所有的 $\alpha_i^* = \dfrac{1}{N}$ 时，方程才有最优解。这种情况下，所有的数据点都变是支持向量，没有达到数据压缩效果。

对一个很大的 σ，有 $K_G(\boldsymbol{x}_i, \boldsymbol{x}_j) \simeq 1$，方程(4.35)变为 $\hat{L} = 1 - \sum_{i} \alpha_i^2 - \sum_{i,j} \alpha_i \alpha_j$，只有一个 $\alpha_i^* = 1$ 时方程取得最大值。因此，这种情况下只有一个数据点来对整个数据集进行描述。

2）基于 SVDD 的强流场边界提取

SVDD 生成的一组支持向量描述了强流场区域(目标点)和弱流场区域(奇异点)的边界，每一个支持向量都是一个边界上的位置点 $\boldsymbol{x}_i$，且有 $\alpha_i^* > 0$。由于只使用目标点和奇异点边界上很少数量的支持向量点来描述整个区域，因此 SVDD 方法实际上执行了数据压缩的功能。支持向量的数量可以通过调节高斯核函数 K_G 中高斯核函数宽度 σ 来增多和减少，以此满足通信信道的最大可传输数据量要求。更多的支持向量可以使描述更精确，但对通信链路质量的要求也更高。本节介绍平衡数据包大小和 SVDD 描述精度的方法，决定最优的高斯核函数宽度 σ。

引入 SVDD 描述误差 E，包括两个部分：目标点被拒绝错误(target rejection error，TRE) e_1，表示目标点在测试时被标记为奇异点的数量；异常点被接收错误(outlier acception error，OAE) e_2，表示奇异点被标记为目标点的数量。为计算这两种误差，在海洋机器人的感知区内选取一组包含 N 个点的测试集，来测试训练好的 SVDD 映射。如果一个目标点被 SVDD 识别为奇异点，则称目标点被 SVDD 错误地拒绝了。记被错误拒绝的目标点的数量为 N_r，被错误接受的奇异点数量为

N_a，定义 $e_1 = N_r / N$ 和 $e_2 = N_a / N$。基于描述误差，我们定义优化问题为

$$\min_{\sigma} E = e_1 + e_2 \tag{4.38}$$

约束条件为

$$c(4 + 2N_S) \leqslant n_p^* \tag{4.39}$$

式中，n_p^* 是由通信链路决定的最大通信数据量；N_S 表示支持向量的个数以及对应的高斯核函数宽度 σ；数字“4”包含的参数有高斯核函数宽度 σ、平均流 $\overline{u}_{\Omega_2}$ 和 $\overline{v}_{\Omega_2}$、海流的粗糙度 r_f；c 是编码每一个参数所需的比特数。

解优化问题(4.38)的第一步可以先不考虑约束条件(4.39)。假设得到最小误差 E 的高斯核函数宽度为 σ^*，即有 $\sigma^* = \arg\min_{\sigma} E$。有了最优高斯核函数宽度 σ^*，可进一步计算出支持向量的数量 N_S^*。现考虑约束条件(4.39)，如果 N_S^* 满足约束，则 σ^* 是最优解；如果不满足，则从 σ^* 开始增大 σ 的值，计算相应的 N_S 直到满足约束。

4.4.2 基于单包传输策略的数据共享

海洋环境中通信困难会约束信息的传输，停止等待(S&W)协议是水下通信中一个常用的通信协议。该协议要求传输者，比如 G_2，在传输一个数据包之后停止动作并等待来自 G_1 的回应。通过这一握手过程，可以测量出海洋机器人 G_2 和 G_1 之间的通信链路质量。由于停止等待协议效率不高，这里采用一种策略来避免过分监听，即 G_2 将路径规划所需的信息打包到一个单包中，在完成与 G_1 的信道质量测试之后迅速发送给 G_1[23]。单包策略对于分享由可穿越分析产生的流场信息是可行的，因为路径规划所需的流场图的更新相对频繁，使用单包传输策略可以在偶尔丢包的情况下保持流场图的完整。另外，单包策略将传输的信息量限制在一个数据包内，我们的目标是决定优化问题(4.38)的约束条件(4.39)中的最大比特数 n_p^*。

1. 通信链路质量测量

由于通信链路是时变的，在每次建立链路时都需要对链路的质量进行测量。通常，测量主要包括以下三个主要参数。

(1)误码率(bit error ratio，BER) p。误码率由一个接收包中被错误传输的字节数和总字节数的比值来确定。

(2)包延迟(packet delay) t_d。包延迟 t_d 是数据包从起始点到目标点所需的传输时间。测量该参数的意义除了要得到正常的传输时间外，还可以作为传输中包是否丢失的判断依据，在停止等待协议中，发生丢包时，发送者需要重新发送数据包直到包被成功接收。

(3) 包延迟方差(packet delay variation) $\mathrm{Var}(t_d)$。由于传输信道中存在的不确定性，t_d 会表现出一定的随机性，t_d 的方差表征了实际传输时间和平均传输时间的差异。

在两个海洋机器人 G_2 和 G_1 之间建立通信链路之后，G_2 向 G_1 发送一个包含 n 个字节的测试包，$n = n_h + n_d + n_t$，其中 n_h 包含头字节数，n_d 为数据段，n_t 为尾字节数。n_d 字节的测试数据段包含一段收发方都知道的字符串，当 G_1 接收到这个包，首先检查误码并计算误码率 p_s，也叫发送误码率，随后 G_1 立即向 G_2 返回一个响应数据包，数据包中 n_t 头字节写入 p_s，n_d 字节数据段为默认的字符串。G_2 在接收到响应数据包之后，检查并计算返回误码率 p_r。误码率 p 则根据发送和返回误码率来计算，计算公式为

$$p = 1-(1-p_s)(1-p_r)$$

对于一个包含 n_d 个字节数据段的包，整个数据包发生误码的概率为

$$p = 1-(1-p)^{n_d} \tag{4.40}$$

为了测量包延迟 t_d 和包延迟方差 $\mathrm{Var}(t_d)$，G_2 连续发送 m 个数据包，测量并记录延迟时间 $t_{d_i}, i = 1,2,\cdots,m$。包延迟 t_d 可以通过下式计算：

$$t_d = \frac{1}{m}\sum_{i=1}^{m} t_{d_i}$$

包延时方差 $\mathrm{Var}(t_d)$ 则可以表示为

$$\mathrm{Var}(t_d) = \frac{1}{m}\sum_{i=1}^{m}(t_{d_i} - t_d)^2 \tag{4.41}$$

2. 通信链路质量要求

以符号 n_p 来表示数据包中所包含的有效共享流场信息量。由于存在误码率，为可靠地传输和接收信息，有效信息量 n_p 必须满足

$$n_p \leqslant n_d(1-p)^{n_d}$$

参考文献[23]中对通信效率的定义考虑了效率指数 $\lambda(n_p)$：

$$\lambda(n_p) = \frac{n_p T_s}{t_d} \tag{4.42}$$

式中，T_s 是接收和发送 1 比特数据所需要的时间；t_d 是发送一个数据包的平均时延。效率指数表示发送有效数据段所需的时间占发送单个包所需时间的比例。文

献[23]中，通信效率定义为λ的上界，即$\frac{n_d T_s}{t_n}(1-p)^{n_d}$，用以决定使通信效率最高时最优的数据字节数$n_d$。本节假设数据包的大小已经提前设好，并且所有的海洋机器人都知道。因此，不同于文献[23]，本节将效率的重点放在寻找能够最优传送适合路径规划信息的有效数据量n_p。定义要求的链路质量(required link quality, RLQ)评价在包含n_d数据段的包中传输n_p个有效位的可靠程度：

$$\mathrm{RLQ}(n_p)=\lambda(n_p)\left[\kappa_1 \mathrm{Var}(t_d)+\kappa_2 P\right] \tag{4.43}$$

式中，κ_1和κ_2是正数调节因子，保证$\mathrm{RLQ}(n_p)$维持在合适的范围内。在本节的仿真中，通过调节κ_1和κ_2来保证在任意可能的$\mathrm{Var}(t_d)$和P情况下，RLQ的值维持在0到10之间。如果一个链路拥有固定的$\mathrm{Var}(t_d)$和P，则较大的n_p会获得更高的效率，但是也需要更高的RLQ。如果$\mathrm{Var}(t_d)$或P变高，则发送一个相同的包所需的RLQ也变高。

引入RLQ作为n_p的函数是为了更方便地确定在已测信道质量的链路中进行信息传输时，两个海洋机器人之间的最大通信量。假设信道中传输信息的安全RLQ值为$\bar{Q}$，则允许安全传输的信息量(比特)可以通过以下步骤来确定。

首先找到满足下式的最大n_p：

$$\mathrm{RLQ}(n_p)\leqslant \bar{Q}$$

同时还需要保证一定的冗余度，即满足$n_p \leqslant n_d(1-p)^{n_d}$。RLQ随着$n_p$的增加而单调递增，由于信道中的不确定性，误码率$p$通常是时变的，通过上面两个不等式可以找到最大的$n_p^*$，作为数据压缩方程(4.43)的约束条件。

需要指出的是，RLQ可以在通信链路建立后通过海洋机器人之间的实际测量得到，RLQ是一个时变函数，并且会导致时变的n_p^*，用于路径规划的共享数据长度应当小于n_p^*。另外，阈值$\bar{Q}$需要提前设定，初始时可以设定为一个相对较低的值，如果通信良好，则可以逐渐增大$\bar{Q}$值，允许更多的数据通过链路被共享。

4.4.3 基于共享数据的环境流场重建

获得共享数据之后，每个海洋机器人会根据可穿越性参数重新构建全局流场图，流场图的范围包括自身感知区和自身感知区外其他海洋机器人感知区内的强流场区域。以海洋机器人G_1为例，在接收到其他海洋机器人传送的信息之后，G_1首先利用支持向量集S和与之对应的参数α_s^*来重构强流场区域。通过解方程(4.38)

和方程(4.39)来计算强流场区域的边界，根据方程(4.37)检查每个网格点是否位于边界内，所有位于边界内的网格点都属于强流场区域。对于每一个强流场区域，检查流场的粗糙度参数，如果某区域的流场粗糙度 r_f 小于设定的阈值，则在流场图中该区域将被填充为平均流，否则，该区域将被考虑为障碍，在路径规划时避免穿越此处。

对于本章中使用的基于水平集的路径规划方法，规划出的路径将分为两段：一段位于 G_1 自身感知区内；另一段位于自身感知区外，这一段路径所在的区域中只有部分流场可知。对于被视为障碍的区域，规划算法将自动避开。

由分布式信息构建出的流场图可能包含许多信息空白区，空白区内流场信息不可知。在这些空白区内可能会补充气候态数据或者设流场为零。这里，信息空白区的问题不是由可穿越性分析带来的，而是流场构建时会遇到的通用性问题。随着海洋机器人运动的进行，覆盖的范围会越来越广，获得的信息也会越来越多，我们期望空白区会随着数据的累积减小或消除。

4.4.4 仿真研究

仿真中考虑使用四个海洋机器人 G_1、G_2、G_3 和 G_4，布放在图 4.10 所示海域。该区域内的流场数据来自于美国海军研究室维护的混合坐标海洋模式(hybrid coordinate ocean model，HYCOM)+海军耦合海洋数据同化(navy coupled ocean data assimilation，NCODA)全球 1/12°分析数据。该区域包含一个有趣的空间结构，属于涡旋的一部分，这个区域内的流场在强度和方向上都表现出了很强的空间差异。假定海洋机器人的最大速度为 0.3m/s，空间中南部最大流速达到 0.6m/s，超过海洋机器人的最大速度。

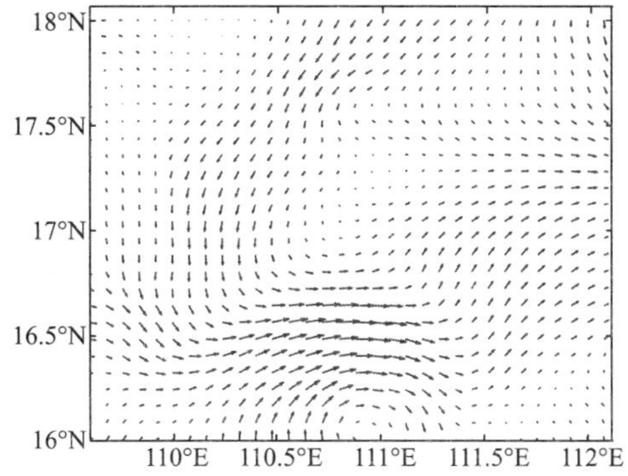

图 4.10 仿真区域和流场

下面进一步仿真以说明水下数据传输的通信约束和SVDD描述精度之间的平衡。使用统计信道模型[24]来仿真信道的方差，编码方式采用二进制相移键控(binary phase-shift keying, BPSK)调制解调机制[25]。包的长度固定为 $n_d=500$ 比特。为了简便而不失一般性，假设海洋机器人 G_1 与其他海洋机器人之间的通信信道质量相同。因此，在相同的误码率 p 下，其他三个海洋机器人的通信信道所允许的数据量上限 n_p 是相同的。首先设定通信信道误码率的范围是 $p\in[10^{-5},10^{-3}]$，根据方程(4.40)计算出 $p\in[0.004,0.3298]$，同时设定 $\mathrm{Var}(t_d)\in[10^{-4},10^{-2}]$ 以及 $t_d=52\mathrm{s}$。假设海洋机器人处理1比特信息所需的时间为 $T_s=10^{-7}$，调节参数 κ_1 和 κ_2 以满足 $\mathrm{RLQ}\{n_d|t_d=52\mathrm{s},\mathrm{Var}(t_d)=0.01,p=0.3298\}=10$，同时设定 $\kappa_1(10^{-2}-10^{-4})=\kappa_2(0.3298-0.004)$ 来平衡 RLQ 对 $\mathrm{Var}(t_d)$ 和 p 的影响，则两个调节参数的近似解分别为 $\kappa_1=3.9\times10^9$ 和 $\kappa_2=1.3\times10^6$。基于上述计算，选择 RLQ 阈值为 $\bar{Q}=8$，模拟一个非完美的通信信道，进行海洋机器人之间的通信。为了确定 $\bar{Q}$ 允许的最大数据字节数 n_p，需要解等式 $\mathrm{RLQ}(n_p)=\bar{Q}$。

通信信道仿真中，误码率 p 的调节范围为从 10^{-5} 到 10^{-3}，对于 p 的每一个值，时延 $t_d=52\mathrm{s}$，时延方差 $\mathrm{Var}(t_d)=0.006$。图 4.11 给出了 n_p^* 随着误码率 p 从 10^{-5} 增大到 10^{-3} 而减少的变化示意图。约束方程(4.39)中支持向量个数 N_S 的上界在每个误码率情况下的计算公式为 $N_S=\lfloor(n_p^*/c-4)/2\rfloor$。其中 c 为编码一个数据点所需的比特数，这里设 $c=20$。每一个支持向量需要 40 比特来编码，每一个权重需要 20 比特。在随后的仿真中，误码率将被设为 $p=4\times10^{-4}$，与之对应的最大的支持向量数为 $N_S=7$。

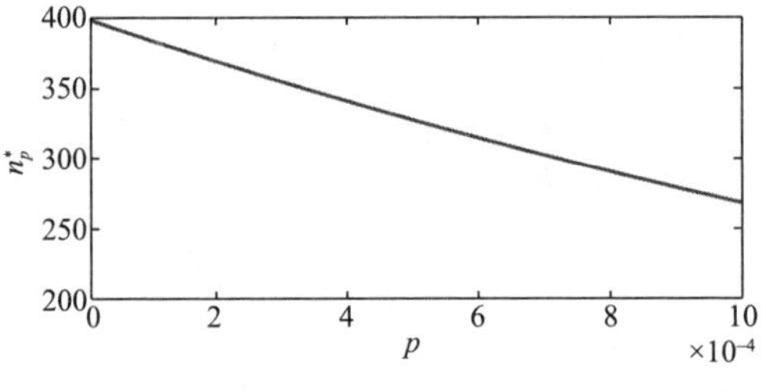

图 4.11　误码率 p 从 10^{-5} 变化到 10^{-3} 时 n_p^* 的变化情况

1. 仿真步骤

1）步骤一：数据压缩

仿真中，每一个海洋机器人沿着前进轨迹都有一系列采样，基于采样序列，客观分析方法提供了对空间分布场的最优估计。此外，还计算了估计的不确定性，不确定性值的范围在[0,1]，1表示不确定性最高。G_1 感知区内的重构流场如图4.12中红色箭头所示，作为比较，真实的流场用灰色箭头表示。绿色虚线为 G_1 感知区内流场重构不确定性值为0.2的等值线，虚线内不确定性值小于0.2。可以看出，在不确定性较小的区域内，重构流场和真实流场有较高的匹配度。不确定性值也可以选择其他较小的值，在不出现严重偏离情况下，该值的选择不影响仿真实验的结论。在每个海洋机器人的感知区内，流速超过0.3m/s的强流场区域信息会通过SVDD压缩后传送给其他海洋机器人。在仿真起始时刻，海洋机器人 G_3 的感知区内没有强流场区域。对于海洋机器人 G_2 和 G_4 感知区内的强流场区域，不同 σ 值会产生不同的边界，如图4.13所示。可以清楚地看到，在所有的场景下，随着 σ 值的增加，强流场区域的边界更趋向圆形，描述精度会降低。

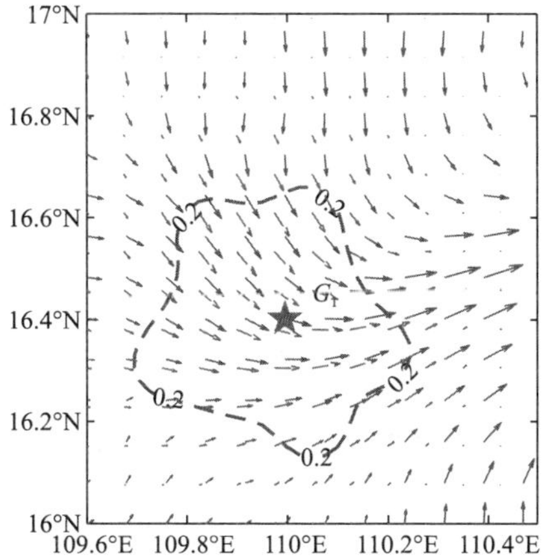

图4.12　G_1 基于自身观测的流场估计结果（见书后彩图）

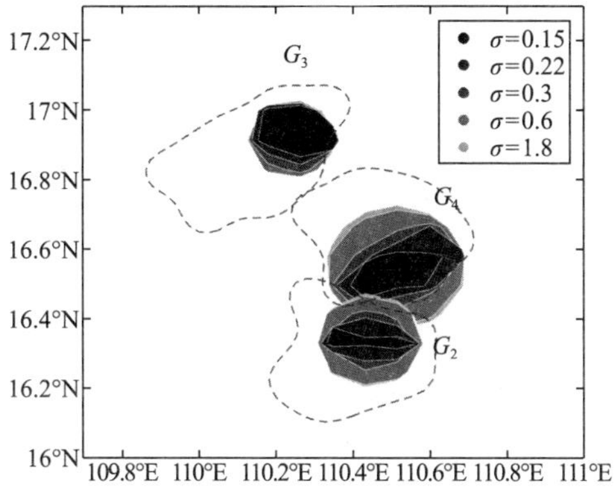

图4.13　不同的高斯核函数宽度 σ 下的强流场区域边界描述

下面阐述海洋机器人 G_2 和 G_4 如何压缩自身感知区内的强流场区域。随着误码率 p 从 10^{-5} 增加到 10^{-3}，SVDD 中最优高斯核函数宽度 σ^* 的变化如图 4.14 所示。对于海洋机器人 G_2，在误码率 $p\in[10^{-5},5.6\times10^{-4}]$ 情况下，当 $\sigma_2^*=0.24°$ 时，SVDD 描述误差最小，支持向量的个数为 $N_S^*=5$。此时最优支持向量数 N_S^* 小于上界 7。对于海洋机器人 G_4，最优高斯核函数宽度 $\sigma_4^*=0.35°$，对应的支持向量数量为 $N_S^*=9$，由于 N_S^* 大于上界 7，必须要增加 σ_4^* 的值到 0.41°，此时有 $N_S^*=7$。对于 G_3，最优高斯核函数宽度 $\sigma_3^*=0.27°$，对应的支持向量数量为 $N_S^*=7$。

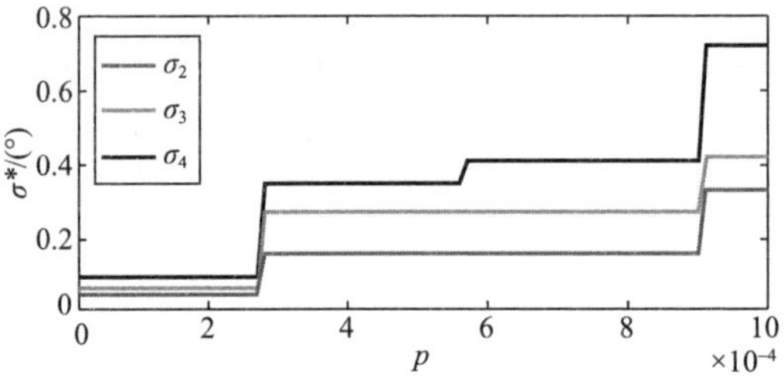

图 4.14　误码率从 10^{-5} 到 10^{-3} 的变化过程中 σ^* 的变化图

除了计算 σ^* 和支持向量，每个海洋机器人还要计算可穿越分析参数，即 u 和 v 的平均值，以及流场的粗糙度 r_f，计算结果为：G_2（0.39, 0.12, 0.00085），G_3（0.03, 0.34, 0.00017），G_4（0.42, 0.08, 0.00049）。可穿越性参数、最优高斯核函数宽度 σ^* 和支持向量将会被传输给其他海洋机器人。

2）步骤二：路径规划

在接收到其他海洋机器人的流场和可穿越性参数信息后，G_1 可以构建用于路径规划的流场图。仿真中，流场的粗糙度阈值设为 0.001，该值可以事先通过设计来选取。此时，G_2 和 G_4 感知区内的强流场区域可以被填充为海流平均值。

G_1 从起始点到目标点的路径规划采用水平集方法，得到的时间最优路径见图 4.15。仿真的初始时刻，四个海洋机器人尚处于初始位置。图中给出了四种情况下的四条路径，蓝色的全局路径作为参照，是假设海洋机器人有全局流场信息情况下的时间最优路径。第二种情况中，海洋机器人只有自身感知区域内的流场信息，而没有其他海洋机器人的信息，如图中红色路径所示。第三种情况[26]，共享的信息中没有可穿越性信息，所有的强流场区域在路径规划时都被当作障碍，规划处的路径如图中绿线所示。第四种情况下，G_1 有来自其他海洋机器人的完整信息，即有强流场区域的平均流场和可穿越性参数，规划出的路径如图中黑线所示。

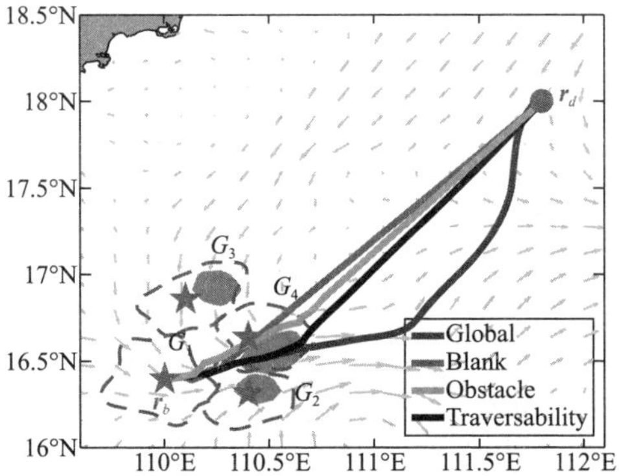

图 4.15　四种情况下的路径规划结果(见书后彩图)

Global 表示全局时间最优；Blank 表示自身区域外无信息；Obstacle 表示将其他机器人的强流区作为障碍；Traversability 表示可穿越其他机器人的强流区

2. 路径规划性能评估

上述两个步骤，即数据压缩和路径规划，会在海洋机器人朝向目标点前进的过程中迭代进行。为检测算法的效果，本节设计了一种评估路径的方案。为简化评估过程，这里假设海洋机器人 G_2 、G_3 和 G_4 能够跟上预定的轨迹。海洋机器人 G_1 在到达自身感知区边界或者有新的信息到来时重新规划路径。随着运动的持续，海洋机器人获得的信息越来越多，图 4.15 中四种情况下的路径都会重新规划。这里比较的路径是从起始点到目标点的四种情况下的完整路径。

Blank、Obstacle 和 Traversability 三种情况下的路径性能将与全局时间最优路径性能作比较。路径与全局时间最优路径更接近时性能更好，定义准则 η 来定量地对路径 η 的性能进行评估：

$$\eta = \frac{\int |\gamma - \gamma_0| \mathrm{d}\gamma}{|\gamma_0|^2}$$

式中，γ_0 表示 Global 情况下的路径；γ 表示其他三种情况下任一种的路径。η 的值越小，即路径与全局时间最优路径越接近，则路径越优。

图 4.16(a) 和 (b) 给出了两组不同起始点和目标点的路径，只为 G_1 设置了起始点和目标点。图中四条实线为四种情况下 G_1 的路径图，其中 Blank、Obstacle 和 Traversability 三种情况下路径上的点代表迭代规划的起始点。带圆圈的折线为其他三个海洋机器人的路径，在四种情况下其他海洋机器人的路径相同。同时，Blank、Obstacle 和 Traversability 三种情况下路径的 η 值如图 4.17 所示。可以看出 Traversability 路径在几种情况下 η 值最低，即路径最优。

图 4.16(a) 和 (b) 中，可穿越性分析路径能够充分利用高速和对运动有利的流

场来加快运动速度。在图 4.16(b)中，除了全局时间最优路径，其他三种情况区域中关键流场信息缺失，导致 Obstacle 和 Blank 两种情况下，海洋机器人 G_1 最终没能到达目标点，证明了可穿越性分析能够有效提高路径的性能。

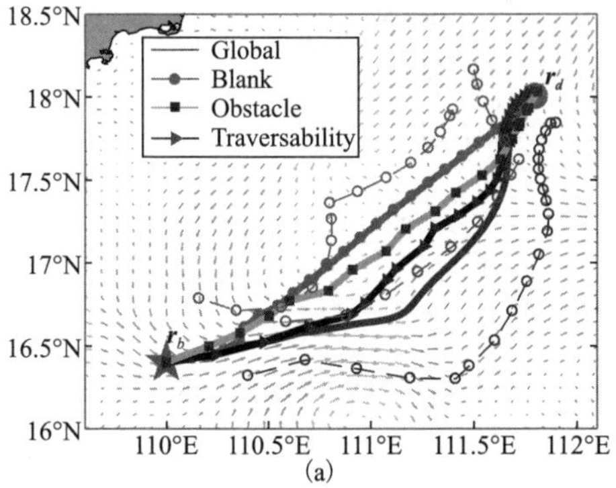

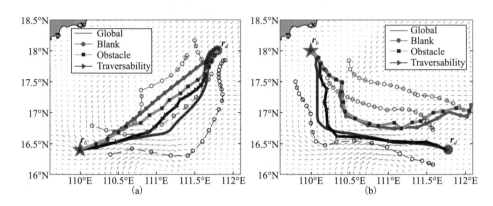

图 4.16 两组仿真中四个海洋机器人的路径

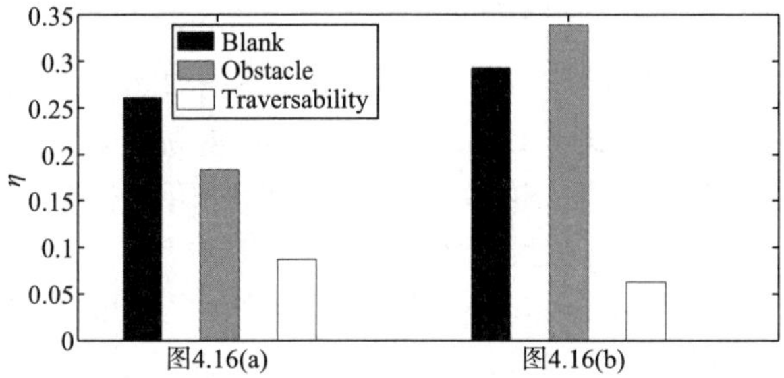

图 4.17 图 4.16 中两种情况下海洋机器人 G_1 路径对应的 η 值

3. 丢失信息的影响

为研究数据压缩中丢失的信息如何影响生成路径的性能，仿真中选择了一系列目标点，使得路径能够充分发挥可穿越性分析的作用，并将结果路径与最优路径做比较。

起始点选择与图 4.16(a)相同，选取的多个目标点和规划出的路径如图 4.18(a)所示。对任一目标点，规划了全局时间最优路径和可穿越性路径。因为本节中想要探讨的是信息不足对路径的影响，因此本节中不考虑海洋机器人之间的信息共享，只考虑整个区域内所有的强流场区域，并且假设海洋机器人在路径规划时有这些区域的信息。

图 4.18(b)给出了所有可穿越性路径的 η 值，可以看出图 4.18(a)中到目标点 2 的路径的 η 值最高，丢失的信息对其影响最大。对路径 2 来说，可穿越性路径穿过了一

块强流场区域，没有获得该强流场区域下方一块流速相对低但会加速其运动的流场，这表明低速会造成流场的丢失，会对可穿越性路径的性能造成一定程度的影响。

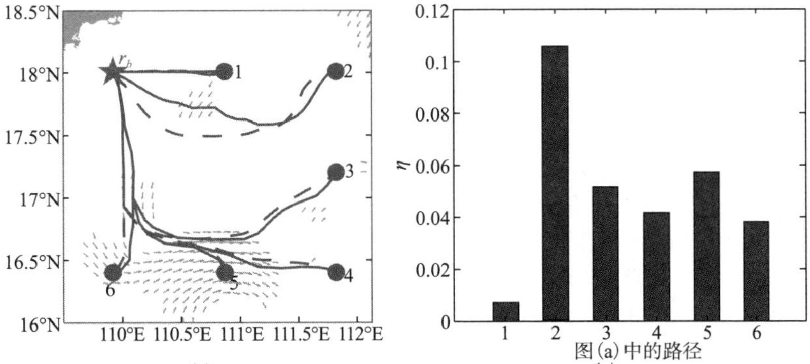

(a) (b)

实线为可穿越性路径，虚线为全局时间最优路径

图 4.18 从起始点到不同目标点的全局时间最优路径和可穿越性路径及性能

参 考 文 献

[1] Carroll K P, McClaran S R, Nelson E L, et al. AUV path planning: an A* approach to path planning with consideration of variable vehicle speeds and multiple, overlapping, time-dependent exclusion zones[C]//The 1992 Symposium on Autonomous Underwater Vehicle Technology, 1992: 79-84.

[2] Vasudevan C, Ganesan K. Case-based path planning for autonomous underwater vehicles[J]. Autonomous Robots, 1996, 3(2/3): 79-89.

[3] Warren C W. A technique for autonomous underwater vehicle route planning[J]. IEEE Journal of Oceanic Engineering, 1990, 15(3): 199-204.

[4] Alvarez A, Caiti A, Onken R. Evolutionary path planning for autonomous underwater vehicles in a variable ocean[J]. IEEE Journal of Oceanic Engineering, 2004, 29(2): 418-429.

[5] Garau B, Alvarez A, Oliver G. Path planning of autonomous underwater vehicles in current fields with complex spatial variability: An A* approach[C]//The 2005 IEEE International Conference on Robotics and Automation, 2005: 194-198.

[6] Rao D, Williams S B. Large-scale path planning for underwater gliders in ocean currents[C]//Australasian Conference on Robotics and Automation, 2009: 2-4.

[7] Kruger D, Stolkin R, Blum A, et al. Optimal AUV path planning for extended missions in complex, fast-flowing estuarine environments[C]//2007 IEEE International Conference on Robotics and Automation, 2007: 4265-4270.

[8] Rhoads B, Mezić I, Poje A. Minimum time feedback control of autonomous underwater vehicles[C]//49th IEEE Conference on Decision and Control, 2010: 5828-5834.

[9] Lolla T, Ueckermann M P, Yiğit K, et al. Path planning in time dependent flow fields using level set methods[C]//2012 IEEE International Conference on Robotics and Automation, 2012: 166-173.

[10] Thompson D R, Chien S, Arrott M, et al. Mission planning in a dynamic ocean sensorweb[C]//International Conference on Planning and Scheduling (ICAPS) Spark Applications Workshop, 2009: 84-91.

[11] Holland W R, McWilliams J C. Computer modeling in physical oceanography from the global circulation to turbulence[J]. Physics Today, 1987, 40(10): 51-57.

[12] Shadden S C. A dynamical systems approach to unsteady systems[D]. Pasadena: California Institute of Technology, 2006.

[13] Huang Y, Yu J, Zhao W, et al. A practical path tracking method for autonomous underwater gilders using iterative algorithm[C]//OCEANS'15 MTS/IEEE Washington, Piscataway, NJ, USA, 2015: 1-6.

[14] Leonard N E, Paley D A, Lekien F, et al. Collective motion, sensor networks, and ocean sampling[J]. Proceedings of the IEEE, 2007, 95(1): 48-74.

[15] Leonard N E, Paley D A, Davis R E, et al. Coordinated control of an underwater glider fleet in an adaptive ocean sampling field experiment in Monterey Bay[J]. Journal of Field Robotics, 2010, 27(6): 718-740.

[16] Dorst L, Trovato K. Optimal path planning by cost wave propagation in metric configuration space[C]//Mobile Robots III. International Society for Optics and Photonics, 1989: 186-197.

[17] Carroll K P, McClaran S R, Nelson E L, et al. AUV path planning: An A* approach to path planning with consideration of variable vehicle speeds and multiple, overlapping, time-dependent exclusion zones[C]//The 1992 Symposium on Autonomous Underwater Vehicle Technology, 1992: 79-84.

[18] Lolla T, Lermusiaux P F J, Ueckermann M P, et al. Time-optimal path planning in dynamic flows using level set equations: Theory and schemes[J]. Ocean Dynamics, 2014, 64(10): 1373-1397.

[19] Zhang F, Fratantoni D M, Paley D A, et al. Control of coordinated patterns for ocean sampling[J]. International Journal of Control, 2007, 80(7): 1186-1199.

[20] Papadakis P. Terrain traversability analysis methods for unmanned ground vehicles: A survey[J]. Engineering Applications of Artificial Intelligence, 2013, 26(4): 1373-1385.

[21] Joho D, Stachniss C, Pfaff P, et al. Autonomous exploration for 3D map learning[M]//Autonome Mobile Systeme 2007. Berlin, Heidelberg: Springer, 2007: 22-28.

[22] Tax D M J, Duin R P W. Support vector data description[J]. Machine Learning, 2004, 54(1): 45-66.

[23] Stojanovic M. Optimization of a data link protocol for an underwater acoustic channel[C]//Europe Oceans 2005, 2005: 68-73.

[24] Qarabaqi P, Stojanovic M. Statistical characterization and computationally efficient modeling of a class of underwater acoustic communication channels[J]. IEEE Journal of Oceanic Engineering, 2013, 38(4): 701-717.

[25] Cho K, Yoon D. On the general BER expression of one-and two-dimensional amplitude modulations[J]. IEEE Transactions on Communications, 2002, 50(7): 1074-1080.

[26] Liu S, Yu J, Zhang A, et al. Cooperative path planning for networked gliders under weak communication[C]//The International Conference on Underwater Networks & Systems, 2014: 1-5.

5 面向海洋观测的海洋机器人协同控制方法

5.1 概述

对具有明显空间分布的海洋特征进行观测时，应用多个海洋机器人能够同时获得时间有效性和空间有效性的数据，有利于对特征进行分析。在观测过程中，根据特征的变化和海洋机器人的状态实时反馈调整对海洋机器人的控制，使海洋机器人群体保持某种观测路径或维持一定的编队形态，是多海洋机器人协同控制方法的主要目的。本章针对多海洋机器人进行海洋动态特征跟踪观测的实际应用，设计了圆形观测路径、一阶可微路径和正多边形编队下的协同控制方法。

圆形观测路径主要针对典型的海洋中尺度涡，同时也适用于具有类似分布特点的其他海洋特征。5.2 节以实现对二维圆形轨迹的协同跟踪循迹观测为目标，提出了一种利用海洋机器人集群对海洋中尺度涡进行持续跟踪观测的方法。在跟踪观测的过程中需要制定协作控制策略，将观测方式、实时状态数据、队形变化决策等融入平台控制策略中。

在跟踪不规则形状的动态海洋特征时，实现对动态海洋特征区域内预定椭圆形、矩形和之字形等路径上的观测，有利于推进科学家对此类海洋动态特征的三维结构进行深入的研究，并最终实现对中尺度海洋特征演化过程的三维重构。5.3 节以实现对预定一阶可微或者一阶分段可微路径的协同跟踪循迹采样为目标，提出了一种利用海洋机器人编队对海洋动态特征进行持续跟踪观测的方法，制定了相应的海洋机器人协同控制策略。

多个海洋机器人编队的形式是体现协同的一种直观有效的方式，编队观测对于等值线跟踪和特征场梯度的协同估计等问题具有重要的意义。梯度估计等问题中，不仅要在编队队形的形状上满足一定的要求，还要求编队队形的航向和拓扑结构可控。5.4 节以多海洋机器人编队的航向和结构可控为目的，提出了海洋机器人编队协同路径跟踪算法，结合水下滑翔机的运动特性和队形观测需求，实现三台水下滑翔机以正三角形编队的海上试验。

5.2 海洋中尺度涡圆形观测路径协同控制策略

对于海洋中尺度涡区域内圆周轨迹循迹采样过程中海洋机器人的效率，主要参考以下三个方面进行评价：①海洋机器人位置与预定圆形轨迹之间的距离误差；②海洋机器人之间的相对位置与期望相对位置之间的误差；③海洋机器人队形整体在预定圆形轨迹上的旋转速率。

为了表示海洋机器人当前位置与预定圆形轨迹之间的距离误差，采用 R_0 表示涡旋中心坐标系内预定圆形轨迹的半径，海洋机器人 i 到预定圆形轨迹的有符号距离为 $D_i(t)$，其定义如式(5.1)所示。$D_i(t)$ 小于 0 时，海洋机器人在圆形轨迹内部；大于 0 时，海洋机器人在圆形轨迹外部；绝对值越小海洋机器人越靠近预定轨迹。各变量的物理含义如图 5.1 所示。

$$D_i(t) = \rho_i(t) - R_0 \tag{5.1}$$

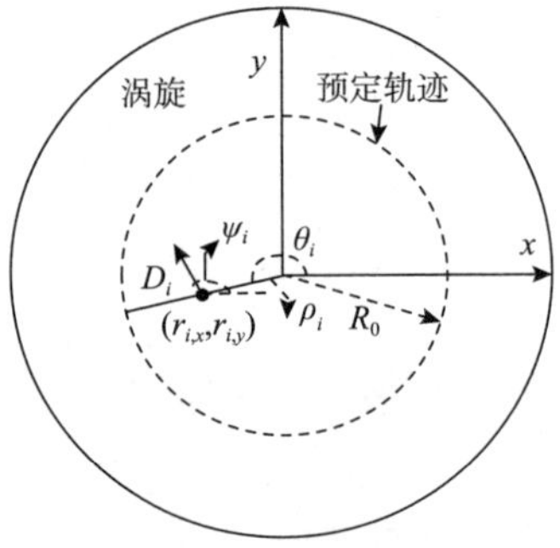

图 5.1　变量符号示意图

为了表示海洋机器人之间的相对位置与期望相对位置之间的误差，定义向量 $\boldsymbol{\theta}^A = \left(\theta_1^A, \theta_2^A, \cdots, \theta_{N-1}^A\right)^{\mathrm{T}}$ 表示理想状态下涡旋中心极坐标内 N 个海洋机器人之间的相对极角关系，其中含有 $N-1$ 个极角差数据。θ_i^A 表示海洋机器人 i 与 $i+1$ 之间的理想极角差，其定义域为 $[0, 2\pi)$。假设海洋机器人 i 与 $i+1$ 之间的实际极角分别为 $\theta_i(t)$ 和 $\theta_{i+1}(t)$，则两者之间的实际极角差 $\theta_{i+1,i}(t)$ 为

$$\theta_{i+1,i}(t) = \mathrm{mod}\left(\theta_{i+1}(t) - \theta_i(t), 2\pi\right) \tag{5.2}$$

$\theta_{i+1,i}(t)$ 与 θ_i^A 之间的差值采用 θ_i^δ 表示，其定义如式(5.3)所示。$\theta_{i+1,i}(t)$ 与 θ_i^A 的定义域都为 $[0,2\pi)$，则 θ_i^δ 的值域为 $(-2\pi,2\pi)$。

$$\theta_i^\delta=\theta_{i+1,i}(t)-\theta_i^A,\quad i=1,\cdots,N-1 \tag{5.3}$$

为了表示海洋机器人在预定圆形轨迹上的旋转情况，定义平均极角的概念：$\bar{\theta}(t)=\dfrac{1}{N}\sum_{i=1}^{N}\theta_i(t)$ 为队形中各个海洋机器人极角的平均值，其微分形式如式(5.4)所示，表示队形整体的平均旋转速率。$\dot{\bar{\theta}}(t)$ 的绝对值越大代表队形整体的旋转速率越快，且当 $\dot{\bar{\theta}}(t)>0$ 时队形做逆时针旋转，当 $\dot{\bar{\theta}}(t)<0$ 时队形做顺时针旋转。

$$\dot{\bar{\theta}}(t)=\frac{1}{N}\sum_{i=1}^{N}\dot{\theta}_i(t) \tag{5.4}$$

在海洋机器人编队进行循迹采样的过程中，必须制定相应的协同控制策略对每个海洋机器人进行控制，从而使海洋机器人沿着预定的圆形轨迹前进，同时保持队形的稳定。本节中控制策略的设计思想为：首先根据队形参数制定能量函数；然后推导能量函数的导数；最后设计各个海洋机器人的控制律，使能量函数的导数取值达到最小。

5.2.1 涡旋中心坐标系海洋机器人运动微分方程

在以涡旋中心为原点的直角坐标系(涡旋中心直角坐标系)中，向量 $\boldsymbol{r}_i(t)=\left(r_{x,i}(t),r_{y,i}(t)\right)$ 表示 t 时刻海洋机器人 i 的位置。在以涡旋中心为原点，以正东为极轴方向的极坐标系(涡旋中心极坐标系)中，使用极径和极角组成的有序实数对 $\left(\rho_i(t),\theta_i(t)\right)$ 表示 t 时刻海洋机器人 i 的位置。两种表示方式之间的转换关系为

$$\begin{cases} r_{x,i}(t)=\rho_i(t)\cos\theta_i(t) \\ r_{y,i}(t)=\rho_i(t)\sin\theta_i(t) \end{cases} \tag{5.5}$$

海洋机器人 i 的速度方向使用 $\psi_i(t)$ 表示，速率大小使用 $s_i(t)$ 表示(本节速度单位为 km/h)。对于海洋机器人的运动学模型，采用一阶粒子模型对其水平面的运动进行建模[1]。根据一阶粒子模型，在考虑涡旋中心移动速度和涡旋区域内流场的情况下，海洋机器人 i 位置的变化率如式(5.6)所示。其中，$\boldsymbol{f}_i(t)$ 代表在流速 $\boldsymbol{f}_i^{\mathrm{c}}(t)$ 和涡旋中心移动速度 $\boldsymbol{f}^{\mathrm{e}}(t)$ 的综合影响下涡旋中心直角坐标系内海洋机器人 i 的漂流速度。海洋机器人航行过程中主要有两种方式获得海洋机器人所在区域的流速 $\boldsymbol{f}_i^{\mathrm{c}}(t)$：一种是利用局部海流模型或者海洋数值模型计算海洋机器人所

处位置的海流信息；另一种是利用海洋机器人航行过程中的历史数据，对海洋机器人所在区域的流场进行估计和重构[2-3]。本节使用第一种方式对流场进行估计。类似地，在极坐标系内可以使用$\left(\rho_i^f(t),\theta_i^f(t)\right)$表示$\boldsymbol{f}_i(t)$。

$$\begin{cases}\dot{r}_{x,i}(t)=s_i(t)\cos\psi_i(t)+f_{i,x}(t)\\ \dot{r}_{y,i}(t)=s_i(t)\sin\psi_i(t)+f_{i,y}(t)\\ \boldsymbol{f}_i(t)=\left(f_{i,x}(t),f_{i,y}(t)\right)=\boldsymbol{f}_i^{\mathrm{c}}(t)-\boldsymbol{f}^{\mathrm{e}}(t)\end{cases}\tag{5.6}$$

根据式(5.5)所示涡旋中心直角坐标系与涡旋中心极坐标系内坐标之间的关系，可以得到涡旋中心极坐标下海洋机器人 i 的坐标变化率与涡旋中心直角坐标系下海洋机器人 i 的坐标变化率之间的关系，如式(5.7)所示：

$$\begin{cases}\dot{\rho}_i(t)=\dfrac{\dot{r}_{i,x}r_{i,x}+\dot{r}_{i,y}r_{i,y}}{\sqrt{r_{i,x}^2+r_{i,y}^2}}\\ \dot{\theta}_i(t)=\dfrac{\dot{r}_{i,y}r_{i,x}-r_{i,y}\dot{r}_{i,x}}{r_{i,x}^2+r_{i,y}^2}\end{cases}\tag{5.7}$$

将式(5.5)和式(5.6)代入式(5.7)，最终得到涡旋中心极坐标系内海洋机器人 i 的坐标变化率与其极角 $\theta_i(t)$、航向角 $\psi_i(t)$ 和速率 $s_i(t)$ 之间的关系，如式(5.8)所示：

$$\begin{cases}\dot{\rho}_i(t)=s_i(t)\cos\left(\psi_i(t)-\theta_i(t)\right)\\ \qquad\qquad +\rho_i^f(t)\cos\left(\theta_i^f(t)-\theta_i(t)\right)\\ \dot{\theta}_i(t)=\dfrac{s_i(t)\sin\left(\psi_i(t)-\theta_i(t)\right)+\rho_i^f(t)\sin\left(\theta_i^f(t)-\theta_i(t)\right)}{\rho_i(t)}\end{cases}\tag{5.8}$$

由式(5.8)可以看出，极径的变化率由海洋机器人的速度和$\boldsymbol{f}_i(t)$在极径上的分量决定，其单位 km/h 保持不变；而极角的变化率为两者在与极径垂直方向上的分量求和后除以极径的长度，其单位为 rad/h，符合角速度的定义。

5.2.2 圆形路径队形能量函数

在涡旋中心直角坐标系内进行圆周循迹采样的过程中，制定海洋机器人队形的能量函数为

$$V(t)=\frac{k_1}{R_0^2}V_1(\boldsymbol{D}(t))+\frac{k_2}{\pi^2}V_2(\boldsymbol{\theta}(t))+\frac{k_3 d}{4\pi^2}\bar{\boldsymbol{\theta}}(t) \tag{5.9}$$

式中，V_1表征海洋机器人偏离预定轨迹的情况，V_2表征海洋机器人实际极角差与理想值之间的误差，它们的公式表示如下所示：

$$\begin{cases} V_1(\boldsymbol{D}(t))=\dfrac{1}{2}\langle \boldsymbol{D}(t),\boldsymbol{D}(t)\rangle \\ V_2(\boldsymbol{\theta}(t))=\dfrac{1}{2}\langle \boldsymbol{\gamma}(t),\boldsymbol{\gamma}(t)\rangle \end{cases} \tag{5.10}$$

$$\begin{cases} \boldsymbol{D}(t)=(D_1(t),D_2(t),\cdots,D_N(t))^{\mathrm{T}} \\ \boldsymbol{\gamma}(t)=(\gamma_1(t),\gamma_2(t),\cdots,\gamma_{N-1}(t))^{\mathrm{T}} \\ \gamma_i(t)=\begin{cases} \pi, & 当\theta_i^{\delta}(t)=\pm\pi \\ \mathrm{mod}(\theta_i^{\delta},\pi), & 其他 \end{cases} \end{cases} \tag{5.11}$$

$\bar{\boldsymbol{\theta}}(t)$为队形中各个海洋机器人极角的平均值，$\langle\cdot,\cdot\rangle$代表两个向量的内积，$\boldsymbol{D}(t)$为有符号距离组成的列向量。$\gamma_i(t)$的取值范围为$[0,\pi]$，反映了海洋机器人间夹角从$\theta_{i+1,i}(t)$变为$\theta_i^A(t)$需要的最小角度。$\bar{\boldsymbol{\theta}}(t)$前系数的分子部分中$d$可以取±1，通过最小化能量函数的导数取值，$d$取+1时控制律将实现队形整体的顺时针旋转，取−1时控制律将实现队形整体的逆时针旋转。系数$\frac{k_1}{R_0^2}$，$\frac{k_2}{\pi^2}$，$\frac{k_3}{4\pi^2}$的主要作用是平衡各项之间的重要程度，其中系数相对较大的项，其对应的性质在性能指标中更加重要。$\frac{k_1}{R_0^2}$较大时，控制律将使偏离预定圆形轨迹的海洋机器人尽快回到轨迹上，过程中编队的形状和编队整体的旋转这两个指标将被弱化，以使能量函数整体迅速变小；$\frac{k_2}{\pi^2}$较大时，编队形状的作用被加大，控制律主要的作用是使海洋机器人之间的夹角满足$\boldsymbol{\theta}^A$的要求；$\frac{k_3}{4\pi^2}$较大时，控制律将主要控制队形整体进行旋转。通过适当调节3个参数的大小，可以平衡3个指标的作用，实现对圆形轨迹的跟踪循迹。

5.2.3 圆形路径协同控制律

将能量函数式(5.9)对时间求导，得到

$$\dot{V}(t)=\frac{k_1}{R_0^2}\dot{V}_1(\boldsymbol{D}(t))+\frac{k_2}{\pi^2}\dot{V}_2(\boldsymbol{\theta}(t))+\frac{k_3 d}{4\pi^2}\dot{\bar{\boldsymbol{\theta}}}(t) \tag{5.12}$$

导数的取值反映能量函数的变化情况，取负值时能量函数减小，取正值时能量函数增大。$\frac{k_1}{R_0^2}\dot{V}_1\left(\boldsymbol{D}(t)\right)$取负值时海洋机器人向预定轨迹靠近，取正值时海洋机器人偏离预定的圆形轨迹。$\frac{k_2}{\pi^2}\dot{V}_2\left(\boldsymbol{\theta}(t)\right)$取负值时，编队的形状向$\boldsymbol{\theta}^A$规定的形状趋近，反之则编队的形状偏离规定形状。$\frac{k_3 d}{4\pi^2}\dot{\bar{\boldsymbol{\theta}}}(t)$取负值时，编队整体按照预定的方向旋转，取正值时编队整体向反方向旋转。

根据式(5.1)可知$\dot{D}_i(t)=\dot{\rho}_i(t)$，经过微分运算，并将内积操作写成求和形式，可以得到

$$\frac{k_1}{R_0^2}\dot{V}_1\left(\boldsymbol{D}(t)\right)=\frac{k_1}{R_0^2}\left\langle\dot{\boldsymbol{D}}(t),\boldsymbol{D}(t)\right\rangle=\frac{k_1}{R_0^2}\sum_{i=1}^{N}\dot{\rho}_i(t)D_i(t) \tag{5.13}$$

与式(5.13)类似，经过微分、求和操作后，式(5.12)右侧的第二部分可以写成式(5.14)的形式。由于式(5.9)中$\gamma_i(t)$的定义式是分段连续函数，所以对$\dot{\gamma}_i(t)$的取值需要分区间进行分析，最终可以得到式(5.14)所示的关系式。为了方便，式(5.15)定义了两个集合ϕ_1和ϕ_2，每个区间为两个开区间的并集。

$$\frac{k_2}{\pi^2}\dot{V}_2\left(\boldsymbol{\theta}(t)\right)=\frac{k_2}{\pi^2}\sum_{i=1}^{N-1}\dot{\gamma}_i(t)\gamma_i(t) \tag{5.14}$$

$$\dot{\gamma}_i(t)=\begin{cases}\dot{\theta}_{i+1}(t)-\dot{\theta}_i(t),\theta_i^{\delta}(t)\in\phi_1\\-\left(\dot{\theta}_{i+1}(t)-\dot{\theta}_i(t)\right),\theta_i^{\delta}(t)\in\phi_2\\\left|\dot{\theta}_{i+1}(t)-\dot{\theta}_i(t)\right|,\theta_i^{\delta}(t)=0\\-\left|\dot{\theta}_{i+1}(t)-\dot{\theta}_i(t)\right|,\theta_i^{\delta}(t)=\pm\pi\end{cases}$$

$$\begin{cases}\phi_1=(0,\pi)\cup(-2\pi,-\pi)\\\phi_2=(-\pi,0)\cup(\pi,2\pi)\end{cases} \tag{5.15}$$

将式(5.4)、式(5.13)和式(5.14)代入式(5.12)，最后得到如式(5.16)所示的能量函数的导数：

$$\dot{V}(t)=\sum_{i=1}^{N}\frac{k_1\dot{\rho}_i(t)D_i(t)}{R_0^2}+\sum_{i=1}^{N-1}\frac{k_2\dot{\gamma}_i(t)\gamma_i(t)}{\pi^2}+\sum_{i=1}^{N}\frac{k_3 d\dot{\theta}_i(t)}{4N\pi^2} \tag{5.16}$$

将式(5.8)和式(5.15)代入式(5.16)中将会得到一个非常复杂的公式，为了简

化公式，本节定义了函数 $\arctan 2(\cdot,\cdot)$ ，其值域为 $\left(-\frac{\pi}{2},\frac{3\pi}{2}\right]$，具体定义如下所示：

$$\arctan 2(b,a)=\begin{cases}\arctan\dfrac{b}{a}, & a>0\\ \dfrac{\pi}{2}\times\operatorname{sgn} b, & a=0\\ \pi+\arctan\dfrac{b}{a}, & a<0\end{cases} \tag{5.17}$$

其定义类似于标准反正切函数 $\arctan(\cdot)$ ，但是通过对正切函数中分母取值符号的分类讨论，将标准正切函数的值域扩展为 $\left(-\frac{\pi}{2},\frac{3\pi}{2}\right]$，其中 $\operatorname{sgn}(\cdot)$ 为符号函数。与 $\arctan 2(\cdot,\cdot)$ 函数对应，定义式(5.18)所示的变量。表 5.1 是对式(5.18)的补充，即对 $i=2,\cdots,N-1$ 时 a_i 的取值进行了说明。

$$\begin{aligned}
&b_i(t)=\frac{k_1 D_i(t)}{R_0^2}\\
&a_1(t)=\begin{cases}\dfrac{-k_2\gamma_1(t)}{\pi^2\rho_1(t)}+\dfrac{k_3 d}{4N\pi^2\rho_1(t)}, & \theta_1^\delta(t)\in\phi_1\\ \dfrac{k_2\gamma_1(t)}{\pi^2\rho_1(t)}+\dfrac{k_3 d}{4N\pi^2\rho_1(t)}, & \theta_1^\delta(t)\in\phi_2\\ \dfrac{k_3 d}{4N\pi^2\rho_1(t)}, & \theta_1^\delta(t)=0\\ \dfrac{\operatorname{sgn}\left(\dot{\theta}_2(t)-\dot{\theta}_1(t)\right)k_2\gamma_1(t)}{\pi^2\rho_1(t)}+\dfrac{k_3 d}{4N\rho_i(t)\pi^2}, & \theta_1^\delta(t)=\pm\pi\end{cases}\\
&a_N(t)=\begin{cases}\dfrac{k_2\gamma_{N-1}(t)}{\pi^2\rho_N(t)}+\dfrac{k_3 d}{4N\pi^2\rho_N(t)}, & \theta_{N-1}^\delta(t)\in\phi_1\\ \dfrac{-k_2\gamma_{N-1}(t)}{\pi^2\rho_N(t)}+\dfrac{k_3 d}{4N\pi^2\rho_N(t)}, & \theta_{N-1}^\delta(t)\in\phi_2\\ \dfrac{k_3 d}{4N\pi^2\rho_N(t)}, & \theta_{N-1}^\delta(t)=0\\ \dfrac{-\operatorname{sgn}\left(\dot{\theta}_N(t)-\dot{\theta}_N(t)\right)k_2\gamma_{N-1}(t)}{\pi^2\rho_1(t)}+\dfrac{k_3 d}{4N\pi^2\rho_N(t)}, & \theta_{N-1}^\delta(t)=\pm\pi\end{cases}
\end{aligned} \tag{5.18}$$

表 5.1 参数列表

θ_{i-1}^{δ}	θ_i^{δ}			
	ϕ_1	ϕ_2	0	$\pm\pi$
ϕ_1	$\frac{k_2\gamma_{i-1}(t)}{\pi^2\rho_i(t)}+\frac{-k_2\gamma_i(t)}{\pi^2\rho_i(t)}+\frac{k_3 d}{4N\rho_i(t)\pi^2}$	$\frac{k_2\gamma_{i-1}(t)}{\pi^2\rho_i(t)}+\frac{k_2\gamma_i(t)}{\pi^2\rho_i(t)}+\frac{k_3 d}{4N\rho_i(t)\pi^2}$	$\frac{k_2\gamma_{i-1}(t)}{\pi^2\rho_i(t)}+\frac{k_3 d}{4N\rho_i(t)\pi^2}$	$\frac{k_2\gamma_{i-1}(t)}{\pi^2\rho_i(t)}+\frac{\operatorname{sgn}\left(\dot\theta_{i+1}(t)-\dot\theta_i(t)\right)k_2\gamma_i(t)}{\pi^2\rho_i(t)}+\frac{k_3 d}{4N\rho_i(t)\pi^2}$
ϕ_2	$\frac{-k_2\gamma_{i-1}(t)}{\pi^2\rho_i(t)}+\frac{-k_2\gamma_i(t)}{\pi^2\rho_i(t)}+\frac{k_3 d}{4N\rho_i(t)\pi^2}$	$\frac{-k_2\gamma_{i-1}(t)}{\pi^2\rho_i(t)}+\frac{-k_2\gamma_i(t)}{\pi^2\rho_i(t)}+\frac{k_3 d}{4N\rho_i(t)\pi^2}$	$\frac{-k_2\gamma_{i-1}(t)}{\pi^2\rho_i(t)}+\frac{k_3 d}{4N\rho_i(t)\pi^2}$	$\frac{-k_2\gamma_{i-1}(t)}{\pi^2\rho_i(t)}+\frac{\operatorname{sgn}\left(\dot\theta_{i+1}(t)-\dot\theta_i(t)\right)k_2\gamma_i(t)}{\pi^2\rho_i(t)}+\frac{k_3 d}{4N\rho_i(t)\pi^2}$
0	$\frac{-k_2\gamma_i(t)}{\pi^2\rho_i(t)}+\frac{k_3 d}{4N\rho_i(t)\pi^2}$	$\frac{k_2\gamma_i(t)}{\pi^2\rho_i(t)}+\frac{k_3 d}{4N\rho_i(t)\pi^2}$	$\frac{k_3 d}{4N\rho_i(t)\pi^2}$	$\frac{\operatorname{sgn}\left(\dot\theta_{i+1}(t)-\dot\theta_i(t)\right)k_2\gamma_i(t)}{\pi^2\rho_i(t)}+\frac{k_3 d}{4N\rho_i(t)\pi^2}$
$\pm\pi$	$\frac{-\operatorname{sgn}\left(\dot\theta_i(t)-\dot\theta_{i-1}(t)\right)k_2\gamma_{i-1}(t)}{\pi^2\rho_i(t)}+\frac{-k_2\gamma_i(t)}{\pi^2\rho_i(t)}+\frac{k_3 d}{4N\rho_i(t)\pi^2}$	$\frac{-\operatorname{sgn}\left(\dot\theta_i(t)-\dot\theta_{i-1}(t)\right)k_2\gamma_{i-1}(t)}{\pi^2\rho_i(t)}+\frac{k_2\gamma_i(t)}{\pi^2\rho_i(t)}+\frac{k_3 d}{4N\rho_i(t)\pi^2}$	$\frac{-\operatorname{sgn}\left(\dot\theta_i(t)-\dot\theta_{i-1}(t)\right)k_2\gamma_{i-1}(t)}{\pi^2\rho_i(t)}+\frac{k_3 d}{4N\rho_i(t)\pi^2}$	$\frac{-\operatorname{sgn}\left(\dot\theta_i(t)-\dot\theta_{i-1}(t)\right)k_2\gamma_{i-1}(t)}{\pi^2\rho_i(t)}+\frac{\operatorname{sgn}\left(\dot\theta_{i+1}(t)-\dot\theta_i(t)\right)k_2\gamma_i(t)}{\pi^2\rho_i(t)}+\frac{k_3 d}{4N\rho_i(t)\pi^2}$

根据式(5.17)和式(5.18)的定义和表 5.1 中参数的定义，将式(5.8)和式(5.15)代入能量函数的导数式(5.16)，并利用两角和的正弦公式进行化简，最终得到式(5.19)：

$$\dot{V}(t)=\sum_{i=1}^{N}\left\{s_i(t)\left[\sqrt{a_i^2(t)+b_i^2(t)}\sin\left(\psi_i(t)-\theta_i(t)+\arctan 2\left(b_i(t),a_i(t)\right)\right)\right]+O_i(t)\right\} \tag{5.19}$$

式中，O_i 为涡旋中心移动速度和涡旋区域流场引起的常数项，其取值如式(5.20)所示：

$$\begin{aligned}O_i(t)&=b_i(t)\rho_i^f(t)\cos\left(\theta_i^f(t)-\theta_i(t)\right)\\&\quad+a_i(t)\rho_i^f(t)\sin\left(\theta_i^f(t)-\theta_i(t)\right)\\&=\rho_i^f(t)\left[\sqrt{a_i^2(t)+b_i^2(t)}\right.\\&\quad\left.\times\sin\left(\theta_i^f(t)-\theta_i(t)+\arctan 2\left(b_i(t),a_i(t)\right)\right)\right]\end{aligned} \tag{5.20}$$

通过分析式(5.19)可知，海洋机器人的速率 s_i 的绝对值越大，能量函数的导数的取值越小，越有利于能量函数快速减小。实际应用中，一般将海洋机器人的速度设置为其经济航速 s_0，以发挥其最大的续航能力。最小化式(5.19)的取值，得到如式(5.21)所示的最优航向公式，由于 $\psi_i(t)$ 的定义域为 $[0,2\pi)$，所以其结果需要利用 mod 函数映射到 $[0,2\pi)$。

$$\psi_i(t)=\frac{-\pi}{2}+\theta_i(t)-\arctan 2\left(b_i(t),a_i(t)\right) \tag{5.21}$$

假设海洋机器人与水体之间的速度不为零，在依照式(5.21)进行航向控制时，能量函数导数中与航向有关的部分的和总是等于或者小于零。$O_i(t)$ 的取值忽略不计时，本节提出的方法一定能够保持队形的稳定，完成对圆形轨迹的跟踪采样；$\sin\left(\theta_i^f(t)-\theta_i(t)+\arctan 2\left(b_i(t),a_i(t)\right)\right)$ 大于零并且 $\rho_i^f(t)>\dfrac{s_i(t)}{\sin\left(\theta_i^f(t)-\theta_i(t)+\arctan 2\left(b_i(t),a_i(t)\right)\right)}$ 时，且 $O_i(t)$ 与航向相关项的和大于零时，$\boldsymbol{f}_i(t)$ 的影响超过第 i 个海洋机器人的机动能力，队形有不稳定的可能。

5.2.4 圆形路径协同控制仿真实验

1. 恒速运动涡旋中心跟踪仿真

采用式(5.6)所示的一阶粒子模型，代表海洋机器人在水平面内的运动。能量函数式中的参数 k_1 设置为 0.01，k_2 设置为 0.05，k_3 设置为 0.05。待跟踪涡旋中的起始位置为静止直角坐标系的原点，涡旋中心的移动速度为正东 0.5km/h，即设置式(5.6)中 $\boldsymbol{f}^e(t)=(0.5,0)$ 为恒定值。仿真中使用式(5.22)所示的流场模型对海洋机器人所受的流场进行模拟，并且设定涡旋区域 1000m 深平均流速度 $F=0.15$ km/h，涡旋区域流场最强边界半径即最大海流出现的位置与涡旋中心的距离 $R^{\mathrm{fc}}=100\ \mathrm{km}$。

$$\begin{cases} f_{i,x}^{\mathrm{c}}(k)=F\sin\dfrac{\rho_i(k)\pi}{2R^{\mathrm{fc}}}\cos\theta^{\mathrm{fc}}+\varepsilon_{i,x}(k) \\ f_{i,y}^{\mathrm{c}}(k)=F\sin\dfrac{\rho_i(k)\pi}{2R^{\mathrm{fc}}}\sin\theta^{\mathrm{fc}}+\varepsilon_{i,y}(k) \\ \theta^{\mathrm{fc}}=\theta_i(k)+\dfrac{d^{\mathrm{fc}}\pi}{2} \end{cases} \tag{5.22}$$

式中，$\rho_i(k)$ 为第 k 次采样的起始时刻海洋机器人 i 相对于涡旋中心的距离；$\theta_i(k)$ 为涡旋中心极坐标系内海洋机器人 i 的极角；$d^{\mathrm{fc}}=1$，从而设置涡旋内流场的旋转方向为逆时针(+1 为逆时针，–1 为顺时针)；$\varepsilon_{i,x}(k)$ 和 $\varepsilon_{i,y}(k)$ 表示涡旋区域流场的随机扰动，两者相互独立且满足高斯分布，仿真中设定两者的方差为 0.03，均值为 0。由于随机扰动的均值为 0，所以在海洋机器人的航位推算中不考虑 $\varepsilon_{i,x}(k)$ 和 $\varepsilon_{i,y}(k)$ 的影响。在仿真过程中，本节使用涡旋区域的无噪声流场模型估计海洋机器人所受到的海流影响，然后将得到的流场信息与静水速度进行矢量合成得到其对地速度，从而进行航位推算，流场随机扰动在仿真中体现为海洋机器人航位推算的误差。

仿真中采用四台海洋机器人对涡旋区域内的圆周轨迹进行循迹采样。设定两个海洋机器人的初始位置位于预期轨迹上，另外两个海洋机器人的初始位置偏离预期轨迹：一个在预期轨迹内部，另一个在预期轨迹外部。海洋机器人在涡旋中心直角坐标系内的初始位置如表 5.2 所示，同时在仿真中设置海洋机器人的采样时间间隔为 3h。整个仿真过程分为两段：前一段设置圆周轨迹的半径为 100km，要求海洋机器人编队整体逆时针旋转，同时设置 $\boldsymbol{\theta}^{A}=\left(\dfrac{\pi}{2},\dfrac{\pi}{2},\dfrac{\pi}{2}\right)^{\mathrm{T}}$；为了验证控制律在队形切换过程中的有效性，在仿真的后一段，圆周轨迹的半径变为 60km，旋转方向变为顺时针，同时改变海洋机器人的相对位置关系 $\boldsymbol{\theta}^{A}=\left(\dfrac{\pi}{4},\dfrac{\pi}{4},\dfrac{\pi}{4}\right)^{\mathrm{T}}$。

表 5.2　海洋机器人的初始位置

海洋机器人序号	x 轴坐标/km	y 轴坐标/km
1	0	150
2	50	30
3	–100	0
4	0	–100

在静止直角坐标系内，海洋机器人的轨迹如图 5.2 所示。四个海洋机器人在静止直角坐标系内队形整体向东移动，跟踪涡旋中心的移动，形成螺旋状的行进轨迹。

在以涡旋中心直角坐标系内，海洋机器人的轨迹如图 5.3 所示，从中可以清楚地看出，四个海洋机器人成功围绕涡旋区域内两条规定的圆周轨迹进行循迹采样。

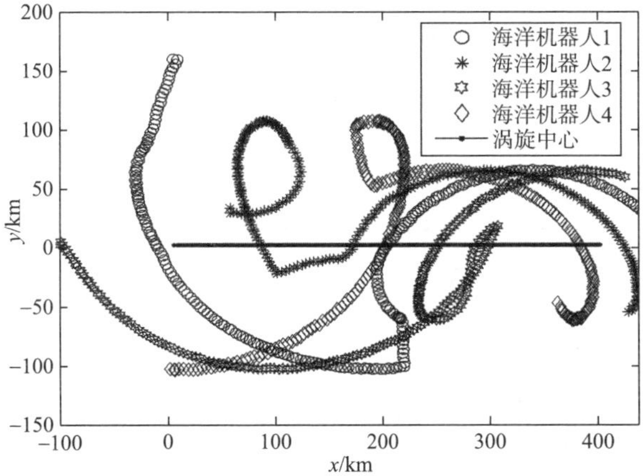

图 5.2 静止直角坐标系内观测恒速运动涡旋区域的海洋机器人轨迹

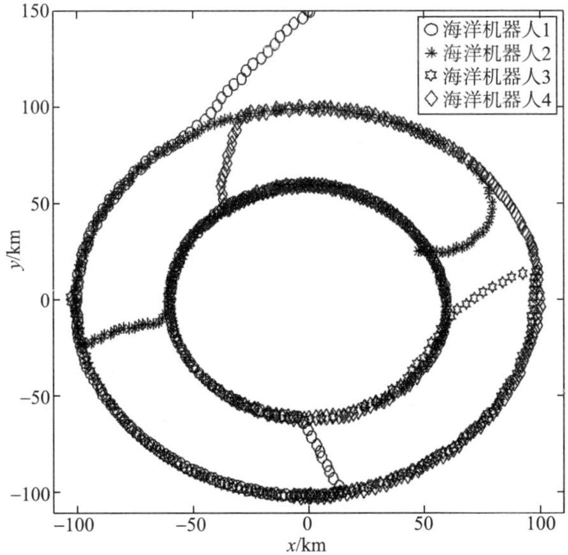

图 5.3 涡旋中心直角坐标系内观测恒速运动涡旋区域的海洋机器人轨迹

图 5.4 所示为海洋机器人极角的变化曲线，其变化趋势可以表示海洋机器人的旋转方向。在仿真的前半段，海洋机器人极角逐渐增大，代表海洋机器人沿着规定的圆形轨迹做逆时针旋转运动；而在仿真的后半段，海洋机器人的极角逐渐减小，代表海洋机器人按照参数改变的要求，围绕涡旋中心顺时针旋转。为了更

直观地表示海洋机器人位置的变化，图 5.5 中每隔 40 个采样周期给出涡旋中心直角坐标系内海洋机器人的位置。第 40 个、80 个和 120 个采样周期，海洋机器人围绕半径为 100km 的圆周轨迹逆时针旋转，海洋机器人之间的极角差保持为 π/2；第 160 个、200 个和 240 个采样周期，海洋机器人围绕半径为 60km 的圆周轨迹顺时针旋转，海洋机器人之间的极角差保持为 π/3。图 5.6 所示为海洋机器人相对于预定圆形轨迹的有符号距离 $D_i(t)$，即循迹误差的变化曲线，从中可以看出海洋机器人在偏离预定轨迹的情况下，能够尽快减小误差，回到预定圆形轨迹上。

从仿真结果可以看出，虽然海洋机器人在静止直角坐标系内的轨迹比较杂乱，但是在涡旋中心直角坐标系内，海洋机器人在保持队形稳定的情况下，对圆形轨

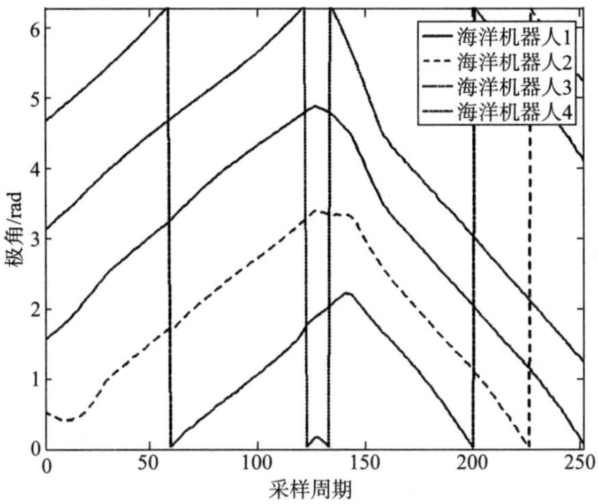

图 5.4　观测恒速运动涡旋区域的海洋机器人极角曲线图

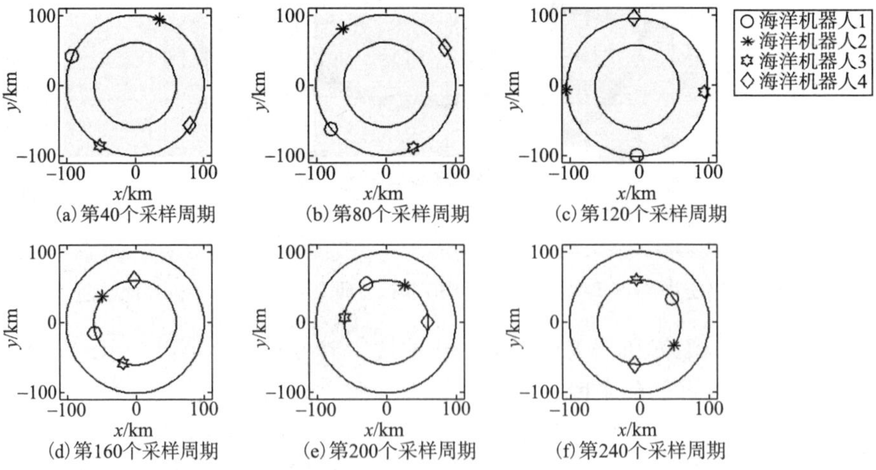

图 5.5　涡旋中心直角坐标系内观测恒速运动涡旋区域的海洋机器人位置

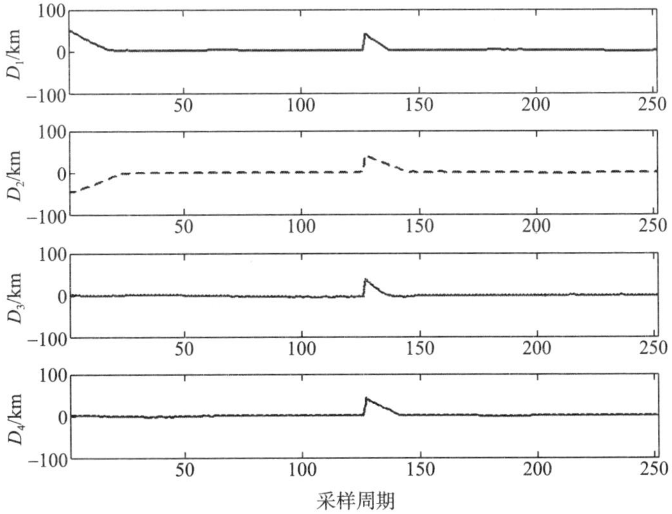

图 5.6　观测恒速运动涡旋区域的海洋机器人相对于预定圆形轨迹的有符号距离

迹完成了循迹采样。由图 5.4 可知，即使在仿真的中间时刻也可以看出海洋机器人极角的变化曲线，对圆形轨迹的半径、旋转方向以及队形参数 $\boldsymbol{\theta}^A$ 进行调整，经过短暂的调整，在第 150 个采样周期以后海洋机器人队伍完成了队形的调整，达到了新的稳定状态。仿真的结果证明了本节提出的控制律的有效性和稳定性。

2. 变速运动涡旋中心跟踪仿真

实际应用中，海洋中尺度涡中心的移动速度是随时变化的。图 5.7 所示为利用 Aviso 网站提供的海面高度异常数据，得到的中国南海海域某个尺度涡旋中心的位置信息，坐标系的原点为第一天的涡旋中心位置。关于涡旋中心位置的提取算法参考文献[4]，其中对涡旋区域的识别及其演化关系的判定进行了详细的介绍。

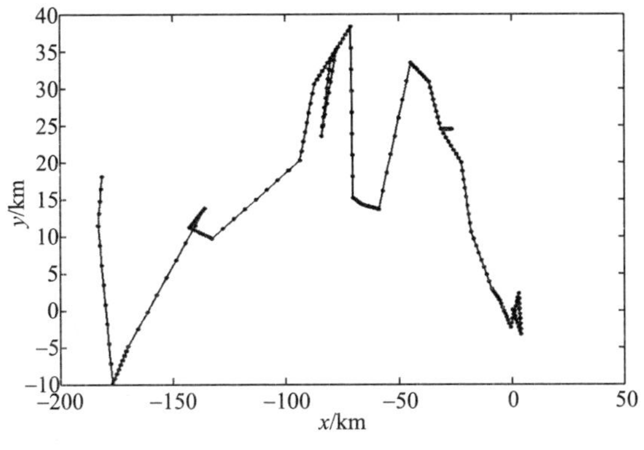

图 5.7　涡旋移动轨迹

利用涡旋中心的位置信息，可以计算得到涡旋在一个卫星数据更新周期(24 h)内的平均速度。假设一个采样周期内涡旋的平均移动速度是不变的，并且将每个卫星数据更新周期内涡旋中心的平均移动速度作为涡旋中心移动速度，即 $\boldsymbol{f}^{e}(k)$。得到涡旋中心速度后根据每次采样起始的时间对 $\boldsymbol{f}^{e}(k)$ 进行更新。

仿真中除了使用变化的涡旋中心移动速度以外，其他参数的设置没有任何改变。取涡旋中心第一天所在位置为静止直角坐标系的原点，得到了如图 5.8 所示的静止直角坐标系内的海洋机器人轨迹。静止直角坐标系内，实验的后半段海洋机器人的轨迹已经变得十分杂乱，根本看不出是围绕涡旋中心的圆周运动。但是在图 5.9 涡旋中心直角坐标系内，海洋机器人依然完成了圆周轨迹的循迹采样

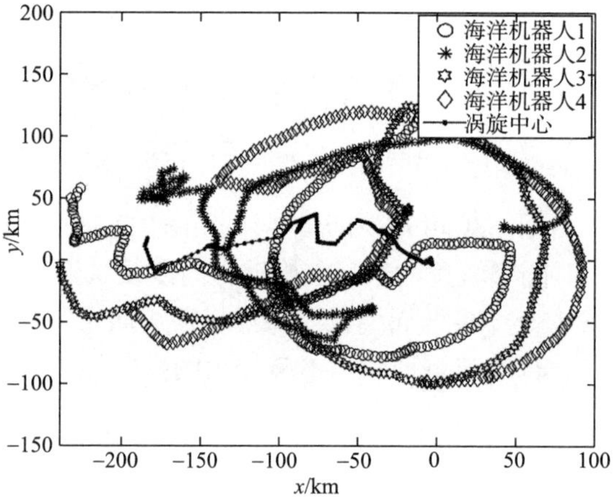

图 5.8　静止直角坐标系内观测变速运动涡旋区域的海洋机器人轨迹

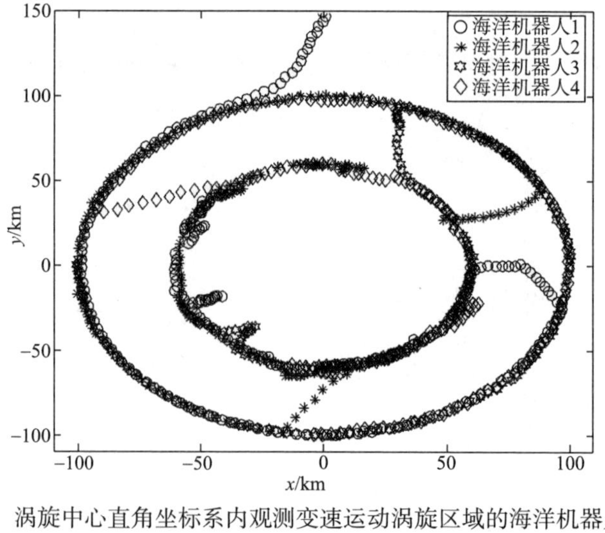

图 5.9　涡旋中心直角坐标系内观测变速运动涡旋区域的海洋机器人轨迹

任务。同时通过图 5.10 中海洋机器人的极角变化曲线、图 5.11 中各个时刻海洋机器人位置及图 5.12 中循迹误差 $D_i(t)$ 的变化曲线，可以确定在仿真过程中，海洋机器人队形没有出现发散或者不稳定的情况。此次仿真充分证明了所提出的协同控制律在对涡旋区域内圆形轨迹进行循迹观测任务中的实用性。

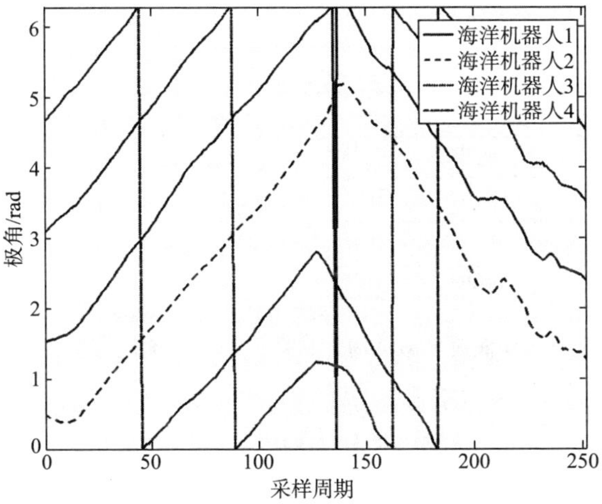

图 5.10　观测变速运动涡旋区域的海洋机器人极角曲线图

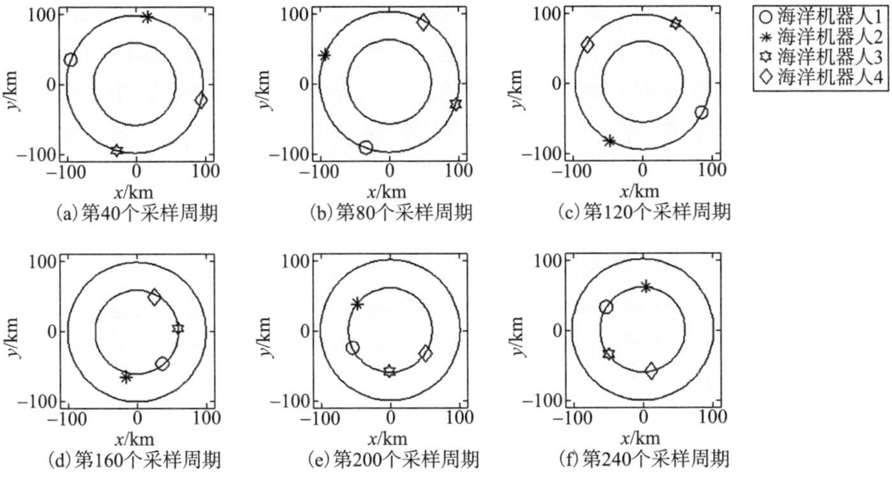

图 5.11　涡旋中心直角坐标系内观测变速运动涡旋区域的海洋机器人位置

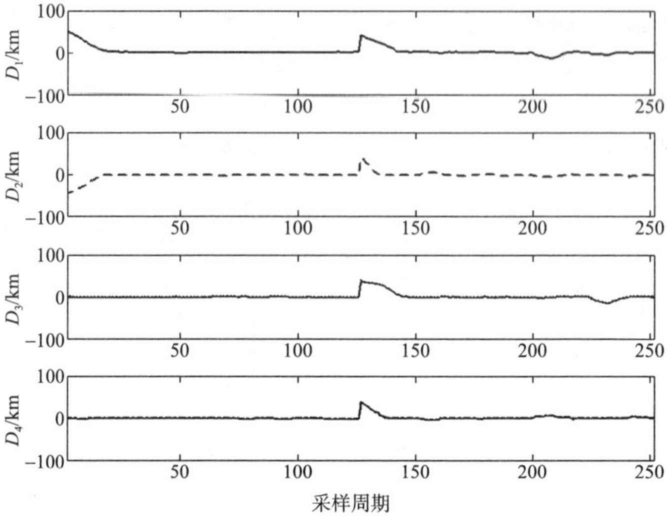

图 5.12　观测变速运动涡旋区域的海洋机器人相对于预定圆形轨迹的有符号距离

5.3　一阶可微观测协同控制策略

5.3.1　Frenet 坐标系下海洋机器人运动微分方程

动态海洋特征区域内的预定轨迹循迹观测任务中，采样路径定义在以动态海洋特征区域的中心为原点的直角坐标系(动态海洋特征中心直角坐标系)内，采样路径随着动态海洋特征中心的移动而移动。在动态海洋特征中心直角坐标系内，可以使用参数化方程表示需要采样的轨迹。使用 s 表示弧长参数，对于非闭合的曲线，定义 $s\in[0,1]$，闭合的曲线定义 $s\in[0,1)$（$s=1$ 与 $s=0$ 位置重合），由此可以使用式(5.23)表示一条曲线 $\boldsymbol{r}(s)$。曲线上的切向量 $\boldsymbol{t}(s)$ 可以使用式(5.24)表示，而法向量 $\boldsymbol{n}(s)$ 与 $\boldsymbol{t}(s)$ 垂直，依照右手定则确定。

$$\boldsymbol{r}(s)=\left(x(s),y(s)\right) \tag{5.23}$$

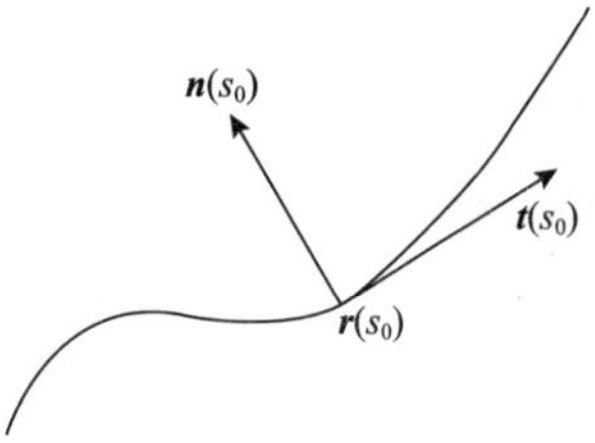

图 5.13　Frenet 坐标系

$$\boldsymbol{t}(s)=\frac{\dot{\boldsymbol{r}}(s)}{\left\|\dot{\boldsymbol{r}}(s)\right\|}=\frac{\left(\dfrac{\mathrm{d}\left(x(s)\right)}{\mathrm{d}s},\dfrac{\mathrm{d}\left(y(s)\right)}{\mathrm{d}s}\right)}{\left\|\dot{\boldsymbol{r}}(s)\right\|} \tag{5.24}$$

依照切向量和法向量的定义，在二维平面内定义 Frenet 坐标系，如图 5.13 所示，s_0 处切向量为 $\boldsymbol{t}(s_0)$，法向量为 $\boldsymbol{n}(s_0)$。

使用向量 $\boldsymbol{r}_i(t)=(x_i(t),y_i(t))$ 表示 t 时刻海洋机器人 i 在动态海洋特征中心直角坐标系内的坐标位置。海洋机器人 i 到曲线 $\boldsymbol{r}(s)$ 的距离为与其距离最小点的连线的长度，曲线上与海洋机器人 i 距离最小的对应点记为 $\boldsymbol{r}(s_i(t))$。海洋机器人 i 到达曲线上任意一点的距离平方值可以使用下式表示：

$$\begin{aligned}D_i^2(t)&=\left[\left\|\boldsymbol{r}_i(t)-\boldsymbol{r}(s)\right\|\right]^2\\&=\left[x_i(t)-x(s)\right]^2+\left[y_i(t)-y(s)\right]^2\end{aligned}\tag{5.25}$$

由于 $\boldsymbol{r}(s)$ 为一阶连续曲线，$\boldsymbol{r}(s_i(t))$ 为曲线上距离海洋机器人 i 最近的点，则有式(5.26)成立。海洋机器人 i 的位置 $\boldsymbol{r}_i(t)$ 确定以后，可以利用式(5.26)求 $s_i(t)$ 的值。本节中，将 $s_i(t)$ 称作海洋机器人 i 在 t 时刻的相位。假设队形中共有 N 个海洋机器人，使用 $\boldsymbol{s}(t)=(s_1(t),s_2(t),\cdots,s_N(t))$ 表示 N 个海洋机器人的相位向量。依照式(5.26)计算得出多个距离最小点时，说明曲线中存在一段圆弧，并且海洋机器人 i 在圆弧的中心位置，此时 $s_i(t)$ 在范围内取最大值。

$$\begin{aligned}\left.\frac{\mathrm{d}\left(D_i^2(t)\right)}{\mathrm{d}s}\right|_{s=s_i(t)}&=\left.\left\{2\left[x_i(t)-x(s)\right]\frac{\mathrm{d}(x(s))}{\mathrm{d}s}+2\left(y_i(t)-y(s)\right)\frac{\mathrm{d}(y(s))}{\mathrm{d}s}\right\}\right|_{s=s_i(t)}\\&=0\end{aligned}\tag{5.26}$$

由于海洋机器人 i 与 $\boldsymbol{r}(s_i(t))$ 的连线长度为其到曲线的最短距离，所以在以 $\boldsymbol{r}(s_i(t))$ 为原点的 Frenet 坐标系内海洋机器人 i 在 $\boldsymbol{n}(s_i(t))$ 所确定的轴上，且海洋机器人 i 的位置向量在 $\boldsymbol{t}(s_i(t))$ 上的分量为 0。假设海洋机器人 i 在以 $\boldsymbol{r}(s_i(t))$ 为原点的 Frenet 坐标系 $\boldsymbol{t}(s_i(t))/\left\|\boldsymbol{t}(s_i(t))\right\|$ 轴上的分量为 $\tilde{x}_i(t)$，在 $\boldsymbol{n}(s_i(t))/\left\|\boldsymbol{n}(s_i(t))\right\|$ 轴上的分量为 $\tilde{y}_i(t)$，则可以确定 $\tilde{x}_i(t)\equiv 0$。可以确定 $\tilde{y}_i(t)$ 分量的绝对值就是海洋机器人到最短距离点 $\boldsymbol{r}(s_i(t))$ 的距离，即海洋机器人 i 与 $\boldsymbol{r}(s_i(t))$ 的连线长度。定义 $\tilde{y}_i(t),i=1,2,\cdots,N$，可以表示海洋机器人偏离预定轨迹的有符号距离，定义有符号距离的正方向与 $\boldsymbol{n}(s_i(t))$ 方向相同。

在以 $\boldsymbol{r}(s_i(t))$ 为原点的直角东北坐标系内，海洋机器人 i 的坐标如式(5.27)所示，即原点平移以后的坐标。海洋机器人 i 在以 $\boldsymbol{r}(s_i(t))$ 为原点的 Frenet 坐标系内的坐标可以用式(5.28)表示，其中 $\theta_i(t)$ 为 Frenet 坐标系的旋转角，定义如式(5.29)所示，本节利用反正切函数定义 $\arctan 2(b,a)$ 函数，其值域扩展为四象限，具体定义如式(5.30)所示，值域为 $\left(-\frac{\pi}{2},\frac{3\pi}{2}\right]$。

$$\left(x_i(t)-x\left(s_i(t)\right),y_i(t)-y\left(s_i(t)\right)\right) \tag{5.27}$$

$$\begin{aligned}\left(\tilde{x}_i(t),\tilde{y}_i(t)\right)&=\left(x_i(t)-x\left(s_i(t)\right),y_i(t)-y\left(s_i(t)\right)\right)\times\begin{bmatrix}\cos\theta_i(t) & -\sin\theta_i(t)\\ \sin\theta_i(t) & \cos\theta_i(t)\end{bmatrix}\\ &=\left(0,\left(y_i(t)-y\left(s_i(t)\right)\right)\cos\theta_i(t)-\left(x_i(t)-x\left(s_i(t)\right)\right)\sin\theta_i(t)\right)\end{aligned} \tag{5.28}$$

$$\theta_i(t)=\arctan 2\left(\frac{\mathrm{d}\left(x\left(s_i(t)\right)\right)}{\mathrm{d}s},\frac{\mathrm{d}\left(y\left(s_i(t)\right)\right)}{\mathrm{d}s}\right) \tag{5.29}$$

$$\arctan 2(b,a)=\begin{cases}\arctan\left(\dfrac{b}{a}\right), & a>0\\ \operatorname{sgn}(b)\times\dfrac{\pi}{2}, & a=0\\ \arctan\left(\dfrac{b}{a}\right)+\pi, & a<0\end{cases} \tag{5.30}$$

定义 t 时刻动态海洋特征中心坐标系内海洋机器人 i 的航向角为$\psi_i(t)$，则 Frenet 坐标系内的航向角可以使用$\tilde{\psi}_i(t)=\psi_i(t)-\theta_i(t)$表示。假设海洋机器人$i$的速率为$v_i(t)$，则有如式(5.31)所示的关系式成立。其中$\tilde{\boldsymbol{f}}_i(t)=\left(\tilde{f}_{i,x}(t),\tilde{f}_{i,y}(t)\right)$表示在 Frenet 坐标系中，海洋机器人 i 在受到流速 $\boldsymbol{f}_i^{\mathrm{c}}(t)$ 和动态海洋特征中心移动速度 $\boldsymbol{f}^{\mathrm{e}}(t)$ 的综合影响下的漂流速度，其定义式如式(5.32)所示。

$$\begin{cases}\dot{\tilde{y}}_i(t)=v_i\sin\left(\tilde{\psi}_i(t)\right)+\tilde{f}_{i,y}(t)\\ \dot{s}_i(t)=\dfrac{v_i\cos\left(\tilde{\psi}_i(t)\right)+\tilde{f}_{i,x}(t)}{L}\end{cases} \tag{5.31}$$

$$\begin{cases}\tilde{\boldsymbol{f}}_i(t)=\boldsymbol{f}_i(t)\begin{bmatrix}\cos\theta_i(t) & -\sin\theta_i(t)\\ \sin\theta_i(t) & \cos\theta_i(t)\end{bmatrix}\\ \boldsymbol{f}_i(t)=\left(f_{i,x}(t),f_{i,y}(t)\right)=\boldsymbol{f}_i^{\mathrm{c}}(t)-\boldsymbol{f}^{\mathrm{e}}(t)\end{cases} \tag{5.32}$$

中尺度动态海洋特征区域内曲线路径跟踪观测过程中，为了减小海洋机器人位置与预定曲线轨迹之间的距离误差，保持海洋机器人之间的相对位置，同时使海洋机器人编队尽快完成路径跟踪观测任务，需要制定相应的控制参数。

为了表示海洋机器人当前位置与预定曲线轨迹之间的距离误差，本节使用 Frenet 坐标系内海洋机器人与曲线上最短距离点的距离表示海洋机器人的误差。为了表示海洋机器人之间的相对位置与期望相对位置之间的误差，本节使用s_i^A表

示海洋机器人 $i+1$ 与 i 之间的理想相位差，$\boldsymbol{s}^A=\left(s_1^A,s_2^A,\cdots,s_{N-1}^A\right)^{\mathrm{T}}$ 表示海洋机器人在曲线上的理想相位差向量。在不闭合曲线上其定义域为 $[0,1]$，而在闭合曲线上其定义域为 $[0,1)$。在时刻 t，海洋机器人的实际相位差使用 $s_{i+1,i}(t)=s_{i+1}(t)-s_i(t)$ 表示，其与理想相位差的差值可以表示编队的相位误差，如式(5.33)所示。规定海洋机器人的编号规则满足 $s_{i+1}(t)\geqslant s_i(t)$，即 $s_{i+1,i}(t)\geqslant 0$，则非闭合曲线 $s_i^\delta(t)$ 的值域为 $[-1,1]$，闭合曲线上 $s_i^\delta(t)$ 的值域为 $(-1,1)$。

$$s_i^\delta(t)=s_{i+1,i}(t)-s_i^A,\quad i=1,2,\cdots,N-1 \tag{5.33}$$

为了表示海洋机器人在预定轨迹上的前进速率，定义相位中心 $\bar{s}(t)=\frac{1}{N}\sum_{i=1}^{N}s_i(t)$ 为队形中各个海洋机器人相位的平均值，其微分形式 $\dot{\bar{s}}(t)=\frac{1}{N}\sum_{i=1}^{N}\dot{s}_i(t)$ 可以表示编队整体的平均前进速率。$\dot{\bar{s}}(t)$ 的绝对值越大代表队形整体的前进速率越快。当 $\dot{\bar{s}}(t)>0$ 时，编队整体沿着曲线切线的方向前进；当 $\dot{\bar{s}}(t)<0$ 时，编队整体沿着曲线切线的反方向前进。

5.3.2 一阶可微路径编队能量函数

在动态海洋特征中心坐标系内进行曲线路径循迹采样的过程中，本节制定海洋机器人编队的能量函数如下所示：

$$\begin{cases}V(t)=\dfrac{k_1}{L^2}V_1\left(\tilde{\boldsymbol{y}}(t)\right)+k_2V_2\left(\boldsymbol{s}(t)\right)+k_3d\bar{s}(t)\\ V_1\left(\tilde{\boldsymbol{y}}(t)\right)=\dfrac{1}{2}\left\langle\tilde{\boldsymbol{y}}(t),\tilde{\boldsymbol{y}}(t)\right\rangle\\ V_2\left(\boldsymbol{s}(t)\right)=\dfrac{1}{2}\left\langle\boldsymbol{\gamma}(t),\boldsymbol{\gamma}(t)\right\rangle\\ \tilde{\boldsymbol{y}}(t)=\left(\tilde{y}_1(t),\tilde{y}_2(t),\cdots,\tilde{y}_N(t)\right)^{\mathrm{T}}\\ \boldsymbol{\gamma}(t)=\left(\gamma_1(t),\gamma_2(t),\cdots,\gamma_{N-1}(t)\right)^{\mathrm{T}}\end{cases} \tag{5.34}$$

式中，V_1 项表征海洋机器人偏离预定轨迹的情况；V_2 项表征海洋机器人对应曲线上的最短距离点的实际位置差与理想值之间的误差；$\bar{s}(t)$ 为队形中各个海洋机器人曲线上最短距离点的位置平均值；$\tilde{\boldsymbol{y}}(t)$ 为 Frenet 坐标系内有符号距离组成的列向量；L 为曲线的长度；对于非闭合曲线我们定义 $\gamma_i(t)$ 如式(5.35)所示，而闭合曲线定义如式(5.36)所示；d 的取值范围为 ±1，在通过最小化能量函数导数优化航向的情况下，其取值会影响海洋机器人队形的循迹方向；k_1,k_2,k_3项均取大于零的数值，具体取值根据各项元素的权重大小进行调节。

$$\gamma_i(t)=s_i^{\delta}(t),\quad s_i^{\delta}(t)\in[-1,1] \tag{5.35}$$

$$\gamma_i(t)=\begin{cases} s_i^{\delta}(t)+1, & s_i^{\delta}(t)\in(-1,-0.5] \\ -s_i^{\delta}(t), & s_i^{\delta}(t)\in(-0.5,0] \\ s_i^{\delta}(t), & s_i^{\delta}(t)\in(0,0.5] \\ 1-s_i^{\delta}(t), & s_i^{\delta}(t)\in(0.5,1) \end{cases} \tag{5.36}$$

5.3.3 一阶可微路径协同控制律

对于式(5.35)中所示的$\gamma_i(t)$，其导数如式(5.37)所示。对于式(5.36)定义的分段函数，其导数如式(5.38)所示。

$$\dot{\gamma}_i(t)=\dot{s}_{i+1}(t)-\dot{s}_i(t),\quad s_i^{\delta}(t)\in[-1,1] \tag{5.37}$$

$$\dot{\gamma}_i(t)=\begin{cases} \dot{s}_{i+1}(t)-\dot{s}_i(t) \\ s_i^{\delta}(t)\in(-1,-0.5]\cup(0,0.5] \\ \dot{s}_i(t)-\dot{s}_{i+1}(t) \\ s_i^{\delta}(t)\in(-0.5,0]\cup(0.5,1) \end{cases} \tag{5.38}$$

将能量函数(5.34)对时间求导，得到如式(5.39)所示的导数：

$$\dot{V}(t)=\frac{k_1}{L^2}\dot{V}_1(\tilde{\boldsymbol{y}}(t))+k_2\dot{V}_2(\boldsymbol{s}(t))+k_3\mathrm{d}\dot{\bar{s}}(t) \tag{5.39}$$

其中，各部分的导数的实际实现如下所示：

$$\begin{cases} \dfrac{k_1}{L^2}\dot{V}_1(\tilde{\boldsymbol{y}}(t))=\dfrac{k_1}{L^2}\sum\limits_{i=1}^{N}\dot{\tilde{y}}_i\tilde{y}_i \\ k_2\dot{V}_2(\boldsymbol{s}(t))=k_2\sum\limits_{i=1}^{N-1}\dot{\gamma}_i(t)\gamma_i(t) \\ k_3d\dot{\bar{s}}=\dfrac{k_3d}{N}\sum\limits_{i=1}^{N}\dot{s}_i \end{cases} \tag{5.40}$$

通过最小化能量函数的导数可知，$\dot{\bar{s}}(t)$项的系数d取+1时，编队整体沿切线的反方向前进可以使导数最小化，取−1时编队整体沿切线正方向前进可以使导数最小化。

将式(5.31)、式(5.35)、式(5.37)和式(5.40)代入式(5.39)，最后得到如下所示的能量函数导数：

$$
\begin{aligned}
\dot{V}(t) &= \frac{k_1}{L^2}\sum_{i=1}^{N}\dot{\tilde{y}}_i\tilde{y}_i + k_2\sum_{i=1}^{N-1}\dot{\gamma}_i(t)\gamma_i(t) + \frac{k_3 d}{N}\sum_{i=1}^{N}\dot{s}_i \\
&= \frac{k_1}{L^2}\sum_{i=1}^{N}\left[v_i\sin\left(\tilde{\psi}_i(t)\right) + \tilde{f}_{i,y}(t)\right]\tilde{y}_i \\
&\quad + k_2\sum_{i=1}^{N-1}\left[\frac{v_{i+1}\cos\left(\tilde{\psi}_{i+1}(t)\right) + \tilde{f}_{i+1,x}(t)}{L} - \frac{v_i\cos\left(\tilde{\psi}_i(t)\right) + \tilde{f}_{i,x}(t)}{L}\right]\gamma_i(t) \\
&\quad + \frac{k_3 d}{N}\sum_{i=1}^{N}\frac{v_i\cos\left(\tilde{\psi}_i(t)\right) + \tilde{f}_{i,x}(t)}{L}
\end{aligned}
\tag{5.41}
$$

我们可以得到如下所示的公式：

$$
\begin{aligned}
\dot{V}(t) = &\sum_{i=1}^{N}\frac{k_1}{L^2}v_i\tilde{y}_i\sin\left(\tilde{\psi}_i(t)\right) + \sum_{i=2}^{N}\frac{k_2 v_i\gamma_{i-1}(t)}{L}\cos\left(\tilde{\psi}_i(t)\right) \\
&+ \sum_{i=1}^{N-1}\frac{-k_2 v_i\gamma_i(t)}{L}\cos\left(\tilde{\psi}_i(t)\right) + \sum_{i=1}^{N}\frac{k_3 d v_i}{NL}\cos\left(\tilde{\psi}_i(t)\right) \\
&+ \frac{k_1}{L^2}\sum_{i=1}^{N}\left(\tilde{y}_i\tilde{f}_{i,y}(t)\right) + k_2\sum_{i=1}^{N-1}\gamma_i(t)\frac{\tilde{f}_{i+1,x}(t) - \tilde{f}_{i,x}(t)}{L} \\
&+ \frac{k_3 d}{N}\sum_{i=1}^{N}\frac{\tilde{f}_{i,x}(t)}{L}
\end{aligned}
\tag{5.42}
$$

通过定义式(5.43)所示的参数，我们可以将式(5.42)进行简化，得到式(5.44)。其中$O(t)$项表示航向角优化中的无关项，其值如式(5.45)所示。

$$
\begin{cases}
a_i(t) = \dfrac{k_1}{L^2}\tilde{y}_i \\
b_1(t) = \dfrac{k_3 d}{NL} - \dfrac{k_2\gamma_1(t)}{L} \\
b_N(t) = \dfrac{k_3 d}{NL} + \dfrac{k_2\gamma_{N-1}(t)}{L} \\
b_i(t) = \dfrac{k_3 d}{NL} + \dfrac{k_2\gamma_{i-1}(t)}{L} - \dfrac{k_2\gamma_i(t)}{L}, \quad i = 2,3,\cdots,N-1
\end{cases}
\tag{5.43}
$$

$$
\dot{V}(t) = \sum_{i=1}^{N}\left\{v_i(t)\left[\sqrt{a_i^2(t) + b_i^2(t)} \times \sin\left(\tilde{\psi}_i(t) + \arctan 2\left(b_i(t), a_i(t)\right)\right)\right]\right\} + O(t) \tag{5.44}
$$

$$O(t)=\frac{k_1}{L^2}\sum_{i=1}^{N}\left(\tilde{y}_i\tilde{f}_{i,y}(t)\right)+k_2\sum_{i=1}^{N-1}\gamma_i(t)\frac{\tilde{f}_{i+1,x}(t)-\tilde{f}_{i,x}(t)}{L}+\frac{k_3d}{N}\sum_{i=1}^{N}\frac{\tilde{f}_{i,x}(t)}{L} \tag{5.45}$$

对于闭合曲线，将式(5.31)、式(5.36)、式(5.38)、式(5.40)代入式(5.39)中，可以得到类似的公式。但是其中的参数 $b_i(t)$ 要重新定义如式(5.46)所示，其中 $\phi_1=(-1,-0.5]\cup(0,0.5]$，$\phi_2=(-0.5,0]\cup(0.5,1)$。

$$b_1(t)=\begin{cases}\dfrac{k_3d}{NL}-\dfrac{k_2\gamma_1(t)}{L}, & s_1^{\delta}(t)\in\phi_1\\ \dfrac{k_3d}{NL}+\dfrac{k_2\gamma_1(t)}{L}, & s_1^{\delta}(t)\in\phi_2\end{cases}$$

$$b_N(t)=\begin{cases}\dfrac{k_3d}{NL}+\dfrac{k_2\gamma_{N-1}(t)}{L}, & s_{N-1}^{\delta}(t)\in\phi_1\\ \dfrac{k_3d}{NL}-\dfrac{k_2\gamma_{N-1}(t)}{L}, & s_{N-1}^{\delta}(t)\in\phi_2\end{cases} \tag{5.46}$$

$$b_i(t)=\begin{cases}\dfrac{k_3d}{NL}+\dfrac{k_2\gamma_{i-1}(t)}{L}-\dfrac{k_2\gamma_i(t)}{L}, & s_{i-1}^{\delta}(t)\in\phi_1,s_i^{\delta}(t)\in\phi_1\\ \dfrac{k_3d}{NL}+\dfrac{k_2\gamma_{i-1}(t)}{L}+\dfrac{k_2\gamma_i(t)}{L}, & s_{i-1}^{\delta}(t)\in\phi_1,s_i^{\delta}(t)\in\phi_2\\ \dfrac{k_3d}{NL}-\dfrac{k_2\gamma_{i-1}(t)}{L}-\dfrac{k_2\gamma_i(t)}{L}, & s_{i-1}^{\delta}(t)\in\phi_2,s_i^{\delta}(t)\in\phi_1\\ \dfrac{k_3d}{NL}-\dfrac{k_2\gamma_{i-1}(t)}{L}+\dfrac{k_2\gamma_i(t)}{L}, & s_{i-1}^{\delta}(t)\in\phi_2,s_i^{\delta}(t)\in\phi_2\end{cases}\quad i=2,3,\cdots,N-1$$

通过分析式(5.44)，知道海洋机器人的速率 $v_i(t)$ 的绝对值越大，能量函数的导数的取值越小，越有利于能量函数快速减小。实际应用中，一般将海洋机器人的速度设置为经济航速，本节使用 v_0 表示经济航速，以最大程度发挥海洋机器人的续航能力。通过最小化式(5.44)，在 Frenet 坐标系内得到如下所示的最优航向控制律。

$$\tilde{\psi}_i(t)=\frac{-\pi}{2}-\arctan 2\left(b_i(t),a_i(t)\right) \tag{5.47}$$

在动态海洋特征中心东北坐标系内和静止直角坐标系内，最优航向的计算公式如式(5.48)所示。其中 $\theta_i(t)$ 的定义如式(5.29)中所示。

$$\begin{aligned}\psi_i(t)&=\tilde{\psi}_i(t)+\theta_i(t)\\&=\frac{-\pi}{2}+\theta_i(t)-\arctan 2\big(b_i(t),a_i(t)\big)\end{aligned}\tag{5.48}$$

假设海洋机器人与水体之间的速度不为零，在依照式(5.48)进行航向控制时，能量函数导数中与航向有关的部分的和总是等于或者小于零。$O(t)$的取值忽略不计时，本节提出的方法一定能够保持队形的稳定，完成对一阶可微轨迹的跟踪采样。$O(t)$的取值过大造成$\dot{V}(t)$大于零时，$\tilde{\boldsymbol{f}}_i(t),i=1,2,\cdots,N$的影响超过海洋机器人队形的机动能力，编队整体脱离预定轨迹或者编队不能保持$\boldsymbol{s}^A=\left(s_1^A,s_2^A,\cdots,s_{N-1}^A\right)^{\mathrm{T}}$预定的相对位置。

5.3.4 一阶可微路径下协同控制仿真实验

在本节的仿真实验中我们同样使用图 5.8 所示的中尺度涡中心移动轨迹作为动态海洋特征的中心移动轨迹。因为海洋中尺度涡是比较有代表性的海洋动态特征，其中心的移动比较频繁，速度变化较大，能够反映所设计控制律的有效性。

1. 圆形轨迹跟踪仿真

采用式(5.31)所示的一阶粒子模型代表海洋机器人在水平面内的运动。仿真中使用式(5.49)所示的流场模型对海洋机器人所受的流场进行模拟，并且设定涡旋区域 1000m 深平均流速度$F=0.15\mathrm{km/h}$，动态海洋特征区域流场最强边界半径$R^{\mathrm{fc}}=100\mathrm{km}$。

$$\begin{cases}f_{i,x}^{\mathrm{c}}(k)=F\sin\left(\dfrac{\rho_i(k)\pi}{2R^{\mathrm{fc}}}\right)\cos\left(\theta^{\mathrm{fc}}\right)\\f_{i,y}^{\mathrm{c}}(k)=F\sin\left(\dfrac{\rho_i(k)\pi}{2R^{\mathrm{fc}}}\right)\sin\left(\theta^{\mathrm{fc}}\right)\\\theta^{\mathrm{fc}}=\theta_i(k)+\dfrac{d^{\mathrm{ef}}\pi}{2}\end{cases}\tag{5.49}$$

仿真中同样采用 4 台海洋机器人对动态海洋特征区域内的圆周路径进行循迹采样。海洋机器人在动态海洋特征中心坐标系内的初始位置如表 5.2 所示，在仿真中设置海洋机器人的采样时间间隔为 3h，海洋机器人队形整体顺时针旋转，设置$\boldsymbol{s}^A=(0.25,0.25,0.25)^{\mathrm{T}}$。

图 5.14 所示为静止直角坐标系内的海洋机器人轨迹,为跟踪圆形路径的轨迹。静止直角坐标系内，实验的后半段海洋机器人的轨迹已经变得十分杂乱，人工很难判断队形在动态海洋特征区域内的运动轨迹。但是在图 5.15 中可以看出海洋机

器人完成了圆周路径的循迹采样任务。同时通过图 5.16 中海洋机器人的极角变化及图 5.17 中海洋机器人的瞬时位置，可以确定在仿真过程中，海洋机器人队形没有出现发散或者不稳定的情况。仿真充分证明了本节提出的协同控制律在对动态海洋特征区域内圆形路径进行循迹观测任务中的实用性。

仿真中，极角变化图 5.16 的斜率与图 5.10 前半段相比明显变小。这种现象主要的原因是在极坐标系内和 Frenet 坐标系内对队形参数建模的过程中，各参数的定义与极坐标系的参数定义有所差别，以及能量函数导数中各个部分的作用有所差别，使最终得到的队形控制效果有所区别。

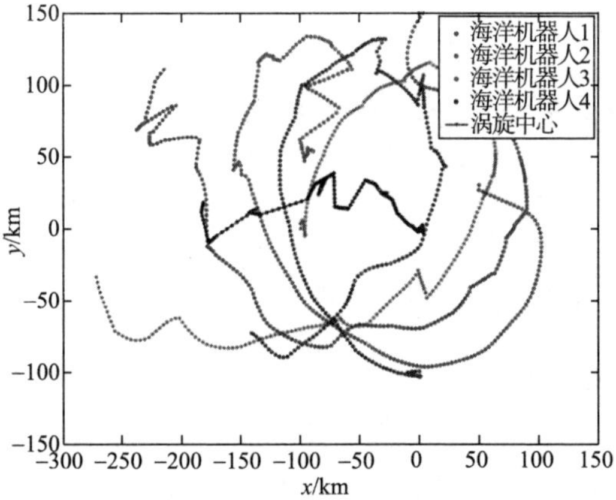

图 5.14　静止直角坐标系内海洋机器人轨迹（见书后彩图）

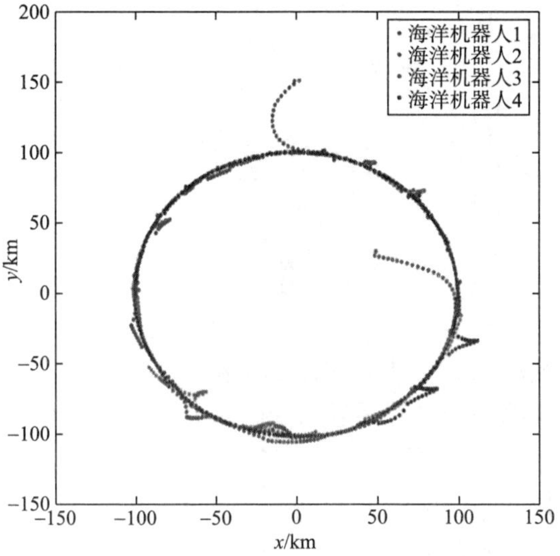

图 5.15　涡旋中心直角坐标系内海洋机器人轨迹（见书后彩图）

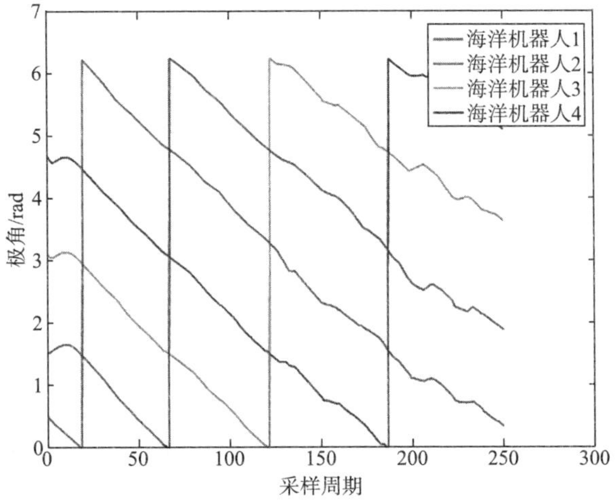

图 5.16　海洋机器人极角变化曲线(见书后彩图)

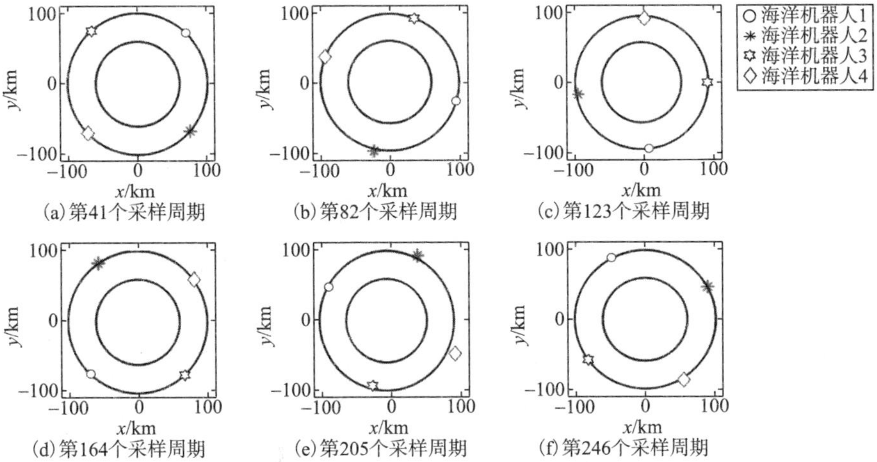

图 5.17　涡旋中心直角坐标系内海洋机器人瞬时位置

2. 非圆轨迹跟踪仿真

本节提出的控制策略不局限于圆形轨迹的循迹，对于一阶可微或者一阶分段可微的曲线的路径跟踪采样也适用。首先我们对椭圆形轨迹进行仿真实验，椭圆的长轴为 100km，短轴为 80km。对于海洋特征的中心移动情况，涡旋中心的移动很有代表性，使用涡旋中心的移动作为动态海洋特征的代表进行仿真验证本节控制策略的有效性。仿真结果如图 5.18 和图 5.19 所示，可以看出控制策略在椭圆路径跟踪观测的任务中同样具有良好的表现。

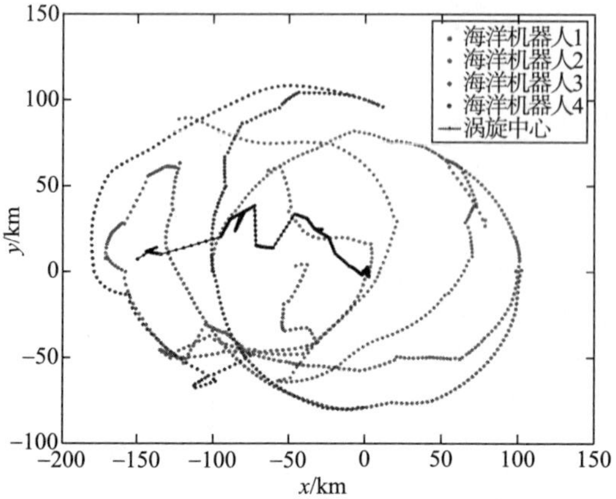

图 5.18　静止直角坐标系内海洋机器人轨迹(见书后彩图)

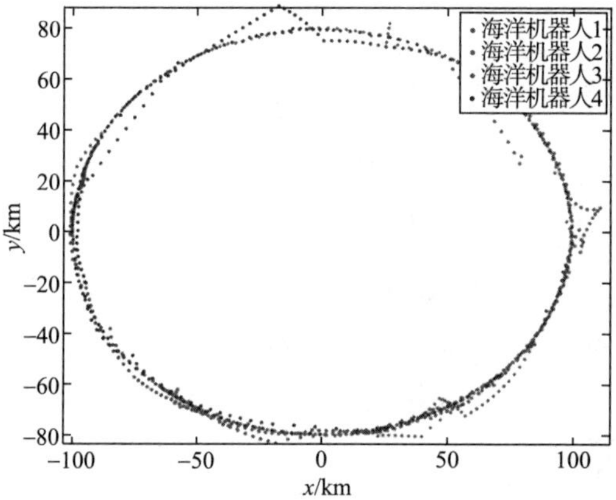

图 5.19　涡旋中心直角坐标系内海洋机器人轨迹(见书后彩图)

矩形轨迹的仿真结果如图 5.20 和图 5.21 所示，之字形轨迹的仿真结果如图 5.22 和图 5.23 所示。仿真证明了本节提出的控制策略在非圆轨迹循迹采样中

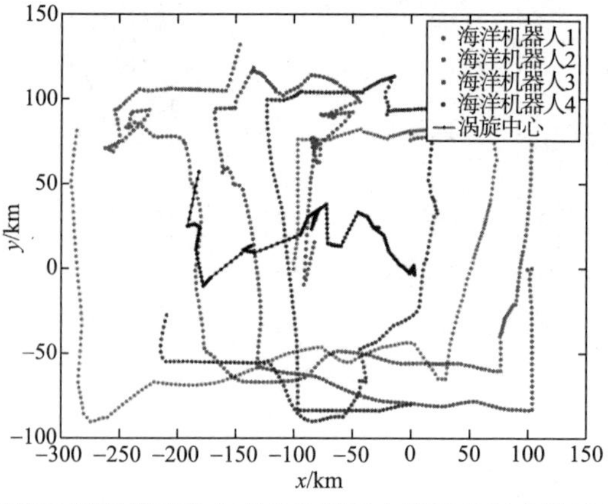

图 5.20　矩形路径跟踪观测静止直角坐标系内海洋机器人轨迹(见书后彩图)

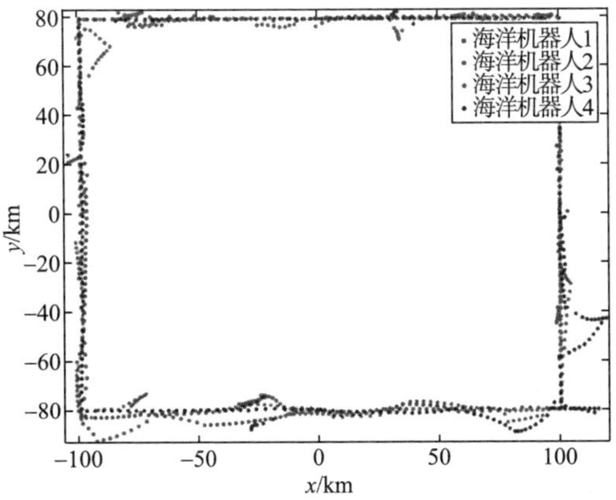

图 5.21 矩形路径跟踪观测涡旋中心直角坐标系内海洋机器人轨迹(见书后彩图)

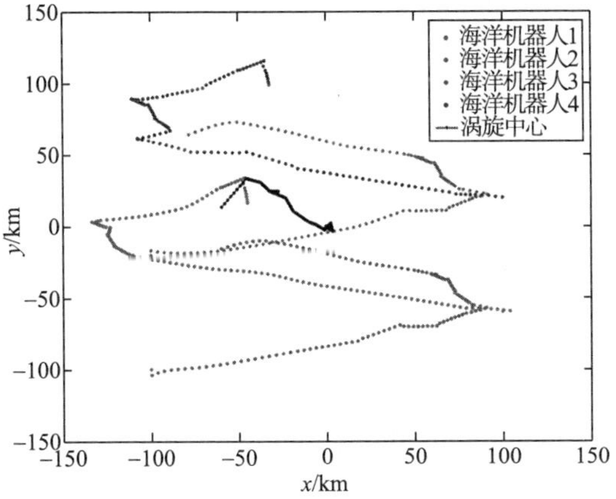

图 5.22 之字形路径跟踪观测静止直角坐标系内海洋机器人轨迹(见书后彩图)

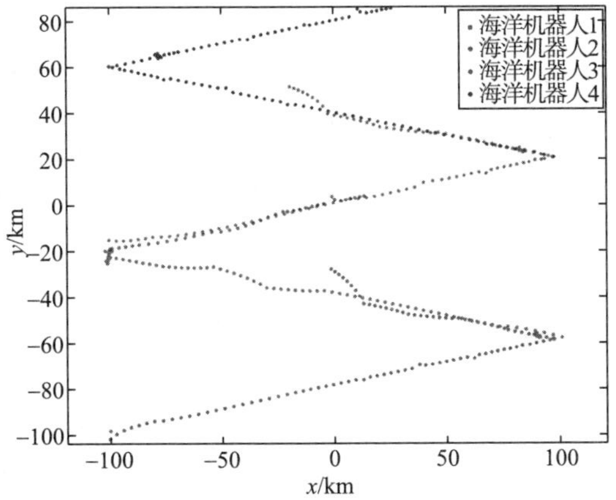

图 5.23 之字形路径跟踪观测涡旋中心直角坐标系内海洋机器人轨迹(见书后彩图)

的通用性，同时验证了对变速运动的海洋特征进行跟踪观测的有效性。

5.4 面向协同观测的多海洋机器人编队控制方法

在海洋观测中，可以将海洋机器人视为测量质点，本节首先根据质点模型设计执行协同观测任务的多海洋机器人编队控制方法，再结合具体的海洋机器人，即水下滑翔机的运动模型，设计并实现三台水下滑翔机正三角形编队的海上试验。

5.4.1 协同路径跟踪控制器设计

1. 质点数学模型

考虑一组由 i（$1 \leqslant i \leqslant n$）个质点组成的系统，它们的运动学与动力学方程分别为

$$\dot{\boldsymbol{\eta}}_i = \boldsymbol{J}(\psi_i)\boldsymbol{v}_i \tag{5.50}$$

$$\dot{\boldsymbol{v}}_i = \boldsymbol{\tau}_i \tag{5.51}$$

式中，$\boldsymbol{\eta}_i(t)=(x_i, y_i, \psi_i)^{\mathrm{T}} \in R^3$ 为平面坐标系下的位置向量；$\boldsymbol{v}_i(t)=(u_i, \upsilon_i, r_i)^{\mathrm{T}} \in R^3$ 为质点体坐标系下的速度向量；$\boldsymbol{\tau}_i=(\tau_{iu}, \tau_{i\upsilon}, \tau_{ir})^{\mathrm{T}} \in R^3$ 为控制输入向量；矩阵 $\boldsymbol{J}(\psi_i)=\begin{bmatrix} \cos\psi_i & -\sin\psi_i & 0 \\ \sin\psi_i & \cos\psi_i & 0 \\ 0 & 0 & 1 \end{bmatrix}$ 为质点体坐标系与平面坐标系之间的转移矩阵。

2. 图论

一个无向图一般表示为 $\mathcal{G}=\mathcal{G}(\mathbb{V},\mathbb{E})$，其中 $\mathbb{V}=\{\boldsymbol{v}_1,\boldsymbol{v}_2,\cdots,\boldsymbol{v}_n\}$，为节点集合。$\mathbb{E}\subseteq\mathbb{V}\times\mathbb{V}$ 为任意两个节点的无序对集合，称为边集，边 e_{ij} 对应于网络节点之间的通信关系，并且满足 $e_{ij}\in\mathbb{E}\Leftrightarrow e_{ji}\in\mathbb{E}$。若图中的两个节点之间有路径相连，则称这两个节点为连通的，若任意两个节点都是连通的，则该图为连通图。如果两个不同的节点处于同一条边上，则称这两个节点为邻接。图 $\mathcal{G}$ 的邻接矩阵记为 $\boldsymbol{A}=\{a_{ij}\}_{n\times n}\in R^{n\times n}$，如果图中的节点 $\boldsymbol{v}_i$ 和 $\boldsymbol{v}_j$ 是邻接的，则 $a_{ij}=1$，否则 $a_{ij}=0$。图 $\mathcal{G}$ 中与节点 $\boldsymbol{v}_i$ 关联的边的条数称为度，所组成的矩阵称为度矩阵，记为 $\boldsymbol{D}\in R^{n\times n}$。一个图的拉普拉斯矩阵定义为 $\boldsymbol{L}=\boldsymbol{D}-\boldsymbol{A}$，$\boldsymbol{L}$ 是对称阵并且满足 $\boldsymbol{L}\boldsymbol{1}_n=0$，因此 0 是 $\boldsymbol{L}$ 的对应于特征向量 $\boldsymbol{1}$ 的特征值。如果图是连通的，则 $\boldsymbol{L}$ 的其余特征值为正，这意味着 $\boldsymbol{L}$ 的秩为 $n-1$，因此存在一个矩阵 $\boldsymbol{G}$ 使得 $\boldsymbol{L}=\boldsymbol{G}\boldsymbol{G}^{\mathrm{T}}$，其中，$\boldsymbol{G}\in R^{n\times(n-1)}$，并且满足 $\boldsymbol{G}^{\mathrm{T}}\boldsymbol{1}=0$。

引理 5.1 如果$\mathcal{G}$是一个连通双向图，则存在一个正定矩阵$\boldsymbol{Q}$使得$\boldsymbol{\theta}^{\mathrm{T}}\boldsymbol{L}\boldsymbol{\theta}=\boldsymbol{s}^{\mathrm{T}}\boldsymbol{Q}\boldsymbol{s}$，其中，$\boldsymbol{\theta}=\left(\theta_1,\cdots,\theta_n\right)^{\mathrm{T}}\in R^n$，$\boldsymbol{s}=\left(s_1,\cdots,s_n\right)^{\mathrm{T}}\in R^n$，$s_i=\sum_{i=1}^{n}a_{ij}\left(\theta_i-\theta_j\right)$。

3. 控制目标

定义$\boldsymbol{\eta}_{di}\left(\theta_i\right)=\left(x_{di}\left(\theta_i\right),y_{di}\left(\theta_i\right),\psi_{di}\left(\theta_i\right)\right)^{\mathrm{T}}\in R^3$为期望的参数化路径，$\theta_i\in R$为路径参数。假设$\boldsymbol{\eta}_{di}\left(\theta_i\right)$充分光滑且关于$\theta_i$的二阶导数$\boldsymbol{\eta}_{di}^{\theta_i^2}$有界，其中，$\boldsymbol{\eta}_{di}^{\theta_i^2}=\partial\boldsymbol{\eta}_{di}^{\theta_i}/\partial\theta_i$，$\boldsymbol{\eta}_{di}^{\theta_i}=\partial\boldsymbol{\eta}_{di}/\partial\theta_i$，$\left\|\boldsymbol{\eta}_{di}^{\theta_i}\right\|\leqslant\boldsymbol{\eta}_{diM}^{\theta_i}$。即存在正常数$q_{1i}$使得集合$\boldsymbol{\Omega}_{1i}=\left\{\left(\boldsymbol{\eta}_{di}^{\mathrm{T}},\boldsymbol{\eta}_{di}^{\theta_i\mathrm{T}},\boldsymbol{\eta}_{di}^{\theta_i^2\mathrm{T}}\right)^{\mathrm{T}}:\left\|\boldsymbol{\eta}_{di}\right\|^2+\left\|\boldsymbol{\eta}_{di}^{\theta_i}\right\|^2+\left\|\boldsymbol{\eta}_{di}^{\theta_i^2}\right\|^2\leqslant q_{1i}\right\}$成立。本节的控制目标是设计一种质点协同路径跟踪控制律，使得闭环系统中的所有信号都一致最终有界，并且通过选择合适的设计参数能够使路径跟踪误差、速度跟踪误差以及路径参数协同误差为任意小。即：①$\lim\limits_{t\to\infty}\boldsymbol{\eta}_i-\boldsymbol{\eta}_{di}\leqslant\epsilon_{1i}$；②$\lim\limits_{t\to\infty}\dot{\theta}_i-v_{di}\leqslant\epsilon_{2i}$；③$\lim\limits_{t\to\infty}\theta_i-\theta_j\leqslant\epsilon_{3i}$。其中，$v_{di}\in R$为参考速度，$\epsilon_{1i},\epsilon_{2i},\epsilon_{3i}\in R$为较小的正常数。

4. 控制器设计与稳定性分析

1) 控制器设计

控制器设计分为三步：稳定单质点路径跟踪误差的设计将在第一步中给出；单个质点的控制律将在第二步中给出；多个质点的协同控制律的设计将在第三步中给出。

第一步：定义路径跟踪误差$\boldsymbol{z}_{1i}=\boldsymbol{J}_i^{\mathrm{T}}\left(\boldsymbol{\eta}_i-\boldsymbol{\eta}_{di}\right)$，对$\boldsymbol{z}_{1i}$求导并联立方程(5.50)得到

$$\dot{\boldsymbol{z}}_{1i}=\dot{\boldsymbol{J}}_i^{\mathrm{T}}\left(\boldsymbol{\eta}_i-\boldsymbol{\eta}_{di}\right)+\boldsymbol{J}_i^{\mathrm{T}}\left(\dot{\boldsymbol{\eta}}_i-\boldsymbol{\eta}_{di}^{\theta_i}\dot{\theta}_i\right)\tag{5.52}$$

定义速度跟踪误差$\omega_{si}=\dot{\theta}_i-v_{di}$，根据$\boldsymbol{J}_i^{\mathrm{T}}\boldsymbol{J}_i=\boldsymbol{I}$，$\dot{\boldsymbol{J}}_i=\boldsymbol{r}_i\boldsymbol{J}_i\boldsymbol{S}$，其中，$\boldsymbol{S}=-\boldsymbol{S}^{\mathrm{T}}=\begin{bmatrix}0&-1&0\\1&0&0\\0&0&0\end{bmatrix}$，则式(5.52)变为

$$\dot{\boldsymbol{z}}_{1i}=-\boldsymbol{r}_i\boldsymbol{S}\boldsymbol{z}_{1i}+\boldsymbol{v}_i-\boldsymbol{J}_i^{\mathrm{T}}\left[\boldsymbol{\eta}_{di}^{\theta_i}\left(v_{di}+\boldsymbol{\omega}_{si}\right)\right]\tag{5.53}$$

为了稳定$\boldsymbol{z}_{1i}$，选择如下的虚拟控制律：

$$\boldsymbol{\alpha}_i=-\boldsymbol{K}_{1i}\boldsymbol{z}_{1i}+\boldsymbol{J}_i^{\mathrm{T}}\boldsymbol{\eta}_{di}^{\theta_i}\boldsymbol{v}_{di}\tag{5.54}$$

式中，$\boldsymbol{K}_{1i}=\mathrm{diag}\left(k_{1i}\right)\in R^{3\times3}$，$k_{1i}\in R$为正常数。定义第一个李雅普诺夫备选函数$\boldsymbol{V}_{1i}=\dfrac{1}{2}\boldsymbol{z}_{1i}^{\mathrm{T}}\boldsymbol{z}_{1i}$。对$\boldsymbol{V}_{1i}$求导并联立式(5.53)和式(5.54)得到

$$\dot{\boldsymbol{V}}_{1i}=-\boldsymbol{z}_{1i}^{\mathrm{T}}\boldsymbol{K}_{1i}\boldsymbol{z}_{1i}+\boldsymbol{z}_{1i}^{\mathrm{T}}\left(\boldsymbol{v}_i-\boldsymbol{\alpha}_i\right)-\boldsymbol{z}_{1i}^{\mathrm{T}}\boldsymbol{J}_i^{\mathrm{T}}\boldsymbol{\eta}_{di}^{\theta_i}\boldsymbol{\omega}_{si} \tag{5.55}$$

定义一个新的状态 $\boldsymbol{v}_{id}\in R^3$，并引入一阶滤波器组得到 $\boldsymbol{\alpha}_i$ 的估计

$$\gamma_i\dot{\boldsymbol{v}}_{id}+\boldsymbol{v}_{id}=\boldsymbol{\alpha}_i \tag{5.56}$$

式中，$\gamma_i\in R$ 为时间常数。令 $\boldsymbol{p}_i=\boldsymbol{v}_{id}-\boldsymbol{\alpha}_i$。定义误差变量 $\boldsymbol{z}_{2i}=\boldsymbol{v}_i-\boldsymbol{v}_{id}$ 以及第二个李雅普诺夫备选函数 $\boldsymbol{V}_{2i}=\boldsymbol{V}_{1i}+\dfrac{1}{2}\boldsymbol{p}_i^{\mathrm{T}}\boldsymbol{p}_i$。对其求导并联立式(5.53)得到

$$\begin{aligned}\dot{\boldsymbol{V}}_{2i}=&-\boldsymbol{z}_{1i}^{\mathrm{T}}\boldsymbol{K}_{1i}\boldsymbol{z}_{1i}+\boldsymbol{z}_{1i}^{\mathrm{T}}\left(\boldsymbol{z}_2+\boldsymbol{p}_i\right)\\&-\boldsymbol{z}_{1i}^{\mathrm{T}}\boldsymbol{J}_i^{\mathrm{T}}\boldsymbol{\eta}_{di}^{\theta_i}\boldsymbol{\omega}_{si}+\boldsymbol{p}_i^{\mathrm{T}}\dot{\boldsymbol{p}}_i\end{aligned} \tag{5.57}$$

第二步：对 $\boldsymbol{z}_{2i}$ 求导并联立方程(5.51)得到

$$\dot{\boldsymbol{z}}_{2i}=\boldsymbol{\tau}_i-\dot{\boldsymbol{v}}_{id} \tag{5.58}$$

定义第三个李雅普诺夫备选函数 $\boldsymbol{V}_{3i}=\boldsymbol{V}_{2i}+\dfrac{1}{2}\boldsymbol{z}_{2i}^{\mathrm{T}}\boldsymbol{z}_{2i}$，其导数联立式(5.57)满足

$$\begin{aligned}\dot{\boldsymbol{V}}_{3i}=&-\boldsymbol{z}_{1i}^{\mathrm{T}}\boldsymbol{K}_{1i}\boldsymbol{z}_{1i}-\boldsymbol{z}_{1i}^{\mathrm{T}}\boldsymbol{J}_i^{\mathrm{T}}\boldsymbol{\eta}_{di}^{\theta_i}\omega_{si}+\boldsymbol{p}_i^{\mathrm{T}}\dot{\boldsymbol{p}}_i+\boldsymbol{z}_{1i}^{\mathrm{T}}\boldsymbol{p}_i\\&+\boldsymbol{z}_{2i}^{\mathrm{T}}\left(\boldsymbol{\tau}_i-\dot{\boldsymbol{v}}_{id}+\boldsymbol{z}_{1i}\right)\end{aligned} \tag{5.59}$$

选择如下的控制律：

$$\boldsymbol{\tau}_i=-\boldsymbol{z}_{1i}-\boldsymbol{K}_{2i}\boldsymbol{z}_{2i}+\dot{\boldsymbol{v}}_{id} \tag{5.60}$$

式中，$\boldsymbol{K}_{2i}=\operatorname{diag}\left(k_{2i}\right)\in R^{3\times3}$，$k_{2i}\in R$ 为正常数。利用上述控制律，可得到

$$\dot{\boldsymbol{V}}_{3i}=-\boldsymbol{z}_{1i}^{\mathrm{T}}\boldsymbol{K}_{1i}\boldsymbol{z}_{1i}-\boldsymbol{z}_{2i}^{\mathrm{T}}\boldsymbol{K}_{2i}\boldsymbol{z}_{2i}+\boldsymbol{p}_i^{\mathrm{T}}\dot{\boldsymbol{p}}_i+\boldsymbol{p}_i^{\mathrm{T}}\boldsymbol{z}_{1i}-\boldsymbol{\mu}_i\boldsymbol{\omega}_{si} \tag{5.61}$$

式中，$\boldsymbol{\mu}_i=\boldsymbol{z}_{1i}^{\mathrm{T}}\boldsymbol{J}_i^{\mathrm{T}}\boldsymbol{\eta}_{di}^{\theta_i}$。

第三步：为实现多质点的协同路径跟踪，在单个质点收敛于期望路径的同时，还要使得各个质点分别在速度与路径参数上达到协同一致，即通过设计协同控制律使速度跟踪误差 $\boldsymbol{\omega}_{si}$ 与路径参数协同误差 $\theta_i-\theta_j$ 为任意小。因此引入通信网络考虑对路径参数的协同。由前面图论知各个质点对应于图 $\mathcal{G}$ 的顶点，通信关系对应于图 $\mathcal{G}$ 的边，考虑到网络通信约束，每个质点只与邻近的质点相通信，因此所采取的控制是分散式的。定义集合 $\mathcal{N}_i$ 为与第 i 个质点通信的质点集合，选择如下的分散式协同控制律：

$$\begin{cases}\boldsymbol{\omega}_{si}=-\kappa_{1i}^{-1}\left[\sum\limits_{j\in\mathcal{N}_i}a_{ij}\left(\theta_i-\theta_j\right)+\mu_i\right]-\boldsymbol{\rho}_i\\ \dot{\boldsymbol{\rho}}_i=-\left(\kappa_{1i}+\kappa_{2i}\right)\boldsymbol{\rho}_i-\sum\limits_{j\in\mathcal{N}_i}a_{ij}\left(\theta_i-\theta_j\right)-\mu_i\end{cases} \tag{5.62}$$

式中，$\boldsymbol{\rho}_i\in R^n$ 为引入的一个辅助状态；$\kappa_{1i}\in R,\kappa_{2i}\in R,\kappa_{3i}\in R$ 为正常数。定义 $\boldsymbol{\omega}_s=\left(\boldsymbol{\omega}_{s1},\cdots,\boldsymbol{\omega}_{sn}\right)^{\mathrm{T}}\in R^n$，$\boldsymbol{\mu}=\left(\mu_1,\cdots,\mu_n\right)^{\mathrm{T}}\in R^n$，$\boldsymbol{\rho}_i=\left(\rho_1,\cdots,\rho_n\right)^{\mathrm{T}}\in R^n$，$\mathcal{K}_1=\operatorname{diag}$

$(\kappa_{1i}) \in R^{n\times n}$，$\mathcal{K}_2 = \mathrm{diag}(\kappa_{2i}) \in R^{n\times n}$，则式(5.62)可表示为

$$\begin{cases}\dot{\boldsymbol{\theta}} = \boldsymbol{v}_{di}\mathbf{1}_n - \mathcal{K}_1^{-1}(\boldsymbol{L\theta} + \boldsymbol{\mu}) - \boldsymbol{\rho} \\ \dot{\boldsymbol{\rho}} = -(\mathcal{K}_1 + \mathcal{K}_2)\boldsymbol{\rho} - \boldsymbol{L\theta} - \boldsymbol{\mu}\end{cases} \tag{5.63}$$

定义全局李雅普诺夫备选函数$\boldsymbol{V} = \dfrac{1}{2}\boldsymbol{\theta}^{\mathrm{T}}\boldsymbol{L\theta} + \dfrac{1}{2}\boldsymbol{\rho}^{\mathrm{T}}\boldsymbol{\rho} + \sum\limits_{i=1}^{n}\boldsymbol{V}_{3i}$对$\boldsymbol{V}$求导得

$$\begin{aligned}\dot{\boldsymbol{V}} = &-\boldsymbol{\omega}_s^{\mathrm{T}}\mathcal{K}_1\boldsymbol{\omega}_s - \boldsymbol{\rho}^{\mathrm{T}}\mathcal{K}_2\boldsymbol{\rho} + \sum_{i=1}^{n}(-\boldsymbol{z}_{1i}^{\mathrm{T}}\boldsymbol{K}_{1i}\boldsymbol{z}_{1i} \\ &-\boldsymbol{z}_{2i}^{\mathrm{T}}\boldsymbol{K}_{2i}\boldsymbol{z}_{2i} + \boldsymbol{p}_i^{\mathrm{T}}\dot{\boldsymbol{p}}_i + \boldsymbol{p}_i^{\mathrm{T}}\boldsymbol{z}_{1i})\end{aligned} \tag{5.64}$$

2）稳定性分析

现在分析由被控对象式(5.50)和式(5.51)、控制律(5.60)、滤波器组(5.56)以及分散式协同控制律(5.63)所组成的闭环系统的稳定性。首先提出如下定理。

定理 5.1 考虑闭环系统(5.64)，对于任意给定的正数q_{2i}，如果初始条件满足$\boldsymbol{\Omega}_{2i} = \left\{\left(\boldsymbol{z}_{1i}, \boldsymbol{z}_{2i}, \boldsymbol{p}_i, \tilde{\boldsymbol{W}}_i, \tilde{\boldsymbol{V}}_i\right)^{\mathrm{T}} : \boldsymbol{V} \leqslant q_{2i}\right\}$，则存在$\boldsymbol{K}_{1i}, \boldsymbol{K}_{2i}, \gamma_i, \boldsymbol{\Gamma}_{W_i}, \boldsymbol{\Gamma}_{V_i}, k_{W_i}, k_{V_i}, \mathcal{K}_1, \mathcal{K}_2$，使得闭环系统中的所有信号一致最终有界。并且通过选择合适的设计参数能够使路径跟踪误差以及路径参数协调误差为任意小。

证明 对$\boldsymbol{p}_i$进行求导并联立式(5.56)可得

$$\dot{\boldsymbol{p}}_i = -\frac{\boldsymbol{p}_i}{\gamma_i} + B\left(\boldsymbol{z}_{1i}, \boldsymbol{z}_{2i}, \boldsymbol{\omega}_{si}, \boldsymbol{p}_i, \boldsymbol{\eta}_{di}, \boldsymbol{\eta}_{di}^{\theta_i}, \boldsymbol{\eta}_{di}^{\theta_i^2}\right)$$

式中，B为连续函数。

$$B\left(\boldsymbol{z}_{1i}, \boldsymbol{z}_{2i}, \boldsymbol{\omega}_{si}, \boldsymbol{p}_i, \boldsymbol{\eta}_{di}, \boldsymbol{\eta}_{di}^{\theta_i}, \boldsymbol{\eta}_{di}^{\theta_i^2}\right) = -\boldsymbol{K}_{1i}\left\{\boldsymbol{rSz}_{1i} - \boldsymbol{v}_i - \boldsymbol{J}_i^{\mathrm{T}}\left[\boldsymbol{\eta}_{di}^{\theta_i}(\boldsymbol{v}_{di} + \boldsymbol{\omega}_{si})\right] - \dot{\boldsymbol{J}}_i^{\mathrm{T}}\boldsymbol{\eta}_{di}^{\theta_i}\boldsymbol{v}_{di} - \boldsymbol{J}_i^{\mathrm{T}}\boldsymbol{\eta}_{di}^{\theta_i^2}\boldsymbol{v}_{di}\right\}$$

由于$\boldsymbol{\Omega}_{1i}$与$\boldsymbol{\Omega}_{2i}$都是紧致集合，因此$\boldsymbol{\Omega}_{1i} \times \boldsymbol{\Omega}_{2i}$也是紧致集合，因而$B$在$\boldsymbol{\Omega}_{1i} \times \boldsymbol{\Omega}_{2i}$上存在一个最大值$B_M$。此外，利用杨氏不等式

$$\begin{cases}\left|\boldsymbol{p}_i^{\mathrm{T}}\dot{\boldsymbol{p}}_i\right| \leqslant -\dfrac{\|\boldsymbol{p}_i\|^2}{\gamma_i} + \|\boldsymbol{p}_i\|^2 + \dfrac{1}{4}B_M^2 \\ \left|\boldsymbol{p}_i^{\mathrm{T}}\boldsymbol{z}_{1i}\right| \leqslant \dfrac{1}{2}\|\boldsymbol{p}_i\|^2 + \dfrac{1}{2}\|\boldsymbol{z}_{1i}\|^2\end{cases}$$

联立式(5.64)可以得到

$$\begin{aligned}\dot{\boldsymbol{V}} \leqslant &-\lambda_{\min}(\mathcal{K}_1)\boldsymbol{\omega}_s^2 - \lambda_{\min}(\mathcal{K}_2)\boldsymbol{\rho}^2 \\ &+\sum_{i=1}^{n}\left\{-\left(\frac{2-3\gamma_i}{2\gamma_i}\right)\boldsymbol{p}_i^2 - \left[\lambda_{\min}(\boldsymbol{K}_{1i}) - \frac{1}{2}\right]\boldsymbol{z}_{1i}^2\right.\end{aligned}$$

$$-\lambda_{\min}\left(\boldsymbol{K}_{2i}\right)z_{2i}^{2}+H\Big\}_{i} \tag{5.65}$$

式中，$H_i=\dfrac{1}{4}B_M^2$。选择$\gamma_i>\dfrac{2}{3},\lambda_{\min}\left(\boldsymbol{K}_{1i}\right)>\dfrac{1}{2}$，并且注意到$\|\boldsymbol{\omega}_s\|>\sqrt{\dfrac{\sum_{i=1}^{n}H_i}{\lambda_{\min}\left(\boldsymbol{\mathcal{K}}_1\right)}}$，或$\|\boldsymbol{\rho}\|>\sqrt{\dfrac{\sum_{i=1}^{n}H_i}{\lambda_{\min}\left(\boldsymbol{\mathcal{K}}_2\right)}}$，或$\|\boldsymbol{p}_i\|>\sqrt{\dfrac{2\gamma_i H_i}{2-3\gamma_i}}$，或$\|\boldsymbol{z}_{1i}\|>\sqrt{\dfrac{H_i}{\lambda_{\min}\left(\boldsymbol{K}_{1i}\right)-\dfrac{1}{2}}}$，或$\|\boldsymbol{z}_{2i}\|>\sqrt{\dfrac{H_i}{\lambda_{\min}\left(\boldsymbol{K}_{2i}\right)}}$，使得$\dot{\boldsymbol{V}}<0$。因此系统是稳定的，所有信号都有界。当$t\to\infty$时，路径跟踪误差与速度跟踪误差满足

$$\lim_{t\to\infty}\left\|\boldsymbol{\eta}_i-\boldsymbol{\eta}_{di}\right\|\leqslant\epsilon_{1i} \tag{5.66}$$

$$\lim_{t\to\infty}\left\|\dot{\boldsymbol{\theta}}_i-\boldsymbol{v}_{di}\right\|\leqslant\epsilon_{2i} \tag{5.67}$$

式中，$\epsilon_{1i}=\sqrt{\dfrac{H_i}{\lambda_{\min}\left(\boldsymbol{K}_{1i}\right)-\dfrac{1}{2}}}$；$\epsilon_{2i}=\sqrt{\dfrac{\sum_{i=1}^{n}H_i}{\lambda_{\min}\left(\boldsymbol{\mathcal{K}}_1\right)}}$。令$\boldsymbol{s}=\boldsymbol{L\theta}$，由式(5.66)和式(5.67)有

$$\boldsymbol{s}\leqslant\boldsymbol{\epsilon}_s \tag{5.68}$$

式中，$\boldsymbol{\epsilon}_s=\boldsymbol{\eta}_{diM}^{\theta_i}\epsilon_{1i}+\lambda_{\max}\left(\boldsymbol{\mathcal{K}}_1\right)\left(\epsilon_{2i}+\sqrt{\dfrac{\sum_{i=1}^{n}H_i}{\lambda_{\min}\left(\boldsymbol{\mathcal{K}}_2\right)}}\right)$。另外，由于$\dfrac{1}{2}\lambda_2\left(\boldsymbol{L}\right)\|\boldsymbol{\theta}-\mathrm{Ave}\left(\boldsymbol{\theta}\right)\boldsymbol{1}_n\|^2\leqslant\dfrac{1}{2}\boldsymbol{\theta}^{\mathrm{T}}\boldsymbol{L\theta}$，$\mathrm{Ave}\left(\boldsymbol{\theta}\right)=\dfrac{1}{n}\sum_{i=1}^{n}\theta_i$，由引理 5.1 可得

$$\frac{1}{2}\lambda_2\left(\boldsymbol{L}\right)\|\boldsymbol{\theta}-\mathrm{Ave}\left(\boldsymbol{\theta}\right)\boldsymbol{1}_n\|^2\leqslant\frac{1}{2}\boldsymbol{s}^{\mathrm{T}}\boldsymbol{Ps} \tag{5.69}$$

因此联立式(5.68)有

$$\lim_{t\to\infty}\|\boldsymbol{\theta}_i-\boldsymbol{\theta}_j\|\leqslant\epsilon_{i3} \tag{5.70}$$

式中，$\epsilon_{i3}=\sqrt{\dfrac{\lambda_{\max}\left(\boldsymbol{P}\right)}{\lambda_2\left(\boldsymbol{L}\right)}}\boldsymbol{\epsilon}_s$，即$\boldsymbol{\theta}_i\to\boldsymbol{\theta}_j\to\mathrm{Ave}\left(\boldsymbol{\theta}\right)$，并且通过选择合适的设计参数能够使路径跟踪误差、速度跟踪误差以及路径参数协同误差为任意小。由此定理得证。

在试验中，队形控制器的输入$\boldsymbol{r}_a,\boldsymbol{r}_b,\boldsymbol{r}_c$对应于$\boldsymbol{\eta}_i$的初值$\boldsymbol{\eta}_i(0)$，即$(\boldsymbol{r}_a,\boldsymbol{r}_b,\boldsymbol{r}_c)=\big(\boldsymbol{\eta}_a(0),$

$\boldsymbol{\eta}_b(0),\boldsymbol{\eta}_c(0))$。三角形边长$\kappa_i$与航行角度$\phi_i$定义在每一个质点的期望路径$\boldsymbol{\eta}_{di}, i=a,b,c$中，是一个关于$\theta_i,\kappa_i,\phi_i$的函数$\boldsymbol{\eta}_{di}(\theta_i,\kappa_i,\phi_i)$。队形控制器的输出$(\boldsymbol{r}_a',\boldsymbol{r}_b',\boldsymbol{r}_c')=(\boldsymbol{\eta}_a(t),\boldsymbol{\eta}_b(t),\boldsymbol{\eta}_c(t))$。

5.4.2　基于协同路径跟踪控制的多水下滑翔机编队控制

采用上述协同路径跟踪控制方法对多水下滑翔机进行编队控制，通过对质点的编队控制为水下滑翔机的协同行为提供协同指令，包括速度、航向、路径点序列。

在协同路径跟踪算法中，协同控制的基本条件是可以随时获取机器人的状态信息，并且能够有效地控制机器人的运动速度。水下滑翔机的工作模式、未知的水下滑翔机运动学模型以及位置的环境流场决定了在实际应用中，这两个条件都不能很好地满足，主要原因如下。

(1)水下滑翔机的通信周期有限制，定期浮出水面才能获取状态信息。

(2)多水下滑翔机系统中，由于受多种因素影响，即使相同配置的两台水下滑翔机也不能保证同时出水，因此会导致多水下滑翔机的状态不能同时获取。

(3)水下滑翔机以净浮力和水动力驱动，缺乏有效的速度控制机制，而且低速的水下滑翔机在运动过程中容易受海流的影响，因此很难做到速度的精确控制。

(4)编队协同控制中，最重要的是速度的协同，即多台水下滑翔机的运动速率要满足协同速度要求。在无准确流场信息的异步控制中，对未来的速度预测本身就是件很困难的事，而对由不能精确控制速度的个体组成的多水下滑翔机进行协同速度控制，是件更加困难的事。

(5)在异步控制中，给水下滑翔机的指令是下个周期的航点信息。由于在协同路径跟踪算法中没有考虑流场的影响，因此在根据协同路径跟踪算法输出的位置点序列生成航点信息时，需要平衡下周期入水位置、下周期运动距离和协同路径跟踪算法点序列的协同时间，生成每台水下滑翔机未来周期的有效航点。

对于异步控制问题，解决的方法是对水下滑翔机的状态进行估计。以下针对上述问题，详细介绍水下滑翔机的状态估计、协同速度控制和航点生成等方法，以实现多水下滑翔机的协同编队控制。最后，在基本的协同路径跟踪算法上进行扩展，使得编队能够实现跟踪、旋转、缩放等功能，使多水下滑翔机具备较为完善的编队作业能力。

1. 水下滑翔机位置估计

水下滑翔机预计出水时间、位置估计与速度控制等问题涉及水下滑翔机在水中的垂直速度、水平速度、参数设置和流场估计等多个方面，这些因素又相互影响。试验中，能够使用的数据包括：①水下滑翔机的浮力驱动m_b、俯仰角θ、航向角ψ等参数；②水下滑翔机前序运动周期的入水点$\boldsymbol{r}_b$和出水点$\boldsymbol{r}_d$，入水时间t_b和

出水时间 t_d；③由监控服务器计算的上一周期深平均流 $\boldsymbol{F}_d=(F_{du},F_{dv})$；④水下滑翔机观测剖面的最大下潜深度 z_m。

估计水下滑翔机位置的基本思路是：

(1)获得一个周期垂直下潜速度。

(2)建立运动学模型，根据下潜速度计算出理论上的水平速度。

(3)估计该周期流场，将理论上的水平速度和流速叠加，再由设定的航向角估计出某时刻的水下滑翔机位置。

1)垂直速度与周期时间估计

经分析，相比于海流的水平速度，垂直方向的速度相对较小，因此，将水下滑翔机垂直速度与运动时间一起分析。影响垂直速度 v_{vt} 和周期时间的水下滑翔机参数主要是浮力驱动 m_b 和俯仰角 θ，下面几个因素对垂直速度和周期时间的估计带来了难度：

(1)由于缺少水下滑翔机动力学模型，无法建立下潜速度与浮力驱动和俯仰角之间的数学关系。

(2)由于个体之间存在差异，不同的水下滑翔机在同样的下潜配置下，垂直速度也不同。

(3)对于同一台水下滑翔机，在进行新的布放任务之前，需要更换电池和配平，导致不同的布放任务之间状态也有差异。

因此，只有从水下滑翔机的历史下潜记录中进行统计分析，得到某浮力驱动和俯仰角设定下的下潜时间和垂直速度。同一台水下滑翔机的历史数据有参考价值，但是用于统计分析的数据要来自本次布放任务。

图 5.24 给出了用于编队的三台水下滑翔机 1000A001、1000A002 和 1000A004 在四种不同下潜配置下周期时间的均值 tp_{ave} 和标准差 tp_{std}，四种下潜配置(浮力驱动,俯仰角)分别为(300ml,20°)、(400ml,20°)、(400ml,25°)和(450ml,28°)(从左向右)。

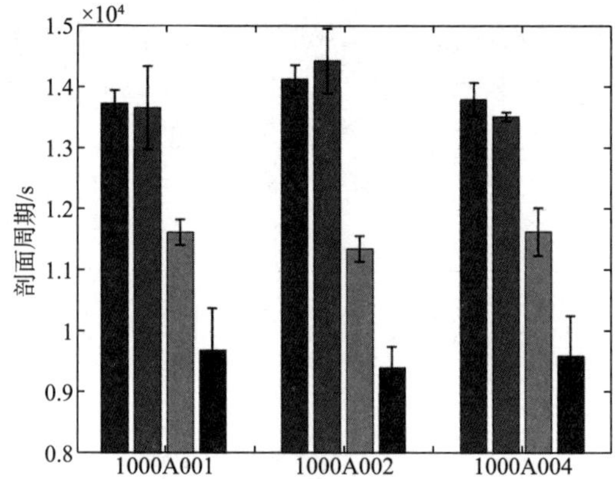

图 5.24　不同配置下水下滑翔机单周期下潜时间的均值和标准差

三台水下滑翔机不同配置下用于分析的条目数分别为(233,31,61,29)、(230,9,75,41)和(242,8,61,47)。由于编队结束之后，所有水下滑翔机继续运行时设定的都是(300ml,20°)，所以配置条目数较多。

平均垂直速度 $v_{vt}=z_m/t_p$ ，t_p 为一个周期的实际下潜时间。由于在不同下潜周期，水下滑翔机的最大下潜深度不同，在计算垂直速度时，应当从相应周期的CTD 文件中找到最大下潜深度。图 5.25 给出三台水下滑翔机四种下潜配置下平均垂直下潜速度的均值 vv_{ave} 和标准差 vv_{std} 。

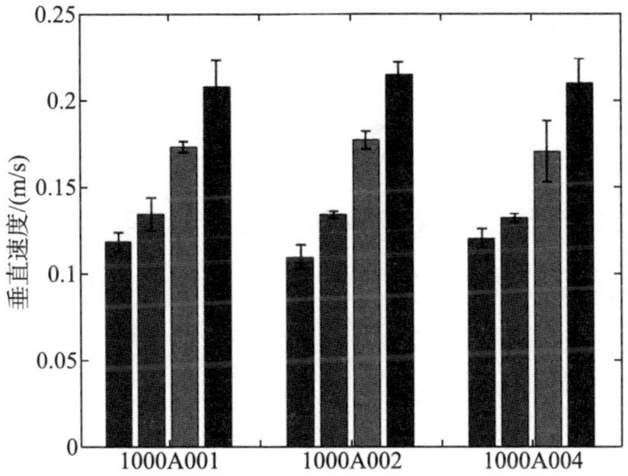

图 5.25　不同配置下水下滑翔机单周期平均垂直下潜速度的均值和标准差

在系统运行过程中，自动筛选和添加下潜周期的数据进入数据库，设第 i 次下潜周期的垂直速度 $vv(i)$ 满足

$$vv(i)-vv_{ave}>2\times vv_{std}$$

时，该下潜周期的所有数据均不进入统计数据库。该更新机制使得随着下潜周期的增加，得到的数据也更准确。

2)运动模型与位置估计

深平均流估计示意图见图 5.26。

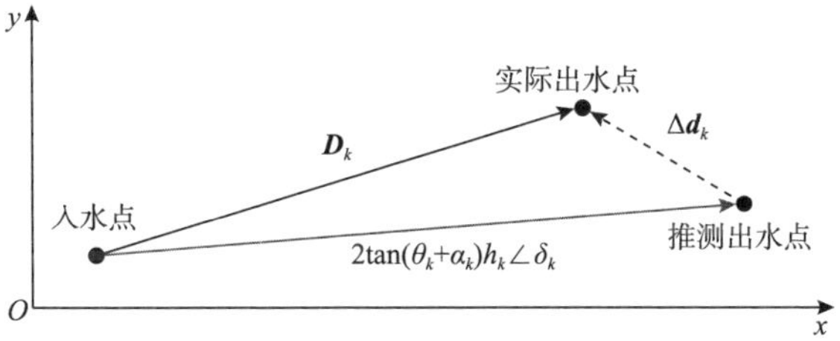

图 5.26　基于水下滑翔机位置的深平均流估计方法示意图

在监控服务器计算推测深平均流时，使用了以下模型：

$$\boldsymbol{F}_d^k = \frac{\Delta \boldsymbol{d}_k}{\mathrm{tp}(k)}$$

式中，$\mathrm{tp}(k)$是第k个周期的周期时间；

$$\Delta \boldsymbol{d}_k = \boldsymbol{D}_k - 2\tan(\theta_k + \alpha_k) h_k \angle \delta_k \tag{5.71}$$

其中，θ_k为第k个周期的俯仰角，α_k为第k个周期的攻角，h_k为第k个周期下潜的深度，δ_k为第k个周期的航向角。在计算中，所有水下滑翔机的攻角都相同，$\alpha_k = 5°$。

式(5.71)中等号右边第二项为水下滑翔机在静水中的运动模型，记为

$$\zeta_k = 2\tan(\theta_k + \alpha_k) h_k \angle \delta_k \tag{5.72}$$

由于在后续的位置估计中要使用推测流场，为保持一致，试验中采用相同的静水运动模型ζ_k。

假设某水下滑翔机上一次出水的位置和时刻为$(\boldsymbol{r}_i, t_i)$，上一周期的流场为$\boldsymbol{F}_d^{i-1}$，现要估计t'时刻水下滑翔机的位置$\boldsymbol{r}'$，图 5.27 给出了垂面和平面的示意图。

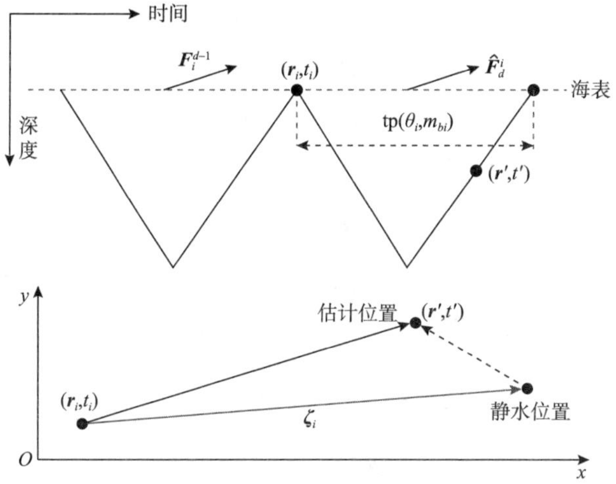

图 5.27　水下滑翔机位置估计方法的垂面（上半部分）和平面（下半部分）示意图

位置估计可写为

$$\boldsymbol{r}' = \boldsymbol{r}_i + \boldsymbol{\zeta}_i (t' - t_i) + \hat{\boldsymbol{F}}_d^i \frac{t' - t_i}{\mathrm{tp}(\theta_i, m_{bi})} \tag{5.73}$$

式中，$\mathrm{tp}(\theta_i, m_{bi})$为本周期内设置的浮力驱动$m_{bi}$和俯仰角$\theta_i$所对应的周期时间，

从系统维持的数据库中得到；$\hat{\boldsymbol{F}}_d^i$是对第i个下潜周期深平均流的估计，写为前几个周期推测深平均流的线性估计：

$$\hat{\boldsymbol{F}}_d^i = \frac{\sum_{k=1}^{w} \alpha_k \hat{\boldsymbol{F}}_d^{i-k}}{\sum_{k=1}^{w} \alpha_k}$$

2. 协同速度控制

协同路径跟踪算法给出的是三台水下滑翔机的相对速度，且算法假定水下滑翔机的速度精确可控。在遇到流场导致编队变形，或者要进行队形的旋转、缩放，需要某些水下滑翔机提速而另外一些水下滑翔机降速时，输出速度的相对差异超出水下滑翔机能够调节的范围，应当设计合适的速度分配策略，来保证水下滑翔机之间的相对速度，达到队形保持效果。

根据静水中运动模型(5.72)，设水下滑翔机的垂直速度为v_v^i，俯仰角为θ_i，攻角为α_i，则静水中水平速度为$\boldsymbol{V}_h^i = \left(v_v^i / \tan\left(\theta_i + \alpha_i\right)\right)\left(\cos\delta_i, \sin\delta_i\right)^{\mathrm{T}}$，$\delta_i$为第$i$次期望的航向角。考虑系统的工作模式，第$i$次规划时，水下滑翔机已经入水，规划的结果会在这个周期出水时发送给水下滑翔机，因此要规划的是第$i+1$个周期，即要用第i次以前的流场$\boldsymbol{F}_d^k\left(k = i-5,\cdots,i-1\right)$来估计第$i+1$次流场$\boldsymbol{F}_d^{i+1}$。则第$i+1$周期水下滑翔机的估计水平速度为

$$\hat{\boldsymbol{V}}_h^{i+1} = \frac{v_v^{i+1}}{\tan\left(\theta_{i+1} + \alpha_{i+1}\right)}\left(\cos\delta_{i+1}, \sin\delta_{i+1}\right)^{\mathrm{T}} + \boldsymbol{F}_d^{i+1} \tag{5.74}$$

根据式(5.74)计算出第$i+1$次估计水平速度$\boldsymbol{V} = \left(\boldsymbol{V}_a, \boldsymbol{V}_b, \boldsymbol{V}_c\right)$，其中每台水下滑翔机有四种下潜配置，即$\boldsymbol{V}_* = \left(V_{*1}, V_{*2}, V_{*3}, V_{*4}\right)^{\mathrm{T}}$。设 5.4.1 节中所设计队形控制器输出的速率为$\boldsymbol{v}_{\mathrm{cpf}} = \left(v_1, v_2, v_3\right)$，则问题可以定义为

$$\min_J \cos\left(\mathrm{diag}\left(\boldsymbol{V} \cdot \boldsymbol{J}\right), \boldsymbol{v}_{\mathrm{cpf}}\right)$$

即找到水下滑翔机速度组合中与$\boldsymbol{v}_{\mathrm{cpf}}$相似度最高的一组。

3. 航点生成

上面介绍，队形控制器输出t时间内每台水下滑翔机的航点集合γ，如图 5.28 所示，$\boldsymbol{r}_1, \boldsymbol{r}_2, \boldsymbol{r}_3$为顺时针旋转 30°后基准三角形的顶点，算法从水下滑翔机的初始位置$\left(\boldsymbol{r}_a, \boldsymbol{r}_b, \boldsymbol{r}_c\right)$开始，假设在$t'$时刻到达各自的基准点，则在$t'$到$t$时间内每一时刻三台水下滑翔机的位置都能保持队形，因此只要选择大于t'的某个时刻作为算法的

积分时间，算法得到的γ的最后一个点即为水下滑翔机的下一个航点，$\angle\left(\gamma_a(t)-\boldsymbol{r}_a'\right)$为式(5.74)中的$\delta$，即下一时刻水下滑翔机的航向角。

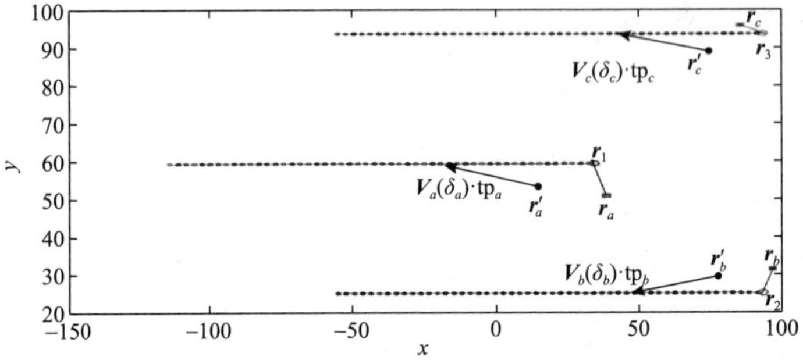

图 5.28　基于位置估计的下周期航点生成示意图

时间t可以用来控制编队的收敛速度，但是选择合适的t并不容易。一方面，不同的初始位置对应的t'不同，如果t选择过大，如图 5.28 中给出的γ的目标点距离起始点约为 60km，也就是说，在没有持续控制和不发生其他意外的情况下，多水下滑翔机编队要跑两天才能最终收敛到期望的队形，显然是不合理的。另一方面，由于规划的是下一周期的航点，起始点应当从下一周期的预计入水点$\boldsymbol{r}_a'$算起，因此$\gamma(t)-\boldsymbol{r}_a'>\boldsymbol{V}_a(\delta_a)\cdot \mathrm{tp}_a$，其中$\delta_a$和$\boldsymbol{V}_a(\delta_a)$的计算都与$t$有关，它们之间形成了相互影响的关系。

航点的选择通过构建一个优化问题和分步迭代的方法完成。如图 5.28 中，假设水下滑翔机g_a以航向角δ_a运动，水平速度$\boldsymbol{V}_a(\delta_a)$由式(5.74)计算得到，$\mathrm{tp}_a$由上面介绍的协同速度控制得到，则下一个周期$g_a$预计的出水点为$\boldsymbol{V}_a(\delta_a)\cdot \mathrm{tp}_a+\boldsymbol{r}_a'$。留出一定的余量，在周期距离上乘以$\lambda$，试验中取$\lambda$=1.5，则下一个预期航点为

$$\hat{\boldsymbol{r}}_a(\delta_a)=\lambda\cdot\boldsymbol{V}_a(\delta_a)\cdot \mathrm{tp}_a+\boldsymbol{r}_a' \tag{5.75}$$

假设$\hat{\boldsymbol{r}}_a(\delta_a)$与$\gamma_a$相交的时刻为$t_a$，则问题可以描述为选择合适的$(\delta_a,\delta_b,\delta_c)$使得$(t_a,t_b,t_c)$相差最小。由于决定协同速度$\boldsymbol{V}$时要用到预期的航向角$\delta$、周期时间 tp 和$\boldsymbol{V}$，计算预期航点和$\delta$时也要用到 tp 和$\boldsymbol{V}$，因此，迭代方法分为两步：①固定$\delta$，根据式(5.74)计算$\boldsymbol{V}$和 tp；②固定更新的$\boldsymbol{V}$和 tp，根据式(5.75)调整$\delta$使得$(t_a,t_b,t_c)$距离减小。

4. 编队功能扩展

通过设定三角形边长κ和航行角度ϕ，上面叙述的基本的算法可实现队形缩

放、定向航行等编队功能。通过调整水下滑翔机三角形和基准三角形的相对关系以及基准三角形的状态，可以扩展编队的功能，包括：

(1) 以三角形的中心为基准航行，即将水下滑翔机三角形的中心调整到基准三角形中心上，可实现以三角形中心来跟踪等值线。

(2) 以顶点为基准航行，即将水下滑翔机三角形与基准三角形的某个顶点调整重合。

(3) 队形旋转。通过基准三角形状态变换，再结合上述两种三角形调整，可实现队形绕中心旋转和绕某顶点旋转。

队形缩放、定向航行、队形跟踪、队形旋转等功能可以根据实际的应用需求，进行一种和多种灵活组合使用，比如：使用编队进行等值线跟踪，可以采用中心跟踪或某顶点跟踪等；用编队观测涡旋，靠近涡心的同时进行队形缩放；跟踪曲线时，可以采用一个顶点跟踪曲线，另外两个顶点组成的一条边始终与曲线垂直，即一边进行队形跟踪，一边进行队形旋转。

5.4.3 多水下滑翔机编队控制海上试验

利用中国科学院沈阳自动化研究所三台水下滑翔机 1000A001、1000A002 和 1000A004 进行三角形编队控制试验。试验从 2019 年 7 月 20 号开始，到 8 月 1 号结束，历时 12 天。试验测试的编队功能包括编队定向航行、顶点跟踪、中心跟踪、队形缩放、队形旋转、收敛控制和队形随动等，以及两种或多种功能组合。

1. 试验系统

试验依托于水下滑翔机监控与数据服务器（以下简称监控服务器）和水下滑翔机规划与控制服务器（以下简称规划服务器）。监控服务器通过铱星与水下滑翔机建立通信连接，回收观测数据和水下滑翔机状态数据，下达对水下滑翔机的控制指令。规划服务器通过监控服务器接收水下滑翔机的状态和观测数据，执行相应的规划算法，并将规划结果通过监控服务器下达给水下滑翔机执行，见图 5.29。

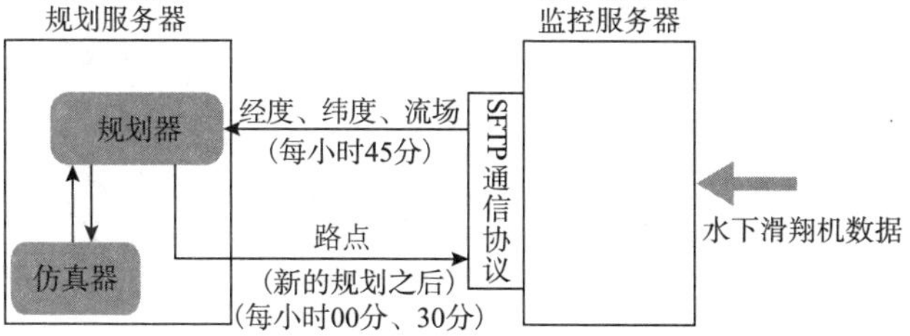

图 5.29　规划服务器和监控服务器之间的信息交互

规划服务器和监控服务器通过 SFTP 通信协议建立通信，监控服务器每小时 45 分向规划服务器发送水下滑翔机上一周期出入水的经度和纬度，以及推算的上一周期深平均流。规划服务器每小时 50 分检测是否有本任务中的水下滑翔机出水，如果有，则读取状态信息并执行规划算法，规划结果在结果生成时刻以及每小时 00 分和 30 分发送给监控服务器，监控服务器在下一次水下滑翔机出水时将航点发送给水下滑翔机执行。

水下滑翔机规划与控制系统设计面向任务的分层结构，父任务可通过任务分解模块分解成多个子任务，并对子任务的状态进行评估，根据评估结果进行任务内资源的调动和分配。不能再分的子任务节点作为一个执行单元，读取本任务内相关水下滑翔机的状态并执行相应程序。

图 5.30 给出了规划与控制系统的基本控制流程。系统的数据输入主要分为两种：一种是水下滑翔机的状态数据，来自监控服务器；另一种是环境要素数据，包括外来数据，如来自模式的温度、盐度、流场数据和地形数据，以及自身感知数据，如来自监控服务器的推算深平均流数据。系统中包含水下滑翔机运动模型，用于计算水下滑翔机的状态数据，在真实试验中提供水下滑翔机的估计位置，在仿真实验中还提供水下滑翔机模拟出水和流场推测等数据。

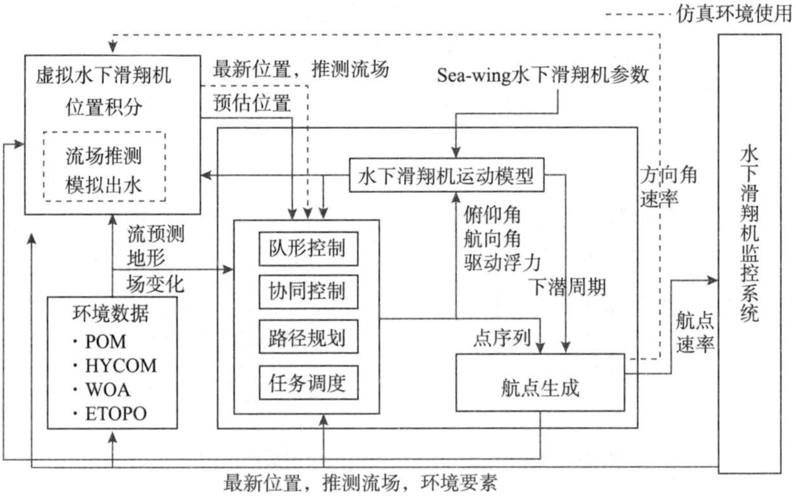

图 5.30　规划与控制系统内部结构图和数据流

WOA-世界海洋地图集；ETOPO-地形数据集

系统中另外一个核心是算法模块，支持集成多种算法。系统对模块的输入和输出进行了标准化，即系统中其他功能模块都留有接口供算法选择使用，当前发送给水下滑翔机的控制量只有航点，因此要集成一个算法就是选择合适的输入，再把算法的输出处理成航点或航点序列，即可便捷地集成到系统中。

2. 规划策略

试验中的三台水下滑翔机在系统中作为一个可执行的任务，从监控服务器读取状态，执行多水下滑翔机协同路径跟踪控制算法，生成每一台水下滑翔机下一周期的航点。从上面系统框架的叙述中可知，规划服务器并不能第一时间获得水下滑翔机的出水信息。另外，由于外界影响和自身原因，即使是相同配置的两台水下滑翔机也不能同时出水。因此，在规划时应当考虑异步问题，下面用一个例子解释异步问题。

假设现在处于图 5.31 中 13:50 时刻，由于在 12:50 到 13:50 期间，有水下滑翔机 g_3 出水获得位置更新，因此需要执行规划算法。规划的结果 $\boldsymbol{r}_1', \boldsymbol{r}_2', \boldsymbol{r}_3'$ 将在 t_1, t_2, t_3 时刻发送给相应的水下滑翔机。此时可有三种规划策略：

(1) 在 g_3 上一次出水的 t_0 时刻，根据 g_3 的出水位置以及估计的其他两台水下滑翔机的位置进行规划。

(2) 在 12:50 时刻，估计三台水下滑翔机在水下的位置以进行规划。

(3) 在 g_3 下一次出水的 t_1 时刻，即三台水下滑翔机最近的一次出水时间，估计三台水下滑翔机的位置以进行规划。

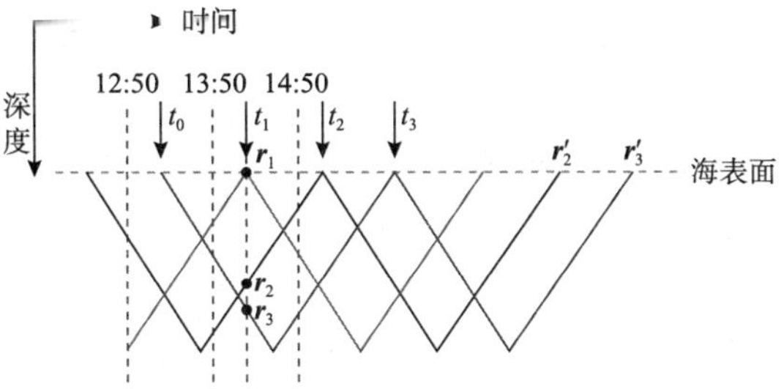

图 5.31 上述设定的两台服务器通信方式下控制系统的规划策略

三种策略都要对水下滑翔机的出水时间和出水位置进行估计。而在缺少水下滑翔机运动模型和环境流场的情况下，对水下滑翔机的出水时间和位置进行估计是一项挑战。本节选择第一种策略，以减少估计误差的影响。在位置估计正确的情况下，三种策略得到的结果相差不大。

3. 试验结果与分析

图 5.32 是三台水下滑翔机的轨迹图，不同颜色代表不同的水下滑翔机，五角星为起始点，正方形为目标点。

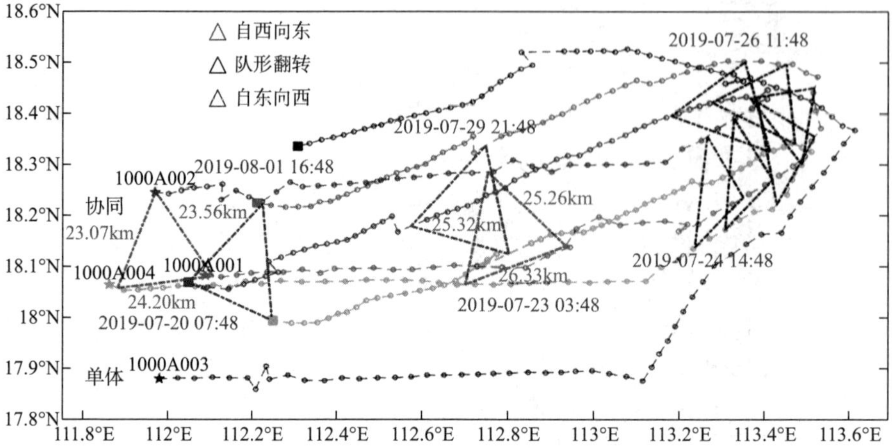

图 5.32　编队试验中三台水下滑翔机路径图（见书后彩图）

1）三角形边长误差分析

试验过程中，规划和控制系统自身及其与监控服务器之间的数据链路功能都在不断完善，规划系统和编队控制中的诸多算法也在不断完善。图 5.33 中给出了编队试验过程中，三角形每条边长、三角形边长与设定边长之间的总体误差、三角形边长与设定边长之间的总体误差的标准差分别随时间的变化情况。从试验开始到第 98 小时，边长设定为 25km。第 98 小时到 155 小时进行编队缩放试验，边长设定为 20km。155 小时后，边长重新设定为 25km。随着系统越来越稳定，本章中介绍的各项算法测试运行之后，从图 5.33 中可以看出：

（1）三角形的边长之差越来越小，表现为三条线越来越紧密。

（2）三角形边长与设定边长的总体误差越来越小，在试验结束前几天收敛到 1km 附近，试验结束时，误差在 1km 以内。误差衡量了实际队形和期望队形之间的差距，误差减小表示实际队形更接近期望队形。

（3）总体误差的标准差呈下降趋势，试验结束前收敛到 1km 附近。标准差衡

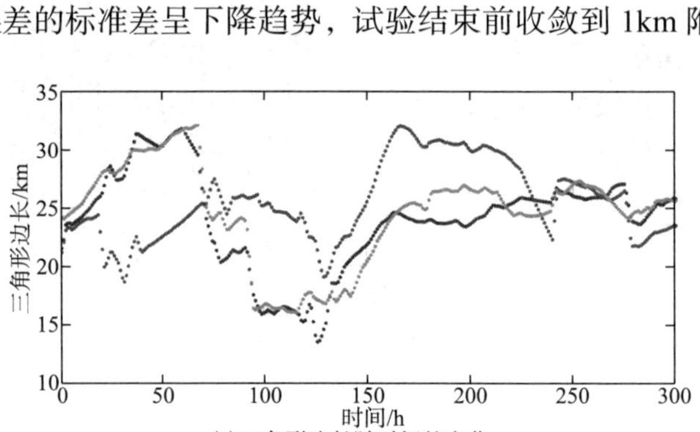

(a) 三角形边长随时间的变化

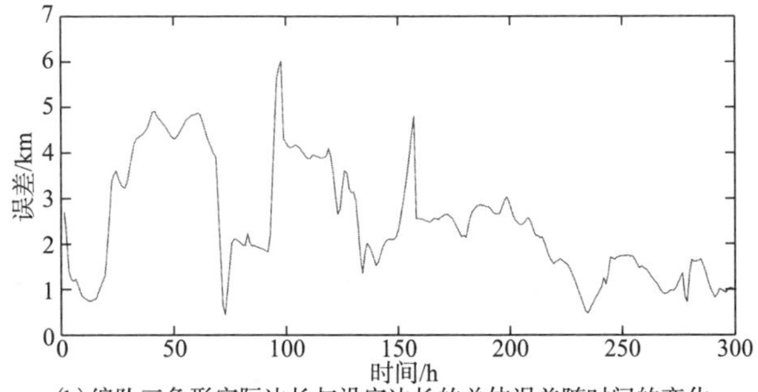

(b)编队三角形实际边长与设定边长的总体误差随时间的变化

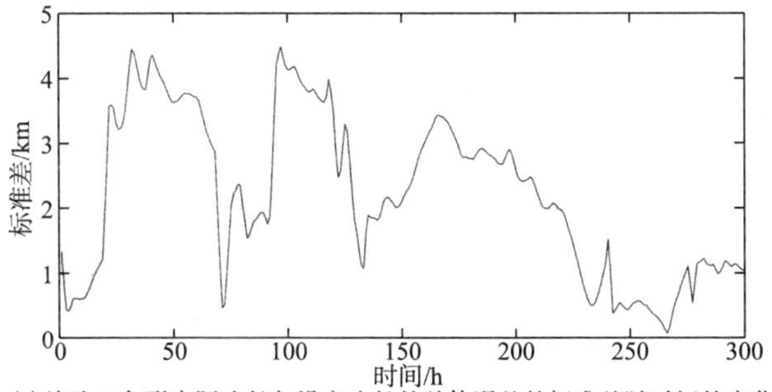

(c)编队三角形实际边长与设定边长的总体误差的标准差随时间的变化

图 5.33 编队试验过程中三角形每条边长、三角形边长与设定边长的总体误差及其标准差随时间的变化曲线

量了实际队形接近正三角形的程度，标准差减小表示实际队形更接近正三角形。

总体误差及其标准差都减小表示队形更接近预期设定边长的正三角形，编队可控性和控制的精度增强。

2)水下滑翔机状态估计

图 5.34(a)给出了水下滑翔机 1000A001 的预测和实际出水位置，图中圆圈表示实际出水位置，方块表示预测位置，实线相连的是一对预测-实际出水点组合。图 5.34(b)给出了每个周期预测点和实际出水点的距离，即估计误差。

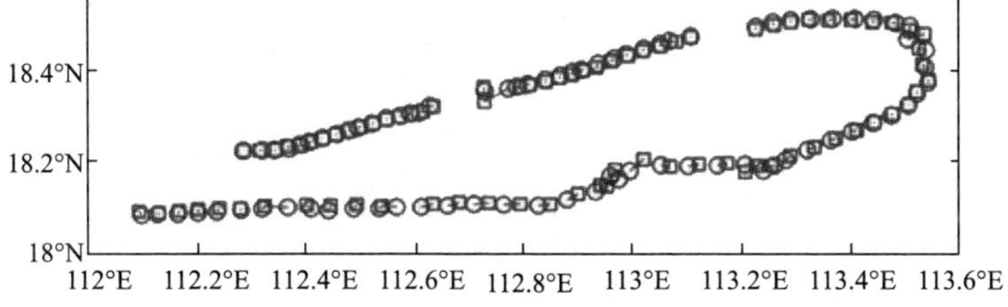

(a)出水位置

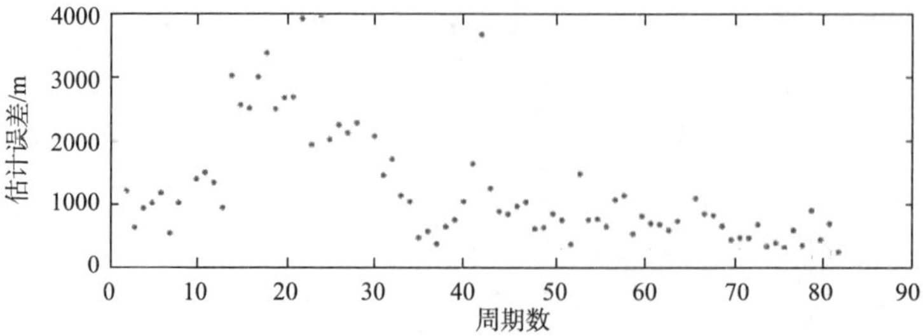

(b)估计误差

图 5.34　水下滑翔机 1000A001 在试验过程中预测出水位置及估计误差

图 5.35(a)为四台水下滑翔机在编队控制时间内所有周期出水位置估计误差点图。可以看出，随着算法的稳定，除了个别由于某些原因产生的错误点，几乎所有点的误差都在 1km 范围内，多数点的误差在 500m 范围内。图 5.35(b)为四台水下滑翔机在编队控制时间内所有周期出水时间估计误差点图。同样，随着数据的积累和算法的稳定，出水时间的估计误差在 300s 内。

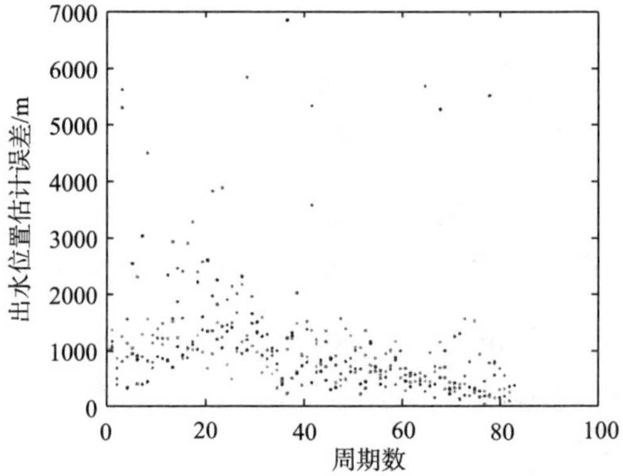

(a)出水位置估计误差

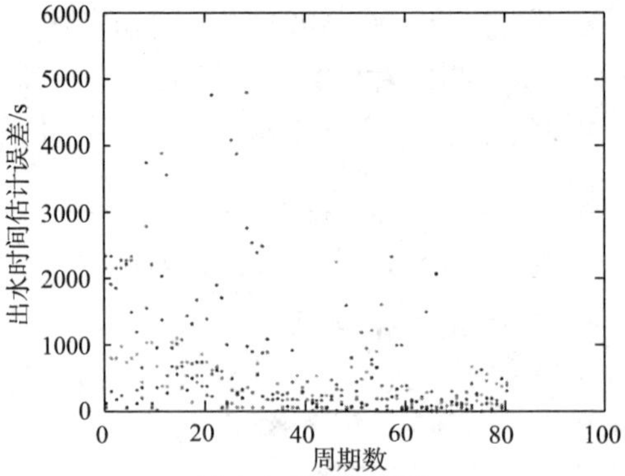

(b)出水时间估计误差

图 5.35　编队控制时间内四台水下滑翔机出水位置和出水时间估计误差(见书后彩图)

不同颜色代表不同的水下滑翔机

3) 编队跟踪

试验中测试了两种编队跟踪方式：顶点跟踪和中心跟踪。图 5.36 给出了两种跟踪方式下水下滑翔机的位置点和跟踪误差。上面两幅图中实心圆点(不同颜色代表不同水下滑翔机)为水下滑翔机的出水点，空心方块为三角形编队的几何中心，

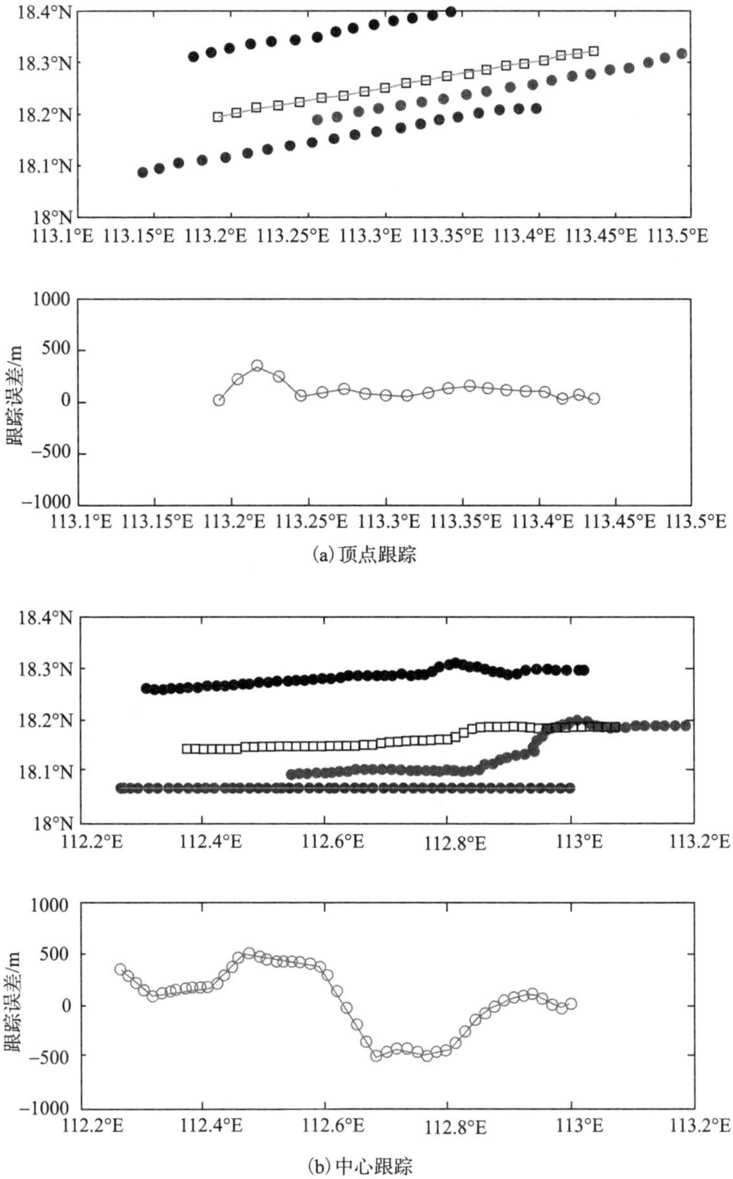

图 5.36　两种编队跟踪方式下水下滑翔机的位置点和跟踪误差(见书后彩图)

绿色实线为要跟踪的线。图 5.36(a)中，以编队中左下角的水下滑翔机为基准跟踪一条直线，跟踪距离 80km，跟踪误差不超过 500m。在直线跟踪结束后，我们进行了编队的中心跟踪试验，见图 5.36(b)，在稳定运动的情况下，中心跟踪误差小于 100m。

参考文献

[1] Paley D A, Zhang F, Leonard N E. Cooperative control for ocean sampling: The glider coordinated control system[J]. IEEE Transactions on Control Systems Technology, 2008, 16(4): 735-744.

[2] Huang Y, Yu J, Zhao W, et al. A practical path tracking method for autonomous underwater gilders using iterative algorithm[C]//OCEANS'15 MTS/IEEE, Washington, Piscataway, NJ, USA, 2015: 1-6.

[3] Zhou Y, Yu J, Wang X. Time series prediction methods for depth-averaged current velocities of underwater gliders[J]. IEEE Access, 2017, 5: 5773-5784.

[4] 赵文涛, 俞建成, 张艾群, 等. 基于卫星测高数据的海洋中尺度涡流动态特征检测[J]. 海洋学研究, 2016, 34(3): 62-68.

索 引

彩　　图

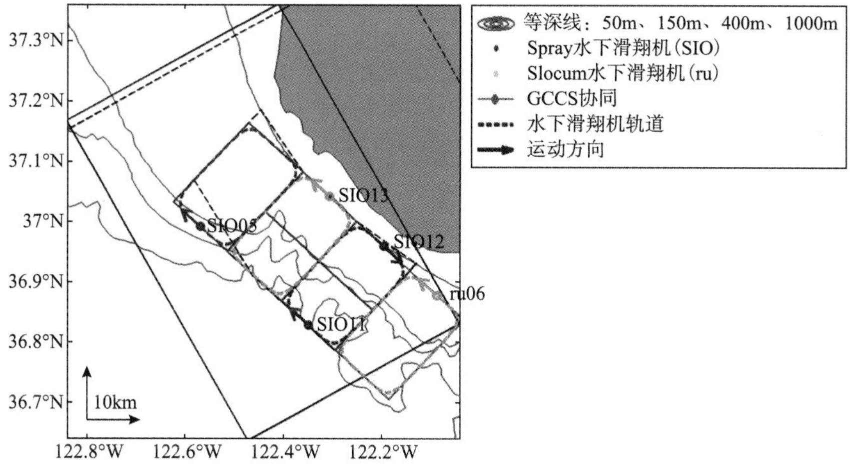

图 1.3　ASAP 试验中水下滑翔机的采样轨迹

GCCS-水下滑翔机协同控制系统

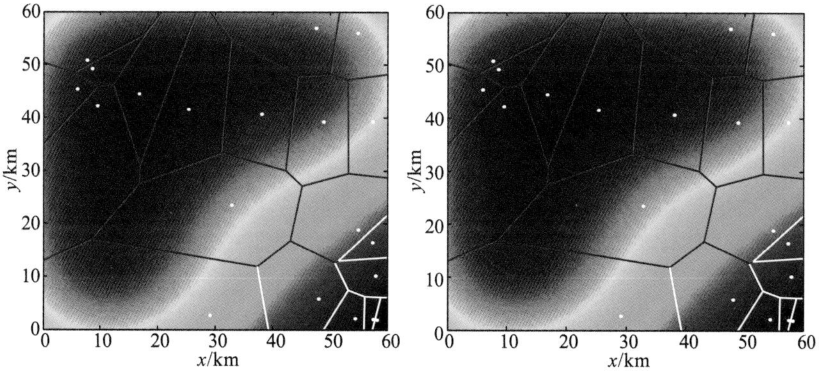

(a) 初始配置(不加入遗忘因子)　　(b) 初始配置(自适应调整遗忘因子)

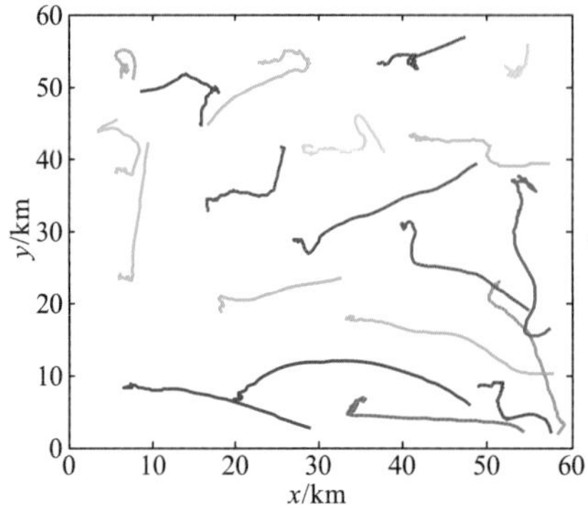

(c) 采样轨迹(普通最小二乘)

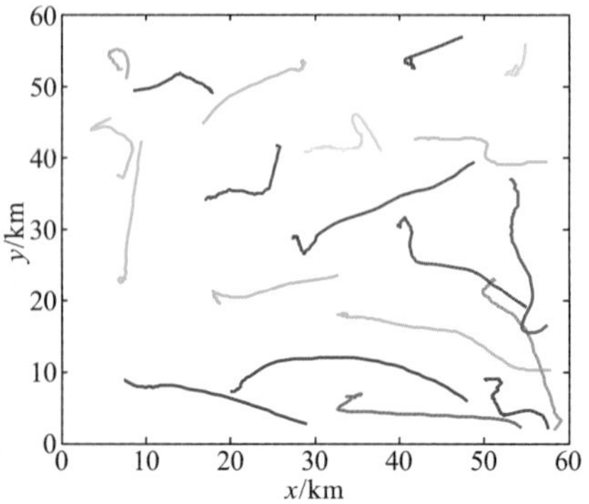

(d) 采样轨迹(自适应调整遗忘因子)

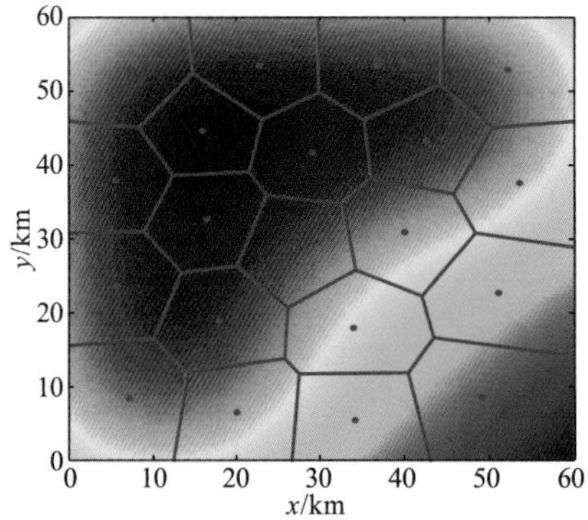

(e) 最终配置(普通最小二乘)

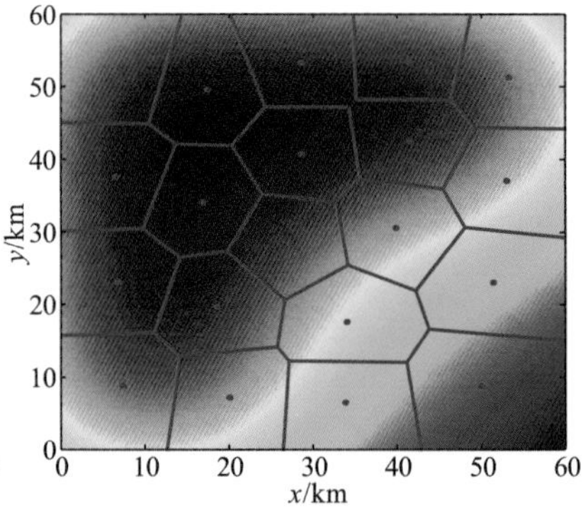

(f) 最终配置(自适应调整遗忘因子)

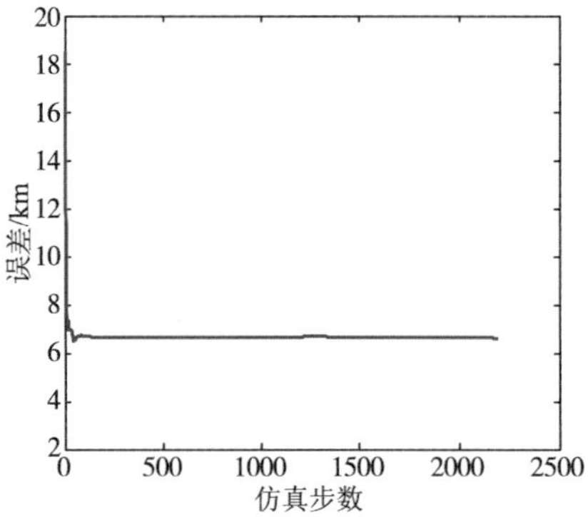

(g) 质心误差(普通最小二乘)

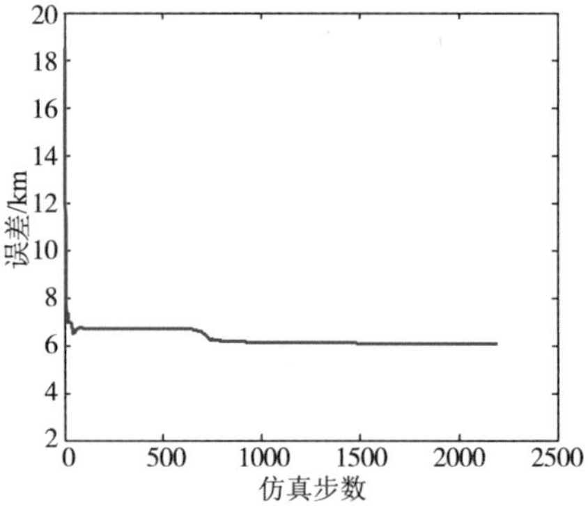

(h) 质心误差(自适应调整遗忘因子)

图 2.7　静态海洋特征采样过程

(a)、(b)中不同的颜色表示海洋特征的值不同，此类余同；(c)、(d)中不同的颜色表示不同的海洋机器人，此类余同

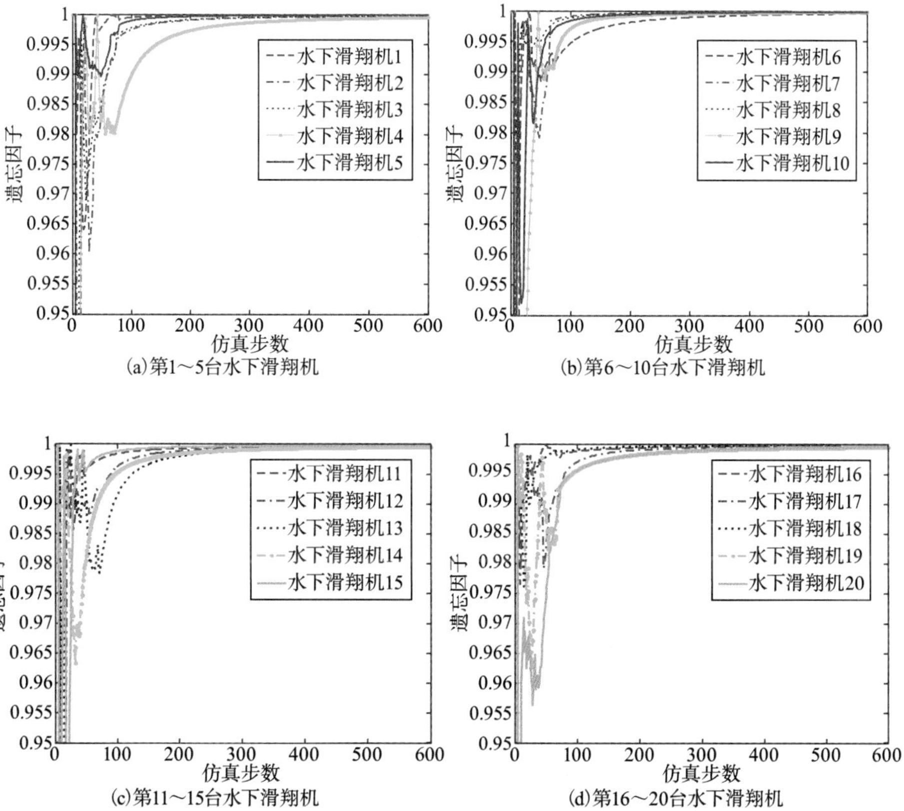

(a)第1～5台水下滑翔机　(b)第6～10台水下滑翔机

(c)第11～15台水下滑翔机　(d)第16～20台水下滑翔机

图 2.8　每台水下滑翔机的遗忘因子随仿真步数的变化曲线

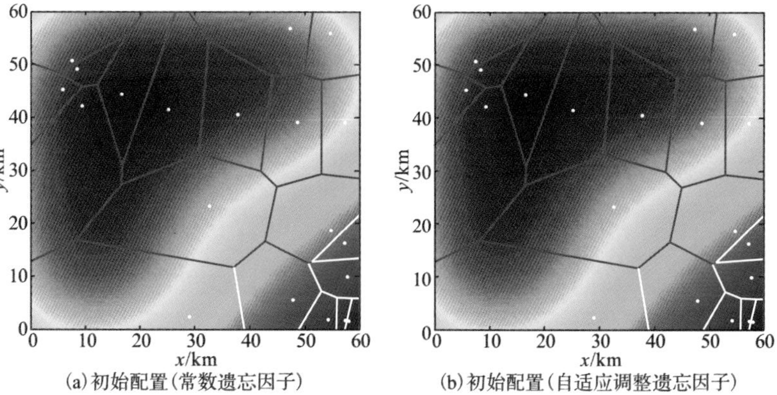

(a)初始配置(常数遗忘因子)　(b)初始配置(自适应调整遗忘因子)

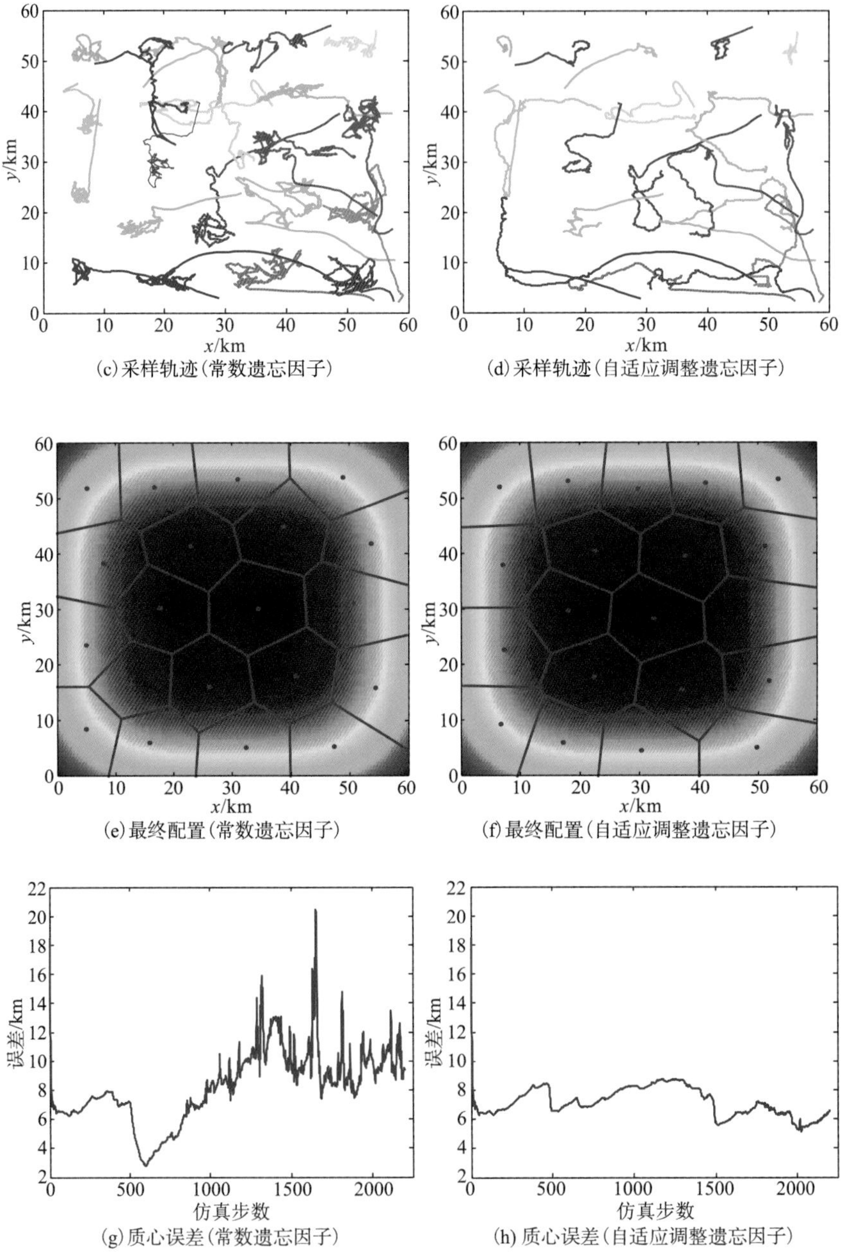

(c) 采样轨迹(常数遗忘因子)

(d) 采样轨迹(自适应调整遗忘因子)

(e) 最终配置(常数遗忘因子)

(f) 最终配置(自适应调整遗忘因子)

(g) 质心误差(常数遗忘因子)

(h) 质心误差(自适应调整遗忘因子)

图 2.9 平稳变化海洋特征采样过程

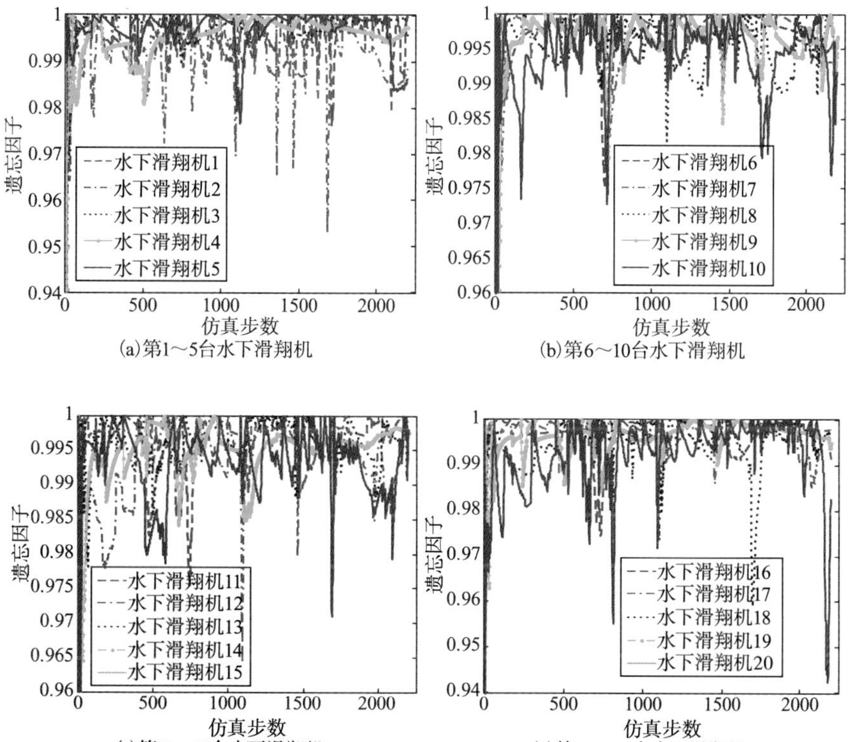

(a)第1～5台水下滑翔机　(b)第6～10台水下滑翔机

(c)第11～15台水下滑翔机　(d)第16～20台水下滑翔机

图 2.10　每台水下滑翔机的遗忘因子随仿真步数的变化曲线

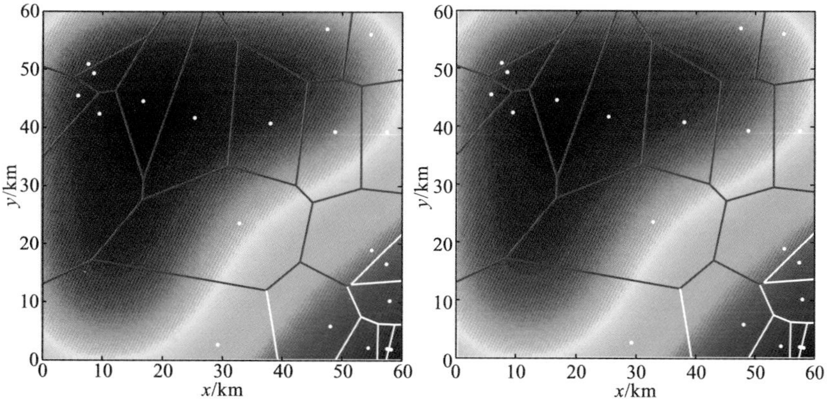

(a) 初始配置(常数遗忘因子)　(b) 初始配置(自适应调整遗忘因子)

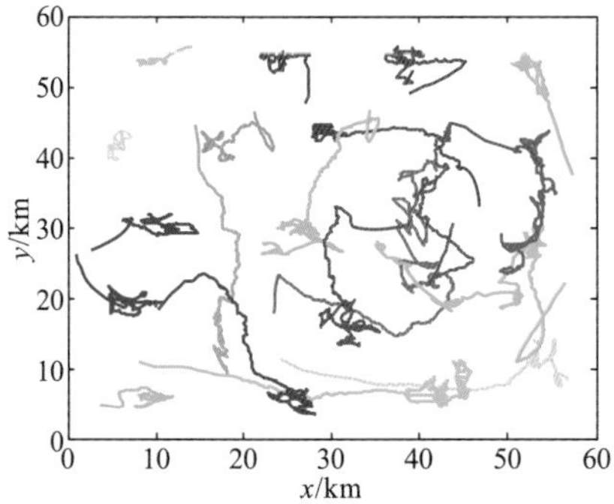

(c) 采样轨迹(常数遗忘因子)

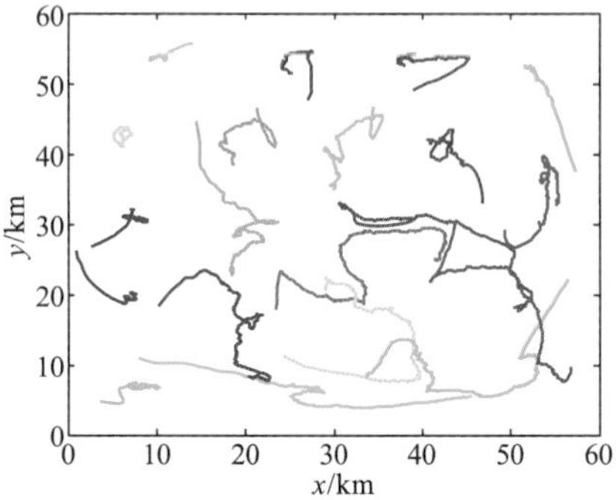

(d) 采样轨迹(自适应调整遗忘因子)

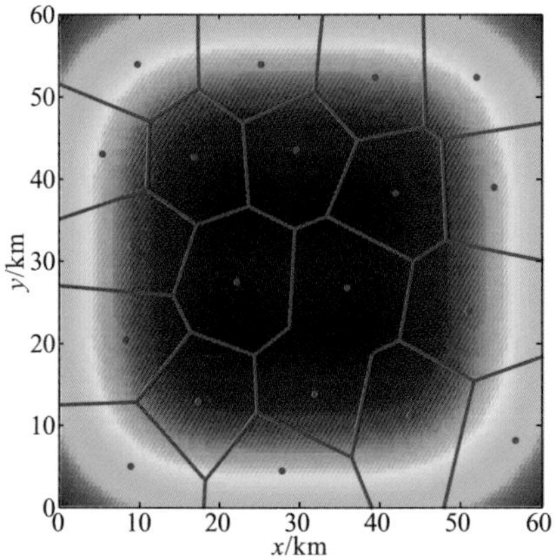

(e) 最终配置(常数遗忘因子)

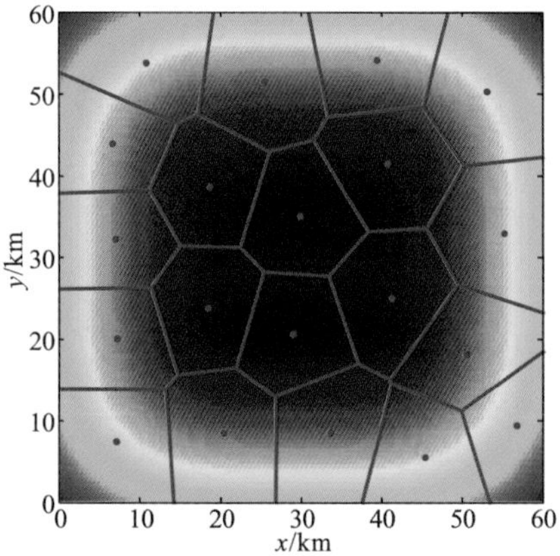

(f) 最终配置(自适应调整遗忘因子)

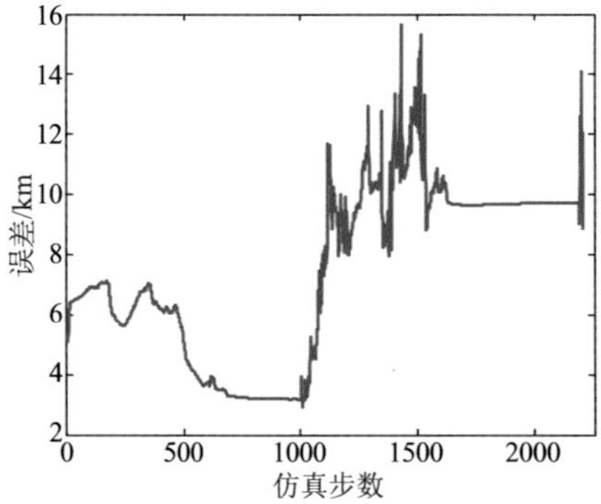

(g) 质心误差(常数遗忘因子)

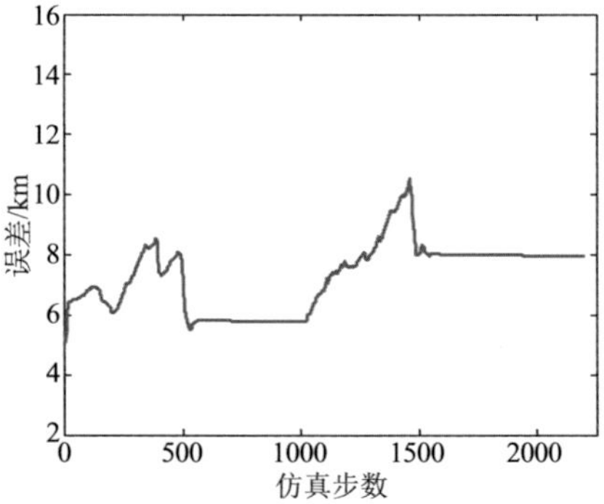

(h) 质心误差(自适应调整遗忘因子)

图 2.11　动态变化海洋特征采样过程

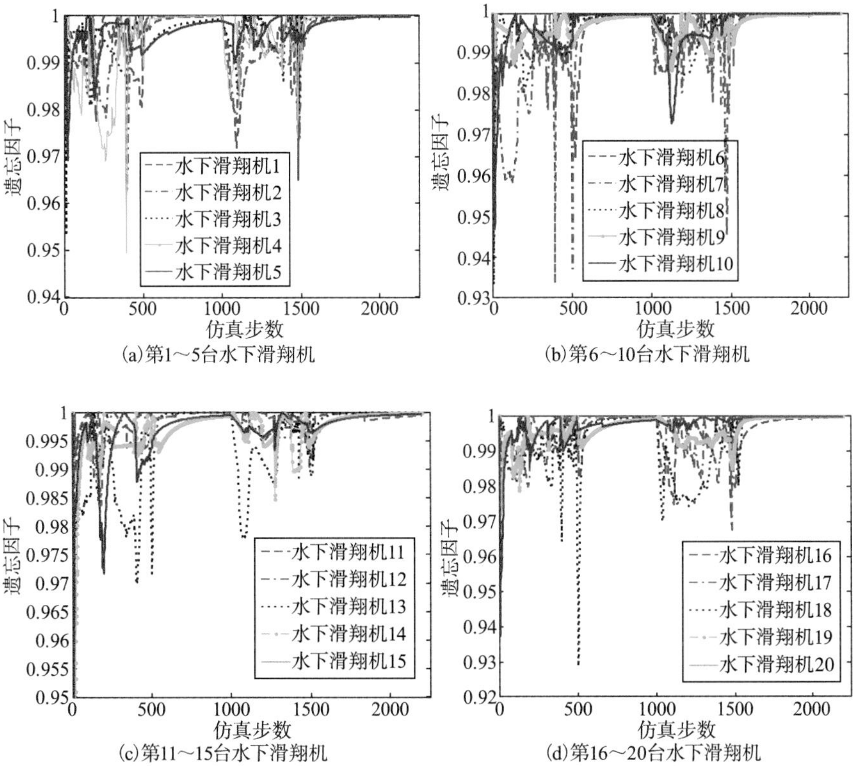

图 2.12　每台水下滑翔机的遗忘因子随仿真步数的变化曲线

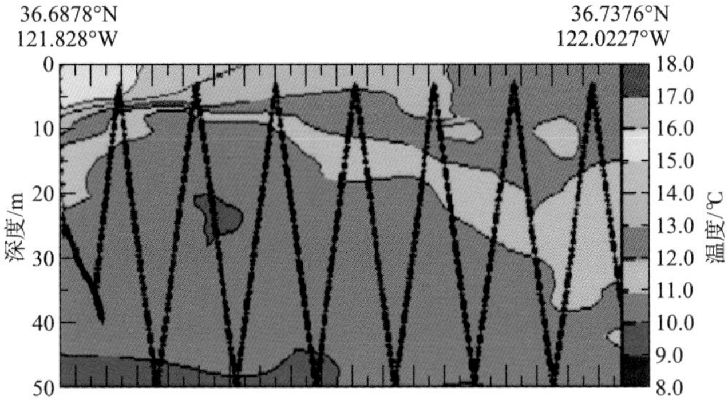

图 3.5　水下机器人垂直剖面观测温度[10]

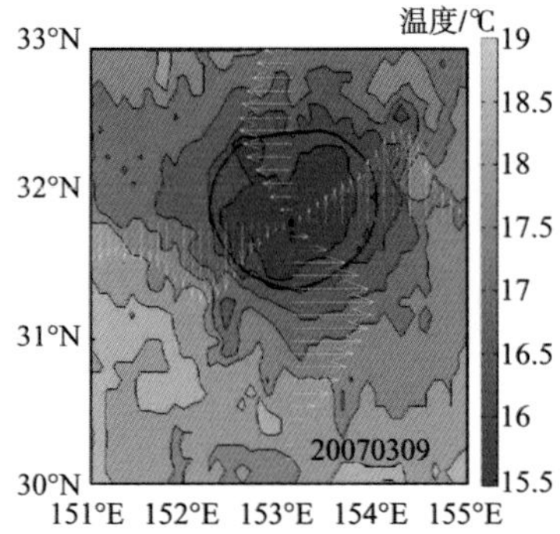

(a)气旋涡流

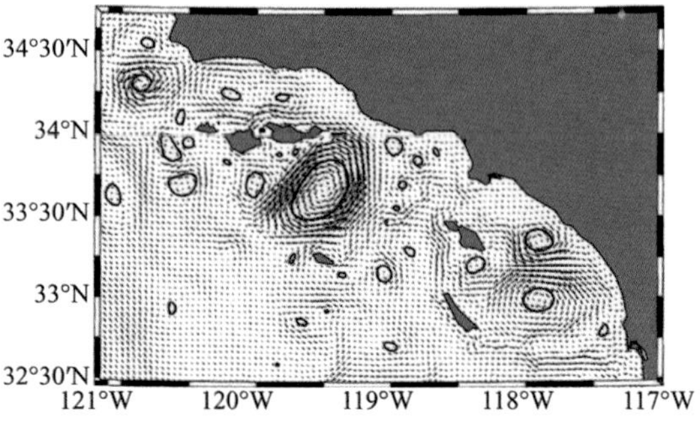

(b)加利福尼亚州海岸线附近的涡流大小和分布

图 3.9　涡流的特性

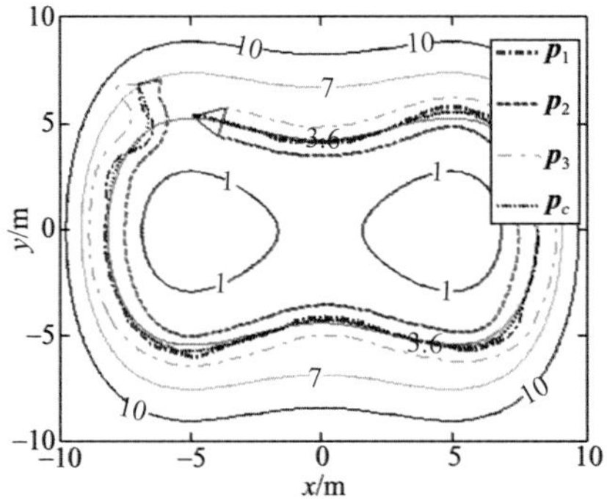

(a)多水下滑翔机$\boldsymbol{p}_i(i=1,2,3)$和队形中心$\boldsymbol{p}_c$的轨迹

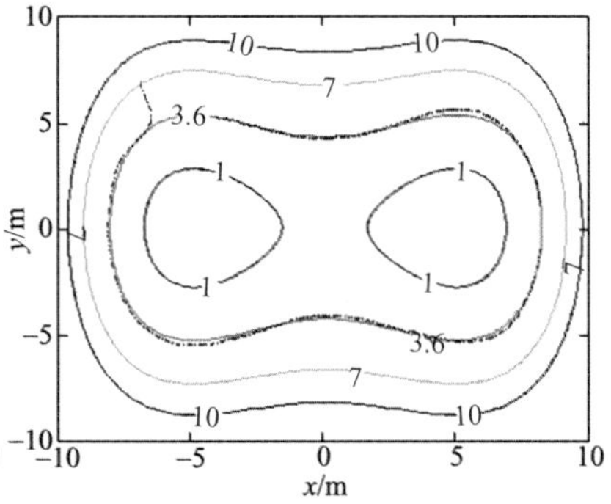

(b)队形中心的轨迹

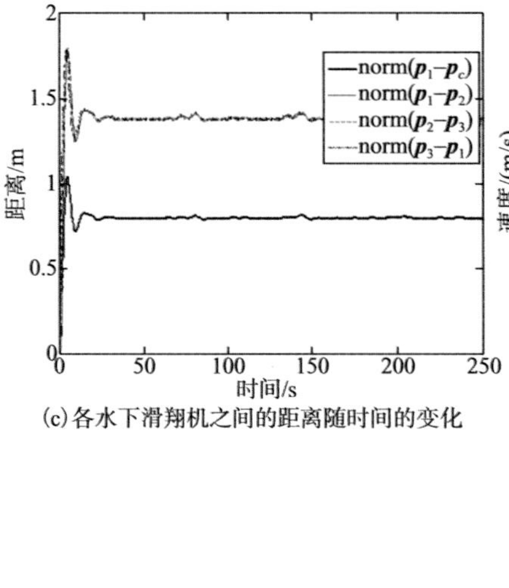

(c)各水下滑翔机之间的距离随时间的变化

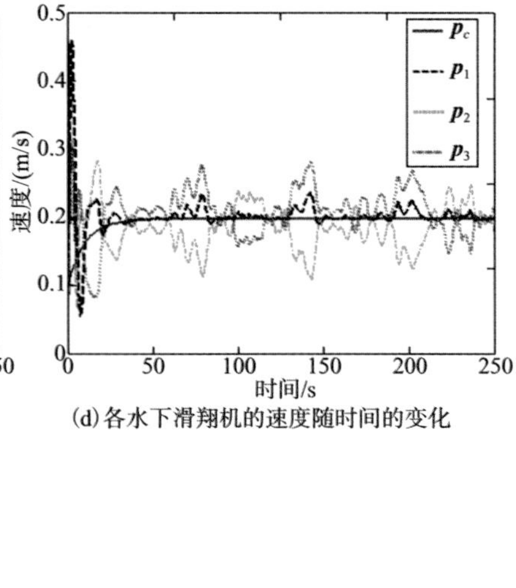

(d)各水下滑翔机的速度随时间的变化

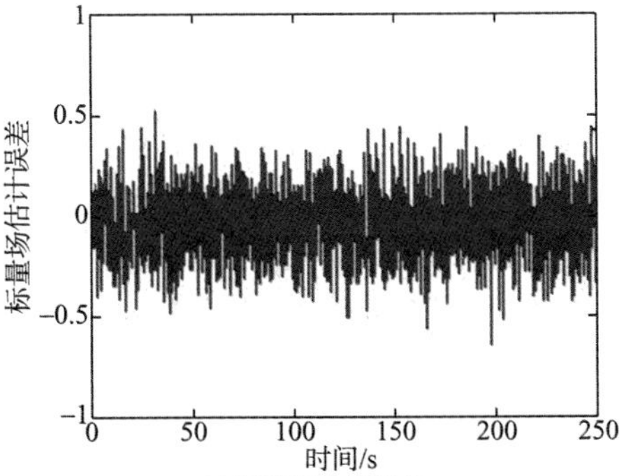

(e) 标量场估计误差

图 3.14　多水下滑翔机对给定标量场的跟踪

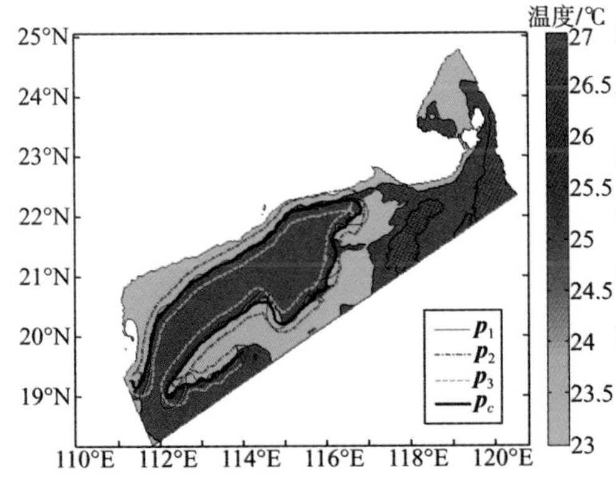

(a) 多水下滑翔机$p_i(i=1,2,3)$和队形中心p_c的轨迹

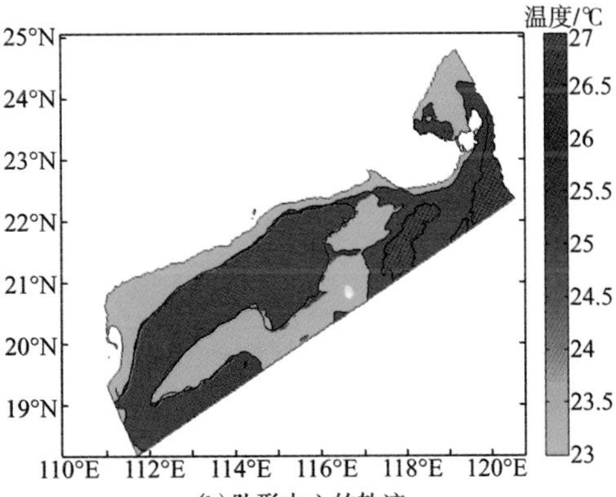

(b) 队形中心的轨迹

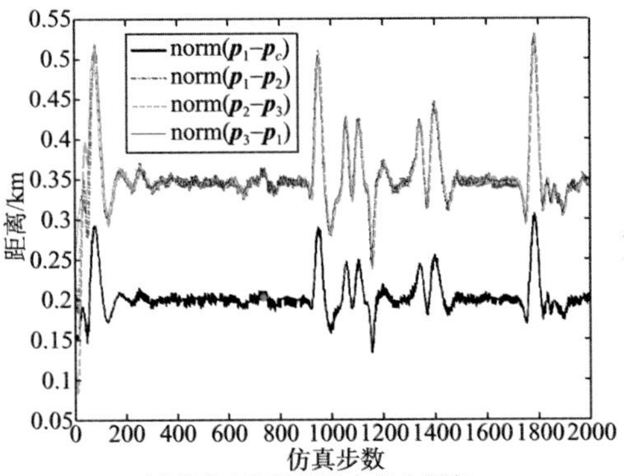

(c) 各台水下滑翔机之间的距离

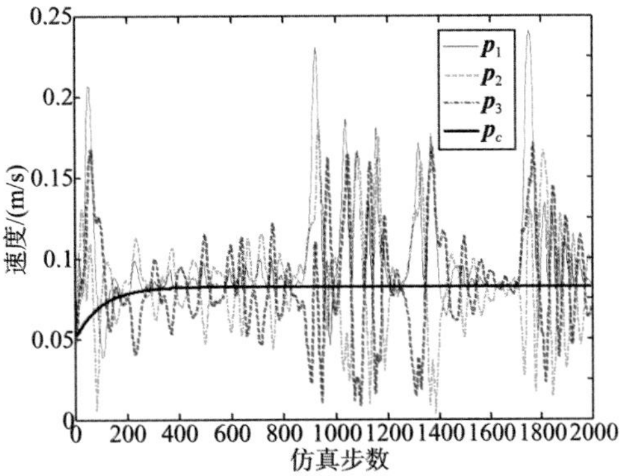

(d) 各台水下滑翔机的速度

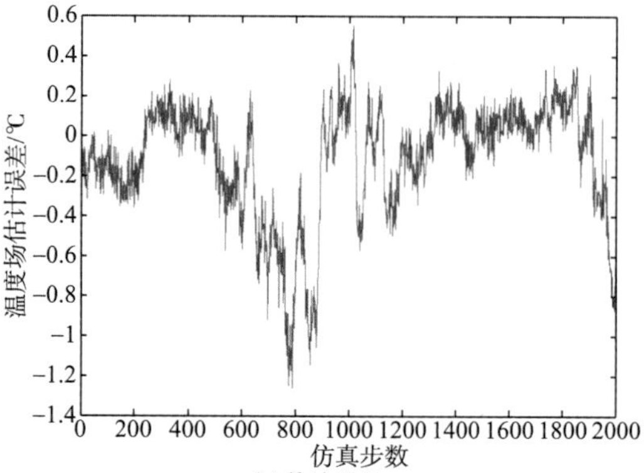

(e)估计误差

图 3.16 海洋温度场跟踪结果

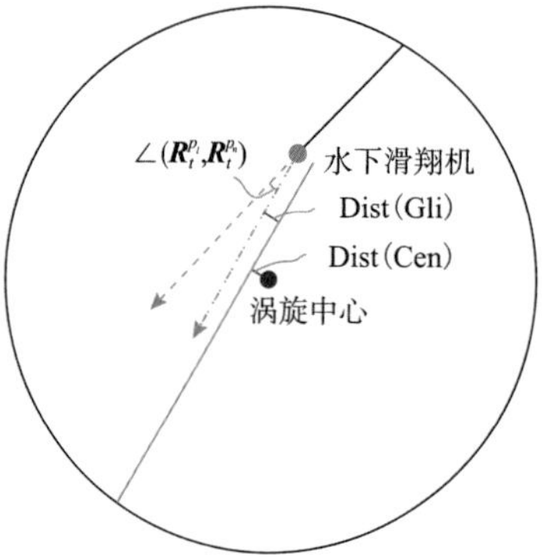

图 3.20 涡旋中心坐标系内的路径规划

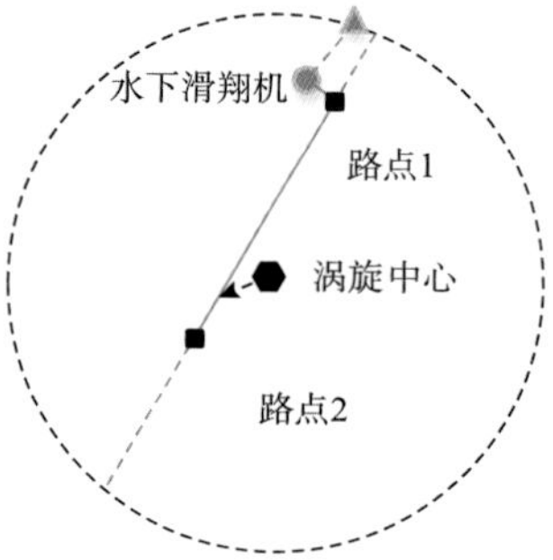

图 3.24 大地坐标系内路径规划示意图

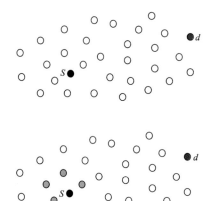

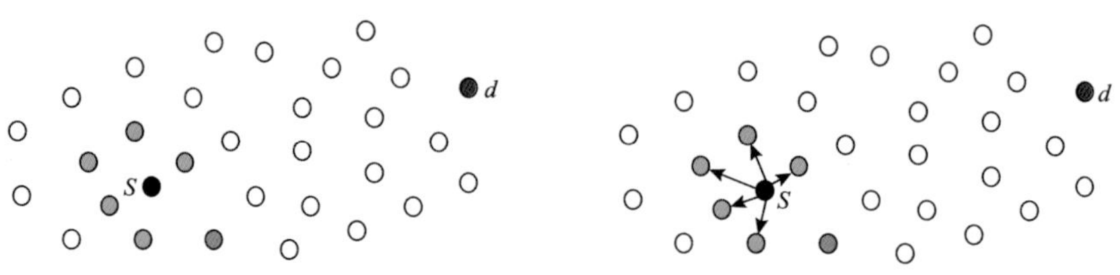

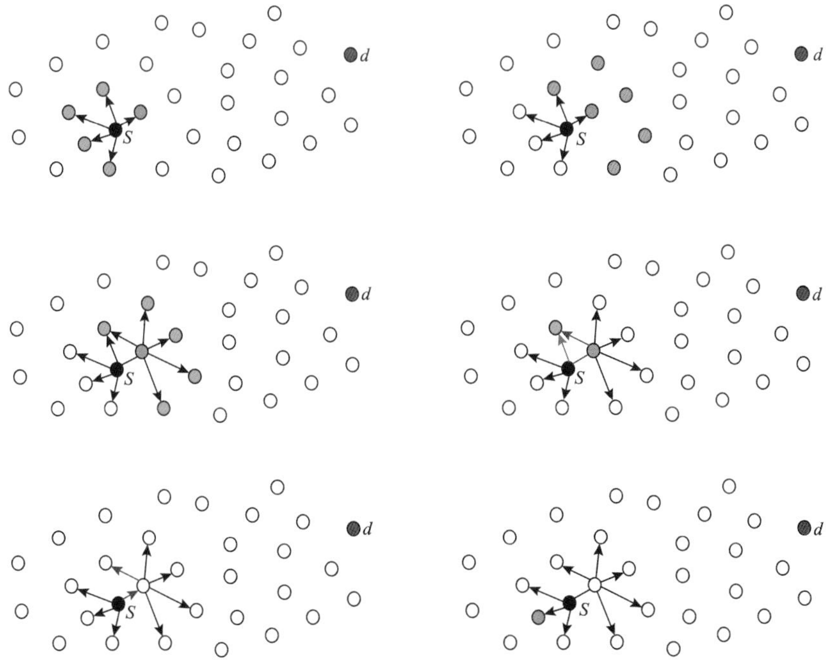

图 4.3　Wavefront 算法扩展过程

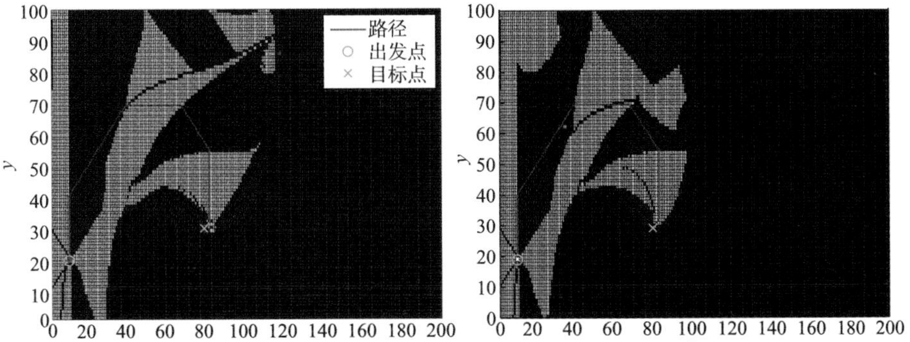

图 4.6　路径规划结果

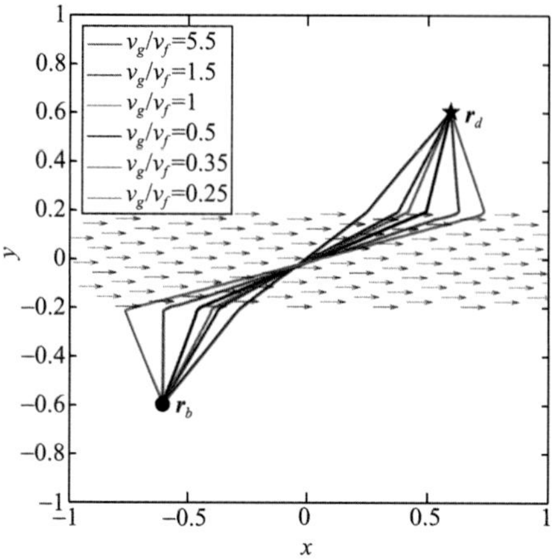

图 4.8　海洋机器人穿越不同速度射流带时的路径

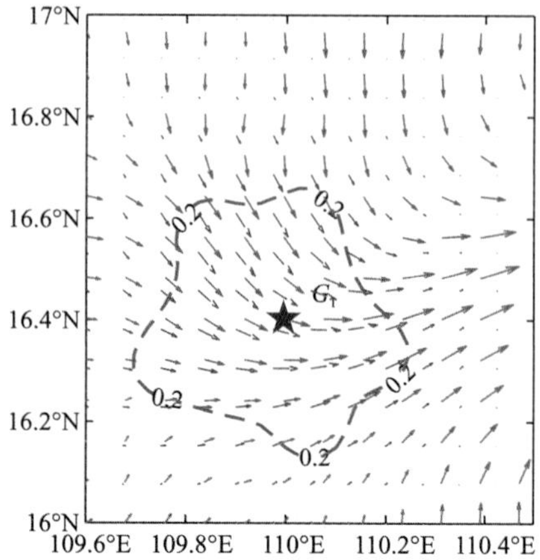

图 4.12　G_1 基于自身观测的流场估计结果

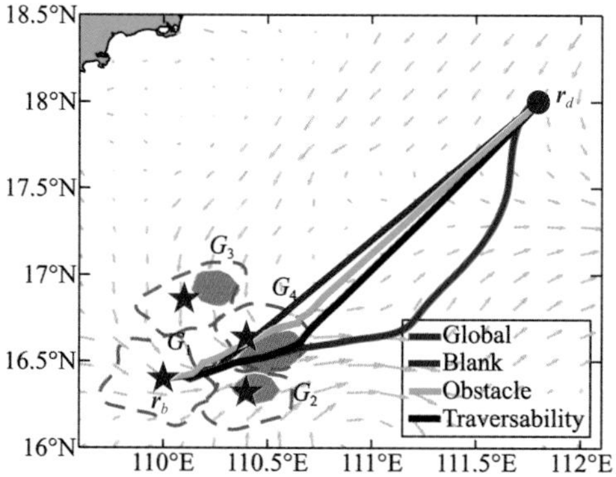

图 4.15　四种情况下的路径规划结果

Global 表示全局时间最优；Blank 表示自身区域外无信息；Obstacle 表示将其他机器人的强流区作为障碍；Traversability 表示可穿越其他机器人的强流区

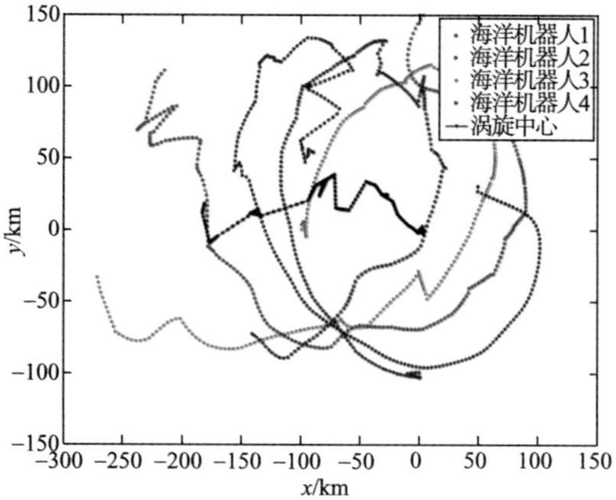

图 5.14　静止直角坐标系内海洋机器人轨迹

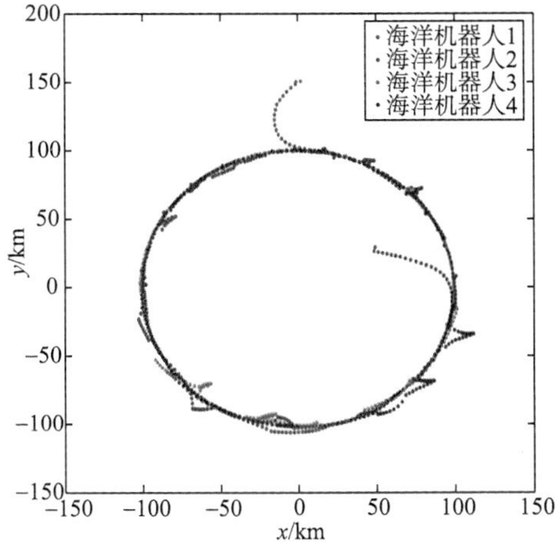

图 5.15　涡旋中心直角坐标系内海洋机器人轨迹

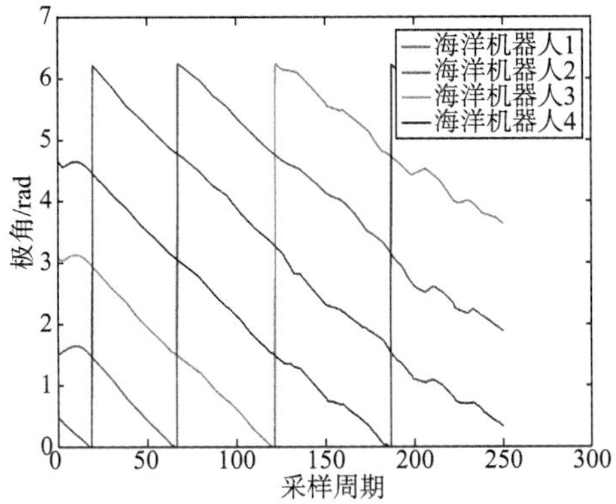

图 5.16　海洋机器人极角变化曲线

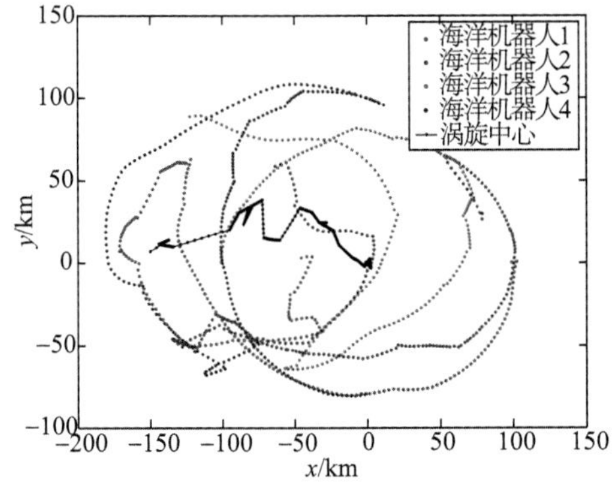

图 5.18　静止直角坐标系内海洋机器人轨迹

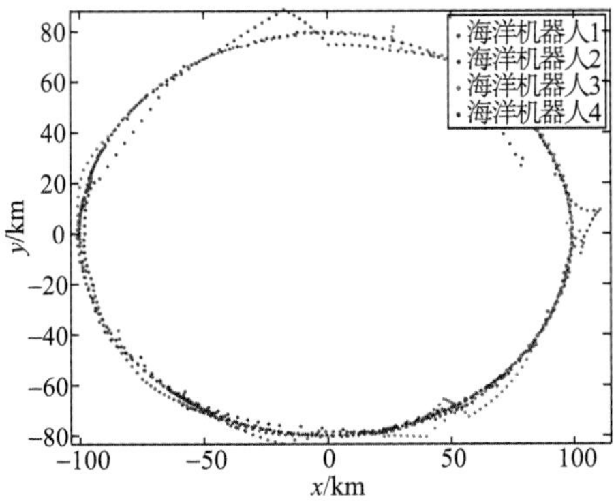

图 5.19　涡旋中心直角坐标系内海洋机器人轨迹

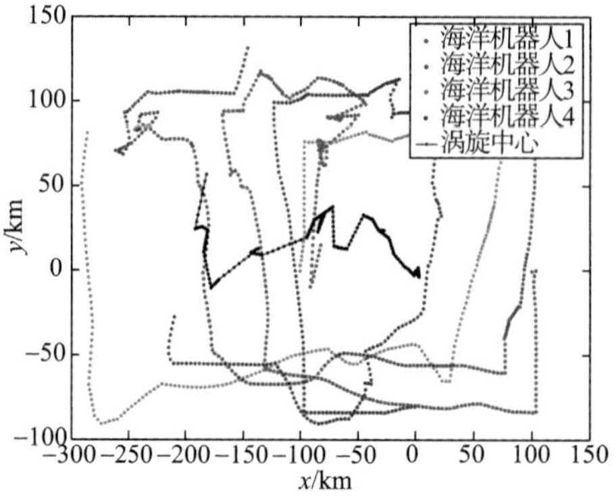

图 5.20　矩形路径跟踪观测静止直角坐标系内海洋机器人轨迹

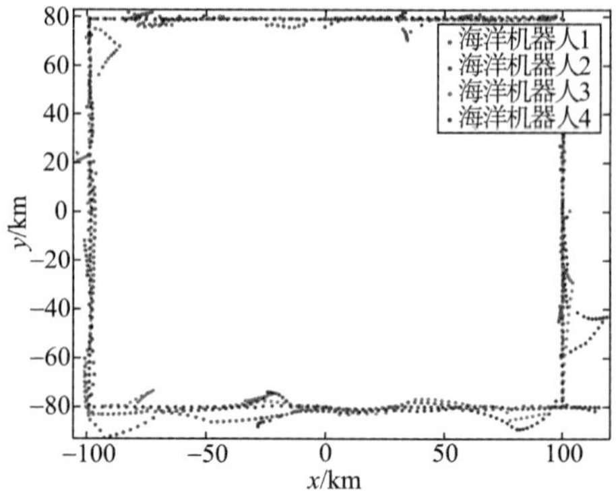

图 5.21　矩形路径跟踪观测涡旋中心直角坐标系内海洋机器人轨迹

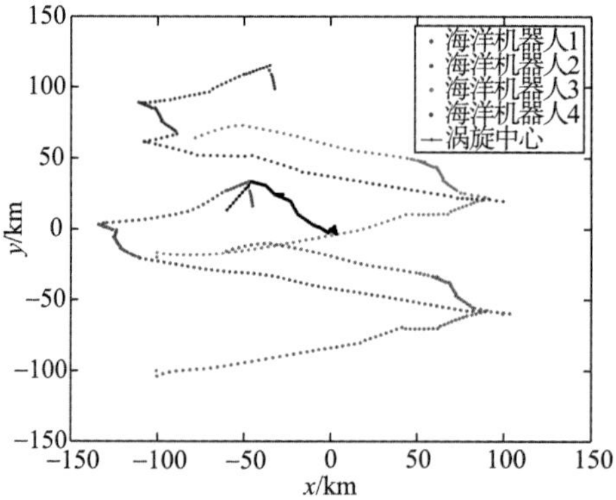

图 5.22　之字形路径跟踪观测静止直角坐标系内海洋机器人轨迹

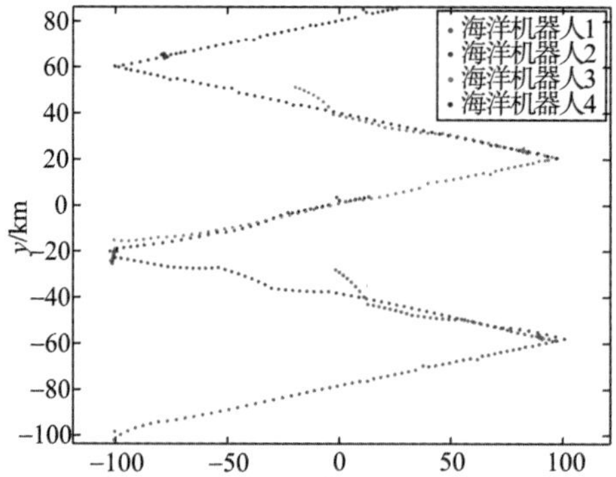

图 5.23　之字形路径跟踪观测涡旋中心直角坐标系内海洋机器人轨迹

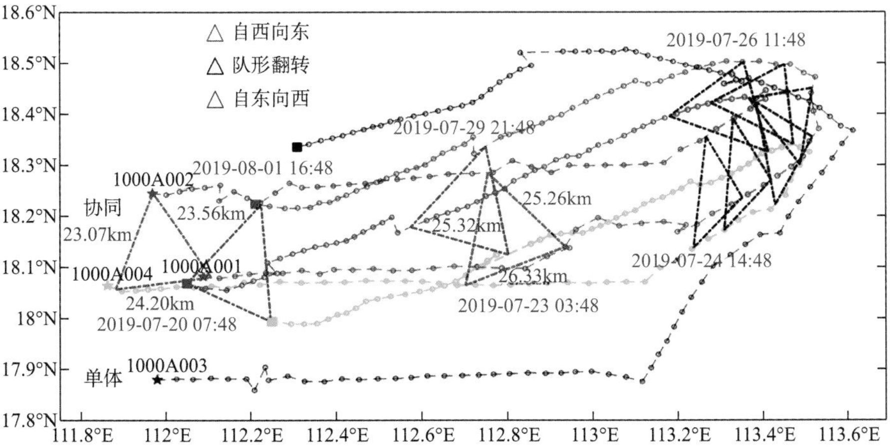

图 5.32　编队试验中三台水下滑翔机路径图

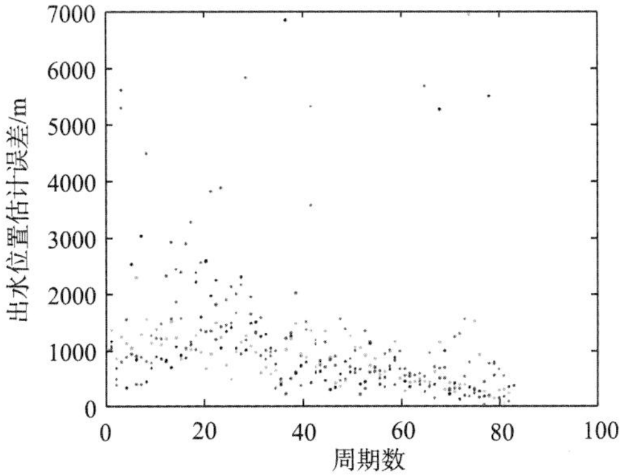

(a) 出水位置估计误差

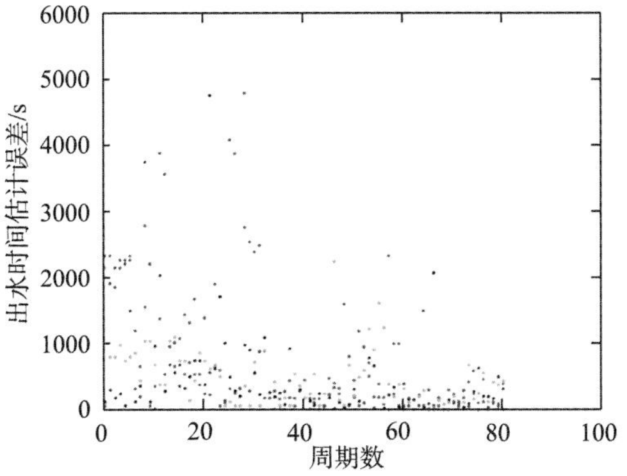

(b) 出水时间估计误差

图 5.35　编队控制时间内四台水下滑翔机出水位置和出水时间估计误差

不同颜色代表不同的水下滑翔机

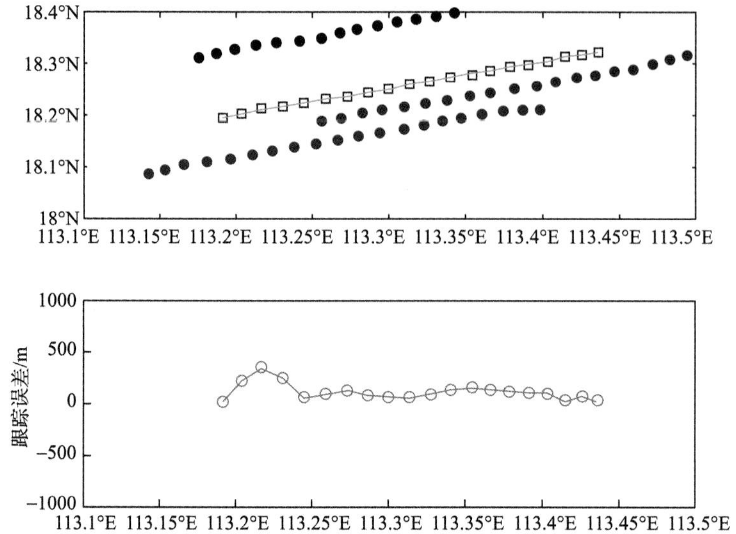

(a) 顶点跟踪

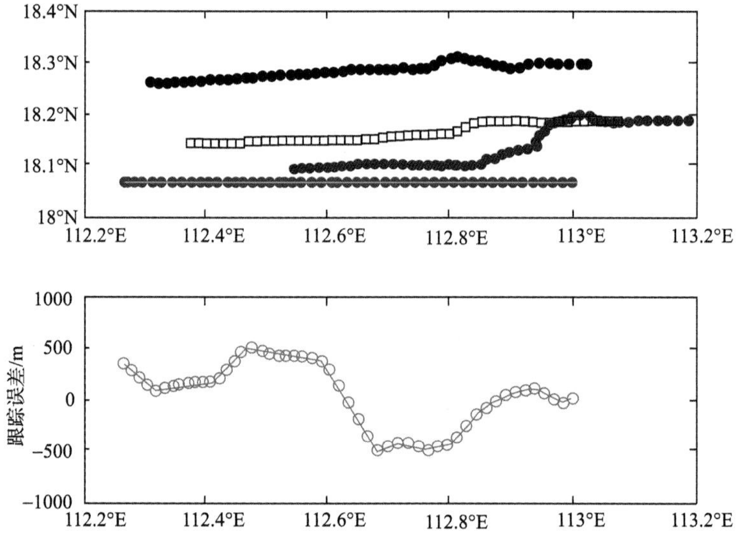

(b) 中心跟踪

图 5.36　两种编队跟踪方式下水下滑翔机的位置点和跟踪误差